建筑项目工程
总承包管理实务
及经典案例分析

肖玉锋　主　编
杨晓方　刘媛媛　副主编

JIANZHU XIANGMU GONGCHENG
ZONGCHENGBAO GUANLI SHIWU
JI JINGDIAN ANLI FENXI

U0243398

化学工业出版社

·北京·

内 容 简 介

本书从理论上介绍了建筑工程总承包管理主推模式的体系和管理特点及相关概况，从实践视角全面阐述了建筑工程项目在建筑工程总承包项目管理模式下的具体实施情况，内容涵盖国家力推的工程总承包形式下的业务统筹和一体化的管理理论及措施，并有针对性地配以实际案例作为参考，以帮助建筑工程项目相关的管理人员明晰责任界线，提高沟通和协调效率及项目管理水平，使得工程项目变更减少，工期缩短，风险降低，实现项目一体化建设，进而实现预期理想目标。本书契合国家和行业政策导向，讲解透彻，通俗易懂，重点突出，适用及实用性强。

本书适合建筑工程项目工程总承包管理人员、建设单位负责人、咨询单位承接工程项目管理人员、各大院校建筑工程专业师生及初涉工程项目建设的相关人员等阅读参考。

图书在版编目（CIP）数据

建筑项目工程总承包管理实务及经典案例分析/肖玉锋主编.
—北京：化学工业出版社，2021.4（2023.4重印）
ISBN 978-7-122-38421-8

Ⅰ.①建…　Ⅱ.①肖…　Ⅲ.①建筑工程承包方式-项目管理
Ⅳ.①TU723.1

中国版本图书馆 CIP 数据核字（2021）第 017229 号

责任编辑：彭明兰　　　　　　　　　　　文字编辑：冯国庆
责任校对：王素芹　　　　　　　　　　　装帧设计：史利平

出版发行：化学工业出版社（北京市东城区青年湖南街13号　邮政编码100011）
印　　装：北京科印技术咨询服务有限公司数码印刷分部
787mm×1092mm　1/16　印张15¼　字数370千字　2023年4月北京第1版第2次印刷

购书咨询：010-64518888　　　　　　　　售后服务：010-64518899
网　　址：http://www.cip.com.cn
凡购买本书，如有缺损质量问题，本社销售中心负责调换。

定　　价：68.00元　　　　　　　　　　　　　　　　　　版权所有　违者必究

前　言

　　我国推行项目工程总承包管理模式已经多年，工程总承包项目管理作为国际通行的工程建设项目组织实施方式，是提高工程建设管理水平，保证工程质量和投资效益，规范建筑市场秩序的重要措施，是深化我国工程建设项目组织实施方式的改革策略。

　　近几年，随着我国经济的高速发展，建设行业工程总承包管理模式也被提上日程，可谓风头正劲，其管理理念频频出现于各种建筑行业会议。国家接连不断地从政策上加以推行，如《关于进一步推进工程总承包发展的若干意见》（建市［2016］93号）文件指出，要充分认识推进工程总承包的意义，大力推进工程总承包有利于建设项目各阶段深度融合，提高建设水平，推动产业升级。建设单位在选择项目实施方式时，应优先选择工程总承包模式；政府投资项目和装配式建筑应当积极采用工程总承包模式。又如，《关于促进建筑业持续健康发展的意见》（国办发［2017］19号）文件指出，应加快推行工程总承包，装配式建筑原则上应采用工程总承包模式，政府投资工程应完善建设管理模式，带头推行工程总承包等。

　　从国家发展形势看，建设工程总承包模式已到了大力推广和发展的时期，作为技术和知识引领及指导类工程图书理应紧随国家最前沿与前瞻性的政策和规范导向应需而出，旨在帮助工程总承包业务相关方面人员明晰责任界线，提高沟通和协调效率，减少工程项目设计变更，缩短和保证工期，节省项目资源，降低工程风险，实现项目建设一体化，提高项目管理水平，进而实现预期建设目标。

　　本书从理论方面讲述建筑项目工程总承包管理主推模式的体系和管理特点及相关概况，从实践视角全面阐述了建筑工程项目在建总承包项目管理模式下的具体实施情况。内容涵盖工程总承包模式的 PPP＋EPC、F＋EPC、EPC、EPCO、DB 等国家力推的承包形式下的业务统筹及一体化的管理措施，并有针对性地对工程总承包管理过程中常遇的问题做了分析和合理化建议，且配以实际案例作为参考，将工程总承包管理模式的集约化、价值创造力优势阐述得淋漓尽致。本书契合国家和行业政策导向；以需为纲、以解决问题为重；内容详略有别、丰富而适量；参考性强、适用性广泛。

　　本书主编为肖玉锋，副主编为杨晓方、刘媛媛，参编人员为杨连喜和张秋月。

　　本书在编写过程中得到了很多业内人士的大力支持和帮助，在此由衷表示感谢，由于编者水平所限，书中难免有不足之处，还请读者朋友批评指正。

编　者

2020 年 12 月

目 录

第3章 工程总承包项目报建、策划及计划管理 —————— 51

第 1 章

建筑项目工程总承包概述

▶▶ 1.1 项目工程总承包的基本概念

1.1.1 基本概念

工程总承包 [Engineering Procurement Construction（EPC）] 是指依据合同约定对建设项目的设计、采购、施工和试运行实行全过程或若干阶段的承包。

在国际上，工程总承包在石油、化工、电力等行业通常被称为"EPC"模式；在一些房屋建筑、道路、桥梁等基础设施项目中被称为"设计-建造（Design-Build）"模式，有时候又通称"交钥匙"模式。从地区上看，工程总承包在美国习惯称为交钥匙工程，在欧洲也称为 EPC 承包工程项目。

我国相关文件中关于工程总承包的定义参见表 1-1。

表 1-1　我国相关文件中关于工程总承包的定义

文件名	文件编号	定义
关于培育发展工程总承包和工程项目管理企业指导意见	住房和城乡建设部建市[2003]30 号	工程总承包企业受业主委托,按照合同约定对工程项目的勘察、设计、采购、施工、试运行等实行全过程或若干阶段的承包
建设项目工程总承包管理规范	GB/T 50358—2005	工程总承包企业受业主委托,按照合同约定对工程建设项目的设计、采购、施工、试运行等实行全过程或若干阶段的承包
关于进一步推进工程总承包发展的若干意见	住房和城乡建设部建市[2016]93 号	工程总承包企业按照与建设单位签订的合同,对工程项目的设计、采购、施工等实行全过程的承包,并对工程的质量、安全、工期和造价等全面负责的承包方式
建设项目工程总承包管理规范	GB/T 50358—2017	依据合同约定对建设项目的设计、采购、施工和试运行实行全过程或若干阶段的承包

续表

文件名	文件编号	定义
房屋建筑和市政基础设施项目工程总承包管理办法	住房和城乡建设部(征求意见稿)	从事工程总承包的单位按照与建设单位签订的合同,对工程项目的设计、采购、施工等实行全过程或者若干阶段承包,并对工程的质量、安全、工期和造价等全面负责的工程建设组织实施方式
房屋建筑和市政基础设施项目工程总承包管理办法的通知	住房和城乡建设部、国家发展和改革委员会建市规[2019]12号	工程总承包是指承包单位按照与建设单位签订的合同,对工程设计、采购、施工或者设计、施工等阶段实行总承包,并对工程的质量、安全、工期和造价等全面负责的工程建设组织实施方式

1.1.2 项目总承包的特点

工程总承包是一个内涵丰富、外延广泛的概念,至少有如图 1-1 所示的一些本质特点。

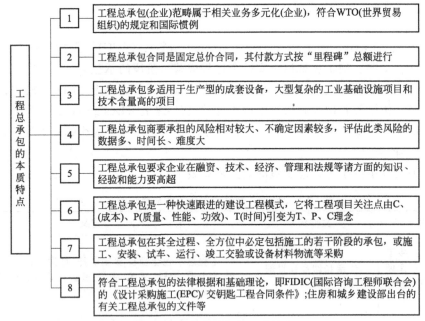

图 1-1 工程总承包的本质特点

工程总承包模式的特点可以从业主和承包商两个角度来分析,见表 1-2。

表 1-2 工程总承包参与方视角特点

类别	内容
对于业主	(1)优点 ①工程费用和工期固定,项目容易得到业主批准以及贷款人的投资 ②承包商是向业主负责的唯一责任方,管理简便,缩短了沟通渠道;工程责任明确,减少了争端和索赔 ③工程工期短。由于规划设计、采购和施工阶段部分重叠,大大缩短了工程工期。据统计,采用工程总承包模式的建设工程比采用传统的"设计-招标-施工"方式可以节省 20%～30% 的工期,

类别	内容
对于业主	降低了融资费用,工程提早投入运行产生收益 　④投标人可以在投标书中提出备选的工艺流程设计、建筑布置、设备选型等方面的方案及其相应实施费用,业主可以从中选择最为经济适用的一个投标人 　(2)缺点 　①合同价格高。由于承包商承担绝大部分风险,所以总承包模式下项目的合同价格中的风险费用要比其他承包方式高很多 　②对承包商的依赖程度高。由于设计和施工都由承包商负责,如果业主没有经验,很难发现工程中存在的和潜在的质量问题。所以,选择信誉度高、诚信可靠的承包商是工程总承包项目成功的关键 　③对设计的控制强度减弱。合同实施过程中,业主只能有权对承包商设计中不符合合同要求的部分提出修改,而如果承包商的设计达到了合同中规定的标准,则无权要求承包商按自己的意愿进行修改 　④评标难度大。各投标人提出的设计方案和施工方法差异大,没有统一的标准,为业主的评标工作带来很大困难
对于承包商	(1)优点 　①利润高。由于承包商承担了工程实施中的绝大部分管理工作和风险,合同价格中管理费率和风险费率一般很高。对于能够有效降低管理成本、减小风险损失的承包商来说,利润丰厚 　②压缩成本、缩短工期的空间大。因为设计、施工以及采购都由承包商自行完成,承包商可以从整体上对工程的规划设计、采购和施工做出最佳的计划和安排。通过采用并行工程的方式,承包商可以进一步在保证质量的前提下缩短工期,降低成本 　③锻炼和提高了设计队伍。设计师通过与施工队伍的全过程密切合作,会增加对施工方法和施工中存在问题的了解,从而提高设计能力,有利于今后做出更具可建造性、更为经济的设计方案 　(2)缺点 　①只适合实力雄厚的大型企业。这是因为信誉度不高的企业难以承揽到 EPC 项目,而中小型企业一般不具备独立承揽工程设计、采购和施工的能力。EPC 模式对承包商的人员、技术和工作经验的要求都很高。如果过多地采用分包或外聘的形式,人员之间技术上需要长期磨合,利益上存在大量纷争,不宜于进行集成化的管理,那么应用 EPC 模式并行工程的方法来降低生产费用、压缩工期、提高质量的优点就不能很好地发挥 　②承包商承担了工程中的绝大部分风险,风险管理成为项目管理的重点,稍有不慎成本就可能超支 　③工程总承包模式多采用固定总价合同,允许工期延长和费用补偿的机会少,索赔难度大 　④承包商需要直接控制和协调的对象增多,需要实现更高程度的信息共享和企业集成,对项目管理水平要求高 　⑤签订合同前,需要在大量调研的基础上,做出全面的方案设计甚至详细设计。如果投标失败,这部分费用难以全部收回 　⑥对于地下隐蔽工作多的工程,或在投标前无法勘查的工作区域较大的工程,难以在投标前判断出具体的工程量和相关风险,无法给出合理的总价

1.1.3　工程项目总承包模式的适用范围

对于 BOT(Build-Operate-Transfer,建设-经营-转让)/PPP(Public-Private-Partnership,政府和社会资本合作) 等融资类的项目来说,在项目层面上通常采用的是工程总承包模式,相较于非融资项目,在融资模式下工程总承包项目更容易实施和取得成功。

国外工程总承包应用业务领域有:基础设施、铁路、公路、桥梁、水利、电力、石化、高科技领域、公共建筑、机场建设、供水及污水处理或类似工程等。在工业设备领域及高科技领域，EPC模式应用较为广泛，而且成功率要高很多，主要因为这些行业中，工业设备是一个工程项目的主要构成部分，其特点更类似于制造业，业主更加注重产品的最终功能。比如电厂一年能发多少电，炼油厂一年能产多少成品油，其最终功能比较好定义。

对于土木工程，很多项目都会涉及大量地下工程。对于包含大量地下工程的土木工程，业主采用工程总承包模式时，承包商应慎重考虑，因为承包商很难在投标阶段准确估计地下工程的工程量。

《房屋建筑和市政基础设施项目工程总承包管理办法》（国办发〔2017〕19号，2020年3月1日正式实施）第六条（工程总承包方式的适用项目）中规定："建设单位应当根据项目情况和自身管理能力等，合理选择建设项目组织实施方式。建设内容明确、技术方案成熟的项目，适宜采用工程总承包方式。"

▶▶ 1.2 项目工程总承包管理的发展

1.2.1 工程总承包发展历程

工程总承包模式的出现是国际建筑市场经过长期的探索与发展的结果。通过回顾承包模式发展历史，设计和施工经历了由结合到分离再到相互协调的阶段，正在朝着逐步一体化的方向发展。工程总承包模式发展起源历经以下四个阶段，见表1-3。

表1-3 工程总承包模式发展起源历经阶段

类别	内容
最初的设计与施工相结合阶段	在出现建筑贸易到19世纪末的漫长岁月里，项目承包方式都维持着其最原始的形态——由建筑工匠承担所有的设计和施工工作。这完全适应当时建筑物结构形式单一、施工技术简单的情况
设计和施工相分离阶段	工业革命后出现了设计和施工分离为两个独立的专业领域阶段。19世纪发生了工业革命，这期间业主对建筑物的功能要求逐步多样化，使得设计和施工技术随之复杂化、系统化，进而分裂为两个独立的专业领域。1870年在伦敦出现了第一个采用"设计-招标-施工"的承包模式项目。这种承包模式的做法是，在项目开始时按资格挑选设计人员进行设计，制作招标文件，并进行费用估算，然后根据设计图纸和招标文件进行招标，选择合适的承包商签订合同进行施工。建造过程中，业主有责任进行监督，以便确保其目标的实现。其优点是施工前已完成主要或全部设计工作，选定的承包商通常是最低标的投标者。这种传统的承包方式目前为止仍然是世界上应用最为广泛的承包方式之一 然后，由于设计和施工的分离，随着工程项目的复杂性进一步增加，它暴露出不可弥补的缺点 (1)建设时间长 设计全部完成后才进行招标，且整个招标过程通常要经过资格预审-招标-投标-评标-合同谈判-签约等步骤，时间周期较长。此外，承包商常常需要一段时间熟悉设计文件，因而使得工期延长 (2)设计变更频繁 设计人员和承包商仅在设计阶段的末期才开始接触，设计中不能吸收施工方的经验和建议，造成设计中的许多问题不能被尽早发现，施工中发现问题时再进行设计变更代价昂贵，容易导致索赔

类别	内容
设计和施工相分离阶段	(3)责任划分不清 工程出现问题时,是设计缺陷还是施工缺陷,还是两者兼而有之,设计方和施工方往往相互推诿,使业主因争端和诉讼遭受大量损失
设计和施工相协调阶段	为了缓解设计和施工相分离带来的矛盾,20 世纪 70 年代,国际工程承包市场出现了施工管理(CM)承包模式。在这种方式中,业主与 CM 经理签订合同,由 CM 经理负责组织和管理工程的规划、设计和施工。在项目的总体规划、布局和设计阶段,考虑到控制项目的总投资,确定主体设计方案;随着设计工作的进展,完成一部分分项工程的设计后,即组织对这一部分分项工程进行招标,发包给一家承包商,由业主直接就每个分项工程与承包商签订合同 这种承包方式的改进在于,CM 经理加强了设计单位和施工单位之间的沟通和协调,从而提高了设计的可建造性,并通过各个分项工程分阶段招标和提前施工缩短了一定的工期。然而,这种方式并没有从本质上改变传统方式中设计方与施工方相分离的状态,主要是因为 ①双方的利益纷争仍然存在,沟通交流间仍存在障碍,只不过协调矛盾的责任由业主转给了 CM 经理 ②各分项工程内部仍是"设计-招标-施工"的模式,工期仍有压缩的余地 ③业主要与 CM 经理、各工程承包商、设计单位、设备供应商、安装单位、运输单位分别签订合同,管理头绪多,责任划分不清,而且多次招标增加了承包费用
设计施工一体化阶段	20 世纪 90 年代,建筑业迎来了设计和施工一体化的阶段。首先是业主的观念发生了改变,主要体现在以下四个领域 ①时间观念增强。世界经济一体化增加了竞争的激烈程度。业主需要在更短的时间内拥有生产设施,从而可以更快地向市场提供产品,减少竞争。因而,要求建设工期尽量缩短 ②质量和价值观念发生了变化。各行业的业主实行全面质量管理,他们希望施工企业也能采用这种方式,以保证工程质量。同时,业主意识到价值应该是价格、工期和质量的综合反映,是一个全面的度量标准,工程价格在价值衡量中的比重降低 ③集成化管理意识增强。提倡各专业、各部门的人员组成项目联合工作组,对项目进行整体统筹化的管理 ④伙伴关系意识增强。业主、承包商和工程师更多地注意为了项目的整体成功而合作,而不是仅仅追求各自的物质利益 其次是设计施工一体化的条件已经发育成熟 ①一些实力雄厚的大型工程承包公司和设计咨询公司不满足于单纯的施工业务或设计咨询业务,经过双向联合,具备了全面的设计咨询能力、施工能力和管理能力 ②工程项目管理理论有了很大的发展,各个阶段都有成熟的理论和丰富的实践经验。它们中的很多理论和模型都可以被纳入一体化管理的体系中,这使得研究重点集中在两个阶段的衔接上,工作量大大减少 ③自从 20 世纪 70 年代中期以来,制造业提出了一系列新思想、新概念,如并行工程、价值工程、精益生产等,为工程领域设计施工一体化的研究提供了可借鉴的经验和理论工具 ④信息技术高速发展,软件工程理论和实践的突破为设计施工一体化提供了坚实的基础,使设计施工一体化要求的高速信息共享和交流成为可能,保障了设计施工一体化的实施效率 于是在 20 世纪 80 年代,产生了将设计和施工相结合的工程承包方式,其中包括设计-建造(DB)总承包模式、"一揽子"总承包模式和 EPC 模式等。在一系列的工程承包模式中,EPC 模式是承包商所承揽的工作内容最广、责任最大的一种

1.2.2 我国工程总承包模式在工程应用中存在的不足

我国工程总承包模式在工程经验、合同管理、风险管理等方面有很多不足，主要表现在以下几个方面。

① 企业工程总承包管理能力有待提高。我国多数企业没有工程总承包管理的组织机构及相应的管理经验，大多数具备总承包能力的企业是由施工企业或设计院转制形成或两者形成联合体的形式出现，这些企业在转制后虽然进行了工程总承包的工作，但与国外的通行模式难以接轨，缺少竞争力和竞争手段。

② 传统建设模式难以将设计与施工良好地契合，不能形成统一的利益体，无法实现工程总承包模式的优点。

③ 专业人才缺乏。国内企业缺少相关高素质人才，尤其是熟悉各专业知识、熟悉法律、善于管理、会经营的复合型人才，而能进行国际通行项目管理模式的管理人才更是缺乏。

④ 业主认识不到位。部分业主的错误认识是工程总承包模式发展的制约因素之一。在有些国有投资工程中，业主认为工程总承包模式大大降低了业主的工程决策权力，削弱了业主的既得利益。因此，我国部分工程建设中工程总承包模式的使用受到了一定的阻力，这也是工程总承包模式在国内发展的障碍之一。

⑤ 知识产权意识有待提高。专利技术与专有技术的应用得不到应有的知识产权保护，企业普遍缺少先进的工艺技术和工程技术，缺少独有的专利技术和专有技术，造成工程总承包竞争力不强，难以开拓市场的情况。

⑥ 业务领域很局限。工程总承包模式在国内涉及的工程建设领域不够全面，缺少针对不同行业的工程总承包管理程序和技术手册以及管理经验，因此工程总承包模式在各行业全面发展较粗放。

⑦ 国内市场发育不健全。缺少相应的工程总承包资质管理手段，缺少二级分包市场的管理政策和法律条文。虽然工程总承包已推行多年，但由于认识上的不一致，缺乏工程总承包发展的保障机制，导致难以解决工程总承包运行模式中的纠纷。

1.2.3 工程总承包发展同国外比对的主要差距

就工程总承包而言，我国与国外的差距是多方面的，不是单一的差距，而是全方位的不足，见表 1-4。

表 1-4 工程总承包发展同国外比对的主要差距

类别	内容
组织机制及其体系不完整	无论是以设计单位为主改制的或以工程承包整合的工程总承包企业,都尚未建立健全完整的、全面的工程总承包的服务功能、组织体系、人才结构体系、工程管理体系等。因此,从事工程总承包的充分条件应该说尚未完全到位,有的还相差甚远
缺乏 EPC 工程总承包业务的高管人才	所谓 EPC 工程总承包的高管人才,是指拥有知识结构复合型、管理思想创新型、国际惯例熟悉型等的人才。工程总承包的高级管理人才包括工程总承包项目经理、合同管理专家、财务管理专家、融资专家、风险管理专家、信息技术系统专家、安全管理专家、环保专家等。这些专家型高管人才对提升 EPC 工程总承包能力将起到巨大的甚至是不可估量的重量级作用

类别	内容
高科技创新和技术研发投入与应用差	目前,国内许多EPC工程总承包公司,还普遍缺乏国际先进水平的工艺和工程技术;无本企业的专利和专有技术;尚未建立完整的、系统的、套路化的项目管理工作手册、项目管理方法和工程项目计算机管理系统及工作程序;与国际通行的模式尚未无缝接轨等
从政策、市场、法律、法规等层面讲尚不配套	工程总承包是更高层次的管理,推行工程总承包是大势所趋、势在必行。但首要之事必须完善相关的法律法规以及操作细则,创造良好的市场环境。对工程总承包项目管理的理论体系、运行模式、相关政策、法律法规等进行调整并进行试点、总结、提升
我国颇具实力的工程总承包公司甚少	所谓实力主要指国际竞争力,包括智力密集、技术密集、资金密集和管理密集之大成,走国际化、现代化的道路 我国工程总承包商国际竞争力仍很薄弱,其具体表现在以下几个方面 ①组织运作机制比不上国际总承包商,如针对EPC、BOT、CM等全面适应性建设滞后 ②整体管理水平远比不上国际总承包商,如尚不掌控现代工程管理理论方法的自如运用 ③对工程项目全过程监控比不上国际总承包商,如工程项目现场实施精细管理和项目执行力不严 ④国内总承包商的资金运作和融资能力不强,如项目融资的新发展的应用不到位,银企贸结合度不够 ⑤在项目中的技术创新度、科技开发度远远落后于国际总承包商,如信息技术的应用和信息化建设尚未全方位发挥其功能 ⑥全球化工程市场拓展上比例不对称,如占领市场份额还比较少 ⑦国内总承包商的业务域面单一化,远不如国际大承包商的业务范围广阔,如建筑及相关工程服务,开拓的专业仍大有拓展空间 ⑧与国际上的某些业主、某些大承包商等缺少固定的合作关系,如涉及技术尖端工程项目,往往被发达国家总承包商垄断 ⑨复合型高端人才远远比不上国际总承包商,EPC专项培训力度比较差,这是一个根本性问题 总之,千言万语归结为一条,即:我国总承包商、承包商、分包商等的"商道"不如国际大承包商们 所谓"商道"泛指在建筑业的交流及相关工程服务领域内的一切从业人员应聚集的理论研修、业务素质、作为能力、道德自律、文化涵养和操守水平等的通称 工程项目的采购模式基本处于传统阶段。当今,国际建筑市场上,EPC、BOT、CM三族及其延伸模式已成为国际大承包商承揽并实施工程总承包的主流,而我们还在理论认识、统一思想、实践摸索阶段。在法律法规、经营权限、政府担保、投资回报、外汇问题、风险分担等诸项问题上,还没有支持配套的政策措施
工程项目的风险管理差距显著	国际跨国公司总承包的工程风险融资及其建立的体系完整、健全,运用成熟、十分成功。如美国的工程保险是迄今应用广泛、效果极佳的应对工程风险的管理手段之一。美国工程保险涉及十余种之多。而我们的风险管理则理念陈旧、手段单一、成熟度差、运作无效、服务体系和保障机制不到位等
健康、安全和环境(HSE)尚未全面落实	国际总承包商总是把这一工程项目中的重要组成和评价指标体系放在首要地位。美国某些国际大承包商在全球范围内的工程项目安全始终保持零的纪录,几乎所有总承包的工程项目均制定出台现场环境、安全和健康规划及具体操作、检查、监管手册。我们的健康、安全和环境意识差,缺乏一套检查、监督的有效机制,更谈不上建立刚性指标来制衡企业的发展
缺乏可行的可持续发展规划(纲要)	国际总承包商非常注重本企业的发展战略规划,包括近期、中期和远期的奋斗目标。注重目标的可行性、可操作性、可持续发展性;该目标是集企业领导、专家学者、全员职工等智慧的结晶;总结成功与失败、现实与未来、主业优势与非主业劣势、运作措施与保障机制等反复比较的结果,这是值得我们研究并加以应用的

▶▶ 1.3 工程总承包主要模式

1.3.1 按过程内容划分

工程总承包主要模式按过程内容划分，见表 1-5。

表 1-5 工程总承包主要模式按过程内容划分

类别	内容
EPC 承包模式	EPC 总承包模式即设计(Engineering)-采购(Procurement)-施工(Construction)的组合,是指工程总承包商按照合同约定,承担工程项目的设计、采购、施工、试运行服务等工作,并对承包工程的质量、安全、工期、造价全面负责,是我国目前推行的最主要的一种工程总承包模式 交钥匙总承包是 EPC 总承包业务和责任的延伸,最终是向业主提交一个满足使用功能、具备使用条件的工程项目 (1)EPC 总承包模式的优点 ①固定总价合同,有利于控制成本。该模式下,一般采用固定总价合同,将设计、采购、施工及试车等工作作为整体发包给工程总承包商,业主本身不参与项目的具体管理,有效地将工程风险转移给工程总承包商 ②责任明确,业主的管理简单。该模式下,工程总承包商是工程的第一责任人,在项目实施过程中,减少了业主与设计方、施工方协调沟通的工作,同时也有效地避免了相互扯皮和争端 ③有利于设计优化,缩短工期。该模式下,设计、采购、施工一体化,设计阶段设计、采购、施工人员均应参与,可对施工可行性、工程成本综合衡量考虑。实施阶段也可实现设计、采购、施工的深度交叉,有效地提高工作效率,缩短工期 (2)EPC 总承包模式的缺点 ①该模式对总承包商的综合素质要求较高,可供选择的工程总承包企业较少 ②该模式下,业主项目前期工作较浅,很难对工程范围进行准确定义,双方容易因此产生争端 ③该模式下的合同范围较广,对于合同中约定的比较笼统的地方,容易发生合同争端 ④该模式下,由于业主本身参与管理程度低,对工程的质量、进度、安全等环节的管理控制力降低 (3)不同单位主导的 EPC 总承包模式分析 ①施工单位为 EPC 工程总承包商。施工单位作为工程项目的总承包商,与业主直接签订 EPC 总承包合同,主导工程项目的设计、采购、施工全过程管理。在工程建设管理过程中,施工单位可以自己完成设计工作,但是,一般的施工单位往往不具备独立完成工程项目设计的能力,这就需要施工单位通过招投标的方式选择合适的设计单位来承担该项目的设计任务,由工程总承包商统一管理,分包商不与业主签订工程合同。在施工管理方面,承包商可根据项目的实际情况自己完成工程项目的施工工作,也可以再聘请一个专业分包施工单位来完成专业施工工作。因此,这种以施工单位为主导的 EPC 工程总承包商,其组织结构可以是综合承包公司,也可以是联合体的形式 在施工单位主导的 EPC 总承包模式下,在施工管理过程中需要工程总承包商具备较高的专业技术能力,提前选择合适的分包商完成分包工作,这样做不但可以降低工程承包风险,还能增强工程总承包商的核心竞争力 ②设计单位为 EPC 工程总承包商。设计单位作为项目的工程总承包商,与业主直接签订 EPC 总承包合同,主导工程项目的设计、采购、施工全过程管理。在工程建设管理过程中,由于设计单位的局限性,工程总承包商需要通过招投标的形式聘请施工单位作为分包商来完成工程的施工建设,由工程总承包商统一管理,分包商不与业主签订工程合同,施工任务拆

类别	内容
EPC 承包模式	包的方式有以下两种:一种是将全部的工程项目全部分包给一个施工总承包单位进行施工管理;另一种是将全部的工程项目拆分成若干个小标段后再进行分包,各分包商由工程总承包商统一管理 　③设计和施工单位以联合体方式为 EPC 工程总承包商。设计单位与施工单位以联合体的形式组成工程总承包商进行工程投标。这样工程总承包商就同时拥有设计和施工的资质及技术水平,工程总承包商直接与业主签订承包合同,联合体总承包商需要承担全部工程项目的管理职责。在工程管理过程中,联合体首先需要在内部达成一致,双方人员协商各自所需要承担的工作和责任,分别派出代表与业主进行项目沟通
EPCM 总承包模式	EPCM 总承包模式即设计(Engineering)-采购(Procurement)-施工管理(Construction Management)的组合,是指设计采购与施工管理总承包,是国际建筑市场较为通行的项目支付与管理模式之一,也是我国目前推行的一种工程总承包模式。EPCM 承包商是通过业主委托或招标而确定的,承包商与业主直接签订合同,全面负责工程的设计、材料设备供应、施工管理。根据业主提出的投资意图和要求,通过招标为业主选择、推荐最合适的分包商来完成设计、采购、施工任务。设计、采购分包商对 EPCM 承包商负责,而施工分包商则不与 EPCM 承包商签订合同,但接受 EPCM 承包商的管理,施工分包商直接与业主具有合同关系。因此,EPCM 承包商无须承担施工合同风险和经济风险。当 EPCM 总承包模式实施一次性总报价方式支付时,EPCM 承包商的经济风险被控制在一定的范围内,承担的经济风险相对较小,获利较为稳定 　在 EPCM 总承包模式下,对 EPCM 承包商的总承包能力、综合能力、技术水平及管理水平要求都非常高,所以在技术创新、信息化程度、管理能力等相对较为成熟、有丰富运作经验积累的国际性大公司比较流行。随着经济的发展,国内大多数工程公司也正在从单一的设计或施工单位转型成 EPCM 管理公司,不过还是和国际工程公司有一定的差距 　EPCM 总承包模式具有如下基本特点 　①项目一体化。业主把项目建设的设计、采购、施工管理和项目后期验收、移交等工作全部交由一家专业、有经验的 EPCM 管理公司负责,业主只需提出项目投资意图和最终达到的要求 　②合同固定总价。业主与 EPCM 承包商签订的合同一般是固定总价合同,和项目建设金额等无关,主要与人工实际成本、公司及项目日常管理费用(利润、现场前期工程)等相关 　③业主对承包商控制力度大。在 EPCM 管理模式下,EPCM 承包商只在项目实施过程中代表业主方对各个分包商进行管理,项目合同由业主和分包商直接签订,分包商与 EPCM 承包商没有合同关系,因此相对于其他的管理模式,业主能最大限度地参与项目各项阶段的决策。EPCM 总承包模式是一种能够较大降低风险和成本的项目管理方案,业主拥有较大的决策空间,使其能够同时监控项目相关风险和项目的建设状态,选择比较合适的方案来规避不可预见的风险,保证自身的投资利益 　④EPCM 总承包模式下的建设风险不是单独由一个分包商来承担的,因为整个项目不存在项目总承包单位,所有与分包商有关的一切项目风险,需要由业主方独立承担,这是因为 EPCM 承包商只是管理各分包商,只会承担由于管理不善而产生的名誉风险 　⑤在 EPCM 总承包商的协助下,业主对采购和成本的控制能更接近于满足国家相关法律法规,使整个项目的成本、采购更公开透明
DB 总承包模式	DB 总承包模式即设计(Design)-建造(Build)总承包模式,是指工程总承包企业按照合同约定,承担工程项目设计和施工,并对所承包工程的质量、安全、工期、造价全面负责。DB 总承包模式是一种将设计工作和施工工作集成管理的较新型的工程承包模式,其有着丰富的管理内涵。在目前的市场应用中,DB 总承包模式以设计-施工一体化、固定总价合同、大量加快工程建设进度这三个标签为显著特征,DB 总承包商的管理内容几乎覆盖了项目建设周期全过程,能够进入 DB 总承包商模式框架运行的 DB 总承包商一般都是综合实力较强的企业

类别	内容
DB 总承包模式	(1)DB 模式的不同阶段 ①初步设计及准备阶段。此阶段主要指招投标阶段进行前,建设单位进行项目可行性研究和投资预估的阶段。在此期间,一般是建设单位的主要前期工作阶段,需研究确定以下几项内容:一是项目是否确定实施,预期的项目功能定位是什么;二是确定项目建设意向,并提出具体的要求,必要时还要组织相关专家进行项目的技术经济可行性论证,随后完成包括设施功能要求、设计准则等在内的项目纲要;三是确定项目的初步设计方案和预计投资计划,在项目建设内容初步明确后,平衡工程的质量、外观和造价,以便编制出能达到建设单位预期的招标文件 ②招投标阶段。此阶段是各 DB 总承包商根据建设单位提供的招标文件要求进行投标的阶段。一般 DB 总承包模式项目合同签订前,建设单位已有较为清晰的设计要求和总体规划,而 DB 总承包商需要对这些内容进行细致划分,并发挥自身优势进行改良设计,最终以改良设计为基础提出竞标价格。在此阶段,参与竞标的 DB 总承包商通常会将包括技术要求、细部图纸在内的深化设计完成至 30%。在确定中标单位后,建设单位与 DB 总承包商签订合同,双方在合同内约定工期、价格、风险因素及调整计算方法、支付方式等内容。一般 DB 总承包模式的合同类型为总价合同,其中总价清单包干合同是以工程量清单内容为主进行工程结算,图纸包干合同则是以实际施工图纸内容为准进行工程结算,清单仅为参考 ③设计-施工阶段。与传统 DBB 模式不同,DB 总承包模式此阶段的特点就是边设计边施工。中标的总承包商将在此阶段完成剩余设计内容和施工部分内容,由 DB 总承包商设计部门完成的设计图,可随时交由建设单位审核,审核获批准后便可按阶段性设计图纸中的内容施工。简而言之,这一阶段是以动态循环的方式进行的。在这一阶段内,DB 总承包商将通过再次细化、优化设计方案、施工方案和择优选择材料供应商、分包商等手段,确定各分部分项工程量,从而达到实现中标价格的目的 (2)DB 总承包模式的优点。DB 总承包模式的主要特点就是将传统 DBB 模式下的业务范围扩大,由原来设计与施工分别发包转变为设计与施工整体发包 ①从行业角度来讲,应用 DB 总承包模式能够提高建筑业准入门槛,优化建筑业产业结构规模经济效益,提高行业利润,提高产品差异性,便于发挥承包商的竞争优势,促进建筑业资源整合和技术革新 ②从业主角度来讲,应用 DB 总承包模式可以减少发包作业次数,单一的权责界面更易于追究工程责任,除有效规避因设计单位与施工单位沟通不畅所带来的管理风险外,还使责任人更清晰。同时,还可利用边设计、边施工的方法来缩短工程建设周期,即 DB 总承包商可先将已完成的部分设计图纸送交建设单位审核,并随时开始组织已审核图纸内容的具体施工,这可以有效压缩工程建设周期,尽早将工程投入使用。例如,采用 DB 总承包模式建设的中国香港北区医院项目工期历时五年,而采用传统方式建造的中国香港东区医院的工期则长达十年。另外,采用 DB 总承包模式,设计部分所涉及的风险由 DB 总承包商承担,使业主方所承担的风险随之减少。据国外相关数据统计,采用 DB 总承包模式的项目工程,因为签订总价合同,减少了工程造价的不确定因素,工程总造价水平平均可降低 10% 左右 ③从承包商角度来讲,应用 DB 总承包模式最大的好处是可以统筹设计、施工作业,增加对项目工程总进度计划的控制把握能力。在深化设计过程中,随着与建设单位接触的增多,能够更好地了解建设单位需求,有利于后续各项工作的展开。同时,在工程施工过程中,能在快速解决设计变更问题、降低成本风险的同时,还可发挥创新运用新技术降低成本,促进工程顺利推进。DB 总承包商可将设计与施工两部分更完美地结合,在工程建设早期就将与现场实际施工相关的各类知识和经验融入设计中,减少后期可能发生的设计变更或工程洽商数量 ④DB 总承包模式的缺点。DB 总承包模式下,总承包商要负责处理设计、成本、利润和紧急状况等一系列问题;该模式也不适用于为满足技术、项目和审美目的而需要复杂设计的项目。如果设计单位被施工单位所雇佣,降低了设计单位的竞争意愿,那么他们永远不可能挑战极限、创造奇迹

类别	内容
DB 总承包模式	a. 从行业角度来讲,应用 DB 总承包模式倾向于有限竞争,投标竞争性降低,投标成本相对较高。传统 DBB 总承包模式下的制衡体系在 DB 总承包模式中不复存在,而标准的 DB 总承包合同仍在完善改进中,法规有可能不支持 DB 总承包合同 b. 从业主角度来讲,现阶段整体还缺少关于 DB 总承包模式管理的相关概念和经验,若 DB 总承包商信誉不佳或执行成效差,业主会承担较大风险。在审核 DB 总承包商提供的阶段性图纸方面,建设单位一般不具有专业性和权威性,如果出现需要方案对比择优等类似情况,会不容易把握准确,从而干扰判断。同时,应用该模式的 DB 总承包商有时会因为考虑成本,追求施工经济性而牺牲更高质量的设计内容 c. 从承包商角度来讲,首先应用 DB 总承包模式之后,要同时对设计和施工两方面内容的质量负责,增加了风险承担范围。其次,投标 DB 项目工程的难度也会比传统 DBB 模式更大,投标时设计内容一般不到全部内容的 1/3,使投标所需组织的人力和物力投入增大的同时,还使工程总成本预估这一变数变得更难把握。同时,现阶段国内应用 DB 总承包模式的工程数量不足,业务拓展空间有待发展
DBB 总承包模式	DBB 总承包模式即设计(Design)-招标(Bid)-建造(Build)模式,这是最传统的一种工程项目管理模式。该模式在国际上最为通用,世界银行、亚洲开发银行贷款项目及以国际咨询工程师联合会(FIDIC)合同条件为依据的项目多采用这种模式。其最突出的特点是强调工程项目的实施必须按照设计-招标-建造的顺序进行,只有一个阶段结束后另一个阶段才能开始。我国第一个利用世界银行贷款的项目——鲁布革水电站工程实行的就是这种模式。这种模式不仅在国际上比较通用,在我国内地的工程建设中更有近 90% 的工程建设采用该模式,其在我国内的相关法律法规体系基本完善,市场格局、认知度及认可度都相当高,可以说 DBB 总承包模式是我国目前建筑领域的基本及主导模式 (1)DBB 总承包模式的不同阶段 ①设计阶段。在设计阶段,建设单位首先要确定设计师或设计团队进行项目工程的图纸设计工作。同时,设计师还要与业主共同确定业主需求内容,拓展编制工程设计策划书,并以此内容为基础,进行概念设计或方案设计。通常,一个设计团队主要包含总设计师,结构设计师,建筑设计师,各专业设计师,如电气设计师、水暖设计师、通风空调设计师、消防设计师,甚至是景观园林设计师等,各设计师分别设计各自专业领域相关内容、编制技术标准依据等。设计团队还要协助业主进行招投标文件的编制工作,提出包括规范标准在内的各项工程相关技术要求,然后由总设计师审核各部分设计内容及相关技术要求,并提交给建设单位进行核验。核验确认后协同建设单位成本管理部门共同出具招标文件,各投标单位将以此为依据进行投标。通常,设计费用按工程总造价的 1%~5% 收取 ②施工招投标阶段。施工招投标阶段一般工程以公开招标的形式进行,任何资格预审合格的单位都能够参与投标。而难度较大或具有技术垄断性质的工程,也可以采取邀请招标的方式,由业主发送邀请函,选择投标单位进行投标。投标内容一般分为技术标和商务标两部分,各投标单位在竞标时,需提供投标正本一份和副本若干份(按招标文件要求),用于评审专家评标时使用。投标阶段发现的各项问题将由业主协同设计单位出具投标澄清文件进行答复。在标书评审过程中,一般采用综合评估法评标,商务标分数占比较大,一般为 50%~70%,技术标分数占比相对较小,一般为 30%~50%,综合得分后进行排名,选出第一名中标。举例来讲,如果采用综合评估法进行评标,招标文件中说明商务标得分占 70%,技术标得分占 30%,而一家投标单位商务标得分为 80 分,技术标得分为 90 分,则最终得分为 80 分×0.7+90 分×0.3=83 分。投标阶段的报价在施工单位的角度来讲称为"一次经营",而后续实际施工过程称为"二次经营" ③施工阶段。一旦确定工程的中标单位后,施工单位必须按照招标文件和合同约定进场组织施工。以房企为例,施工时一般以里程碑事件,如主体结构开始、主体结构封顶、二次结构完成等将整体工程划分为四个阶段,即施工前准备阶段、主体结构及二次结构施工阶段、室内外装饰装修阶段和竣工阶段。整个施工过程是按图施工的过程,如果图纸与现场实际有不符,出现无法按图施工的情况,一般以设计单位出设计变更或施工单位出工程洽商的方

类别	内容
DBB 总承包模式	式进行纠正。整个工程施工过程中,业主是占绝对主导地位的,在此阶段也是如此。而往往也是在此阶段,施工单位会以设计变更或工程洽商的形式,使整个工程造价提高到严重超支的境地。所以,在此阶段的建设单位需要有较高的现场管理协调能力和技术专业水平 (2)DBB 总承包模式的优点 ①采用 DBB 总承包模式时,设计单位是公正的、代表业主利益的。因为设计单位与业主(建设单位)是合同关系,所以直接受辖于业主,在沟通时能够及时将业主的意图表现成设计图和设计方案等形式,让业主感受更直观 ②在设计团队的协助下,编制的招标文件更具有专业性和针对性。在公开招标阶段,如果遇到图纸设计问题,能够以澄清文件或补充说明等形式及时消化解决,不用等到施工阶段再协商解决,这样有利于工程总造价的控制,即在理想状态下,大部分图纸问题能够在投标阶段解决,减少因设计问题出现的工程设计变更而增加工程总造价。同时,因为 DBB 总承包模式的招标阶段图纸内容已基本完整呈现,在公开招标时依据设计协同编制的招标文件,能够有效避免恶意低价中标现象 ③因为在招标阶段设计图纸就已基本完整,图纸设计范围已经基本确定,所以业主能够提早识别潜在的各项分包内容,比如图纸设计范围是否有石材幕墙、用什么样的防水材料、是否有新型建筑材料等,有利于业主对设计内容的整体把握,能够提前规划分包范围和筛选潜在供应商 ④能够帮助业主以合理的价格构建工程。因为实际施工前期的设计阶段,包含工程概算内容,这部分内容不仅有第三方机构进行监督、审查、管理,而且会在投标阶段以价格清单的形式体现。对业主来说,不仅工程概算具有权威和合理性,能够得到业主认可,而且工程总造价这部分内容能够在项目实际施工工作开始前就了然于胸,有助于建设单位提早制订资金筹措计划 ⑤设计单位和施工单位的选择能够达到最优化。因为 DBB 总承包模式下的设计单位和施工单位均采取招标形式选择,所以相对来讲,中标单位一定是所有投标单位中最具有效率、价格最合理且能够保证设计产品或建筑产品质量的单位 (3)DBB 总承包模式的缺点 ①因为 DBB 总承包模式的最重要属性就是前一阶段工作完成后再进行下一阶段工作,所以该模式的容错率相对较低,当遇到设计图纸错误或在设计阶段成本上涨时,因改正图纸错误或重新制定项目概算的时间,会造成项目整体进度滞后,如果有必要重新制定项目规划设计方案以节约成本,进度整体滞后时间会更长。而且如果在与设计单位签订的设计合同中,没有明确注明如遇到成本上涨时重新设计等此类问题的协商解决办法,则重新设计产生的费用可能要由业主自行承担 ②这种模式分为设计阶段、招标阶段和施工阶段,施工阶段一般用时最长,较长的项目持续时间会造成项目的管理成本上升,无形中增加了包括人员工资等在内的工程间接总造价 ③在设计阶段,因为还没有经过公开招标确定施工单位,所以施工方无法参与其中,设计图纸的可施工性可能会受到质疑。因施工期间现场无法按图施工而产生的设计变更或者工程洽商,会大大增加工程整体造价,而且这种增加的造价不在可控范围内,又难以避免,使业主的利益无法保证 ④在极端的情况下,比如经济大萧条或行业整体发展空间下滑,各企业为了提高中标率,增加营业收入,往往会采取压低投标价格中标的策略。在这种策略下,还要保证一定的利润,往往会牺牲一部分质量,比如采购低价材料商品,甚至以次充好等,这都会导致业主管理风险上升。目前,我国就有些小企业在低价中标后,采取此种策略,导致业主感叹"防不胜防"和"悔不当初" ⑤因为设计单位和施工单位的利益不同,且不存在合同制约关系,所以当面临问题时,很有可能各执一词,造成问题解决速度慢,甚至僵持不下或产生纠纷,而业主方如果缺乏相关专业知识,则很难做出准确判断,这会影响工程项目的建设进度

1.3.2　按融资运营划分

工程总承包主要模式按融资运营划分，见表 1-6。

表 1-6　工程总承包主要模式按融资运营划分

类别	内容
BOT 模式	BOT(Build-Operation-Transfer)即建设-经营-移交，指一国政府或其授权的政府部门经过一定程序并签订特许协议将专属国家的特定的基础设施、公用事业或工业项目的筹资、投资、建设、营运、管理和使用的权利在一定时期内赋予本国或/和外国民间企业，政府保留该项目、设施及其相关的自然资源永久所有权；由民间企业建立项目公司并按照政府与项目公司签订的特许协议投资、开发、建设、营运和管理特许项目，以营运所得清偿项目债务、收回投资、获得利润，在特许权期限届满时将该项目、设施无偿移交给政府。有时，BOT 模式被称为"暂时私有化"过程(Temporary Privatization)。我国国家体育馆、国家会议中心、北京奥林匹克篮球馆等项目采用了 BOT 模式，由政府对项目建设、经营提供特许权协议，投资者需全部承担项目的设计、投资、建设和运营责任，在有限时间内获得商业利润，期满后将场馆交付政府 (1)BOT 模式的优点 ①减轻政府的财政负担及所要承担的项目风险 ②政府部门与私人机构之间沟通协调简单 ③项目回报率规定明确，政府与私人机构的纠纷较少 (2)BOT 模式的缺点 ①项目前期周期较长，导致前期费用较高 ②参与投资的企业存在利益冲突，增加了融资难度 ③政府部门失去对项目的控制权 (3)BOT 模式的实施步骤 ①项目倡议方成立项目专设公司(项目公司)，专设公司同东道国政府或有关政府部门进行有效协商和洽谈，最终达成项目特许协议 ②项目公司与工程承包商签署工程建设合同，并由建筑商和设备供应商的保险公司担保，确保项目经营协议在专设公司与项目运营承包商洽谈之中得以签署 ③项目公司与商业银行签订贷款合同或与出口信贷银行签订买方信贷合同 ④进入运营阶段后，项目公司必须及时把收入转给担保信托，由担保信托来部分偿还银行贷款 (4)BOT 可演化的模式 ①BOO(Build-Own-Operate)即建设-拥有-经营。项目一旦建成，项目公司对其拥有所有权，当地政府只是购买项目服务 ②BOOT(Build-Own-Operate-Transfer)即建设-拥有-经营-转让。项目公司对所建项目设施拥有所有权并负责经营，经过一定期限后，再将该项目移交给政府 ③BLT(Build-Lease-Transfer)即建设-租赁-转让。项目完工后一定期限内出租给第三者，以租赁分期付款方式收回工程投资和运营收益，以后再将所有权转让给政府 ④BTO(Build-Transfer-Operate)即建设-转让-经营。项目的公共性很强，不宜让私营企业在运营期间享有所有权，须在项目完工后转让所有权，其后再由项目公司进行维护经营 ⑤ROT(Rehabilitate-Operate-Transfer)即修复-经营-转让。项目在使用后，发现损毁，由项目设施的所有人进行修复，恢复整顿-经营-转让 ⑥DBFO(Design-Build-Finance-Operate)即设计-建设-融资-经营 ⑦BT(Build-Transfer)即建设-转让 ⑧BOOST(Build-Own-Operate-Subsidy-Transfer)即建设-拥有-经营-补贴-转让 ⑨ROMT(Rehabilitate-Operate-Maintain-Transfer)即修复-经营-维修-转让 ⑩ROO(Rehabilitate-Own-Operate)即修复-拥有-经营

类别	内容
BT 模式	BT(Build-Transfer)即建设-移交,是政府或开发商利用承包商资金来进行融资,建设项目的一种模式。BT 模式是 BOT 模式的一种变换形式,指一个项目的运作通过项目公司总承包、融资、建设验收合格后移交给业主,业主向投资方支付项目总投资加上合理回报。采用BT 模式筹集建设资金成了项目融资的一种新模式 　(1)BT 模式的特点 　①BT 模式仅仅是政府用于非经营性的设施建设项目 　②政府利用的资金是通过投资方融资的资金而非政府资金,这种融资的资金来源范围非常广泛 　③BT 模式仅是投资融资的一种全新模式,其重点在于建设,即 B 阶段 　④增强投资方履行合同的能力,避免其在移交时存在幕后经营 　⑤政府依据合同约定总价,对投资方按比例分期支付 　(2)BT 模式存在的风险 　①潜在风险较高,应建立风险监督机制,增强风险管理的能力,以有效地防御政治、经济、自然、技术等带来的风险,最重要的是防范政府债务偿还的风险 　②追求安全且合理的利润以及双方谈判约定总价的难度较大
BOO 模式	BOO(Building-Owning-Operation)即建设-拥有-经营,主要用于公共基础设施项目。承包商根据政府赋予的特许经营权,建设并经营某项产业项目,但是并不将此项基础产业项目移交给公共部门。BOO 模式的优势在于,政府部门既节省了大量财力、物力和人力,又可在瞬息万变的信息技术发展中始终处于领先地位,企业也可以从项目承建和维护中得到相应的回报 　BOO 模式属于私有化类项目,它是由 BOT 模式演变而来的,都是利用社会资本承担公共基础设施项目建设,由政府授予特定公共事业领域内的特许经营权利,以社会资本或项目公司的名义负责项目的融资、建设、运营及维护,并根据项目属性的不同,通过政府付费、使用者付费和政府可行性缺口补助的不同组合获得相应的投资回报。而 BOO 与 BOT 模式分属于不同类型的主要原因就在于,BOO 模式中不存在政府与私人部门之间所有权关系的二度转移,自公私合作开始,基础设施的所有权、使用权、经营权、收益权等系列权益都完整地转移给社会资本或项目公司,公共部门仅负责过程中的监管,最终不存在特许经营期后的移交环节,项目公司能够不受特许经营期限制地拥有并运营项目设施 　BOT 模式和 BOO 模式最重要的相同之处在于:它们都是利用私人投资承担公共基础设施项目。在这两种融资模式中,私人投资者根据东道国政府或政府机构授予的特许协议(Concession Contract)或许可证(License),以自己的名义从事授权项目的设计、融资、建设及经营。在特许期,项目公司拥有项目的占有权、收益权,以及为特许项目进行投融资、工程设计、施工建设、设备采购、运营管理和合理收费等权利,并承担对项目设施进行维修、保养的义务。在我国,为保证特许权项目的顺利实施,在特许期内,如因我国政府政策调整因素影响,使项目公司受到重大损失的,允许项目公司合理提高经营收费或延长项目公司特许期;对于项目公司偿还贷款本金、利息或红利所需要的外汇,国家保证兑换和外汇出境。但是,项目公司也要承担投融资及建设、采购设备、维护等方面的风险,政府不提供固定投资回报率的保证,国内金融机构和非金融机构也不为其融资提供担保 　BOT 模式与 BOO 模式最大的不同之处在于:在 BOT 项目中,项目公司在特许期结束后必须将项目设施交还给政府;而在 BOO 项目中,项目公司有权不受任何时间限制地拥有并经营项目设施

第**2**章

项目工程总承包管理组织及体系

▶▶ 2.1 工程总承包管理组织

2.1.1 工程总承包管理组织体系一般要求

① 工程总承包企业应建立与工程总承包项目相适应的项目管理组织，并行使项目管理职能，实行项目经理负责制。

② 工程总承包企业宜采用项目管理目标责任书的形式，并明确项目目标和项目经理的职责、权限和利益。

③ 项目经理应根据工程总承包企业法定代表人授权的范围、时间和项目管理目标责任书中规定的内容，对工程总承包项目，自项目启动至项目收尾，实行全过程管理。

④ 工程总承包企业承担建设项目工程总承包，宜采用矩阵式管理。项目部应由项目经理领导，并接受工程总承包企业职能部门指导、监督、检查和考核。

⑤ 项目部在项目收尾完成后应由工程总承包企业批准解散。

2.1.2 任命项目经理和组建项目部

① 工程总承包企业应在工程总承包合同生效后，任命项目经理，并由工程总承包企业法定代表人签发书面授权委托书。

② 项目部的设立应包括下列主要内容：

a.根据工程总承包企业管理规定，结合项目特点，确定组织形式，组建项目部，确定项目部的职能；

b.根据工程总承包合同和企业有关管理规定，确定项目部的管理范围和任务；

c.确定项目部的组成人员、职责和权限；

d.工程总承包企业与项目经理签订项目管理目标责任书。

③ 项目部的人员配置和管理规定应满足工程总承包项目管理的需要。

2.1.3 建设项目工程总承包管理规范

① 项目部应具有工程总承包项目组织实施和控制职能。

② 项目部应对项目质量、安全、费用、进度、职业健康和环境保护目标负责。

③ 项目部应具有内外部沟通协调管理职能。

2.1.4 项目部岗位设置及管理

① 根据工程总承包合同范围和工程总承包企业的有关管理规定，项目部可在项目经理以下设置控制经理、设计经理、采购经理、施工经理、试运行经理、财务经理、质量经理、安全经理、商务经理、行政经理等职能经理和进度控制工程师、质量工程师、安全工程师、合同管理工程师、费用估算师、费用控制工程师、材料控制工程师、信息管理工程师和文件管理控制工程师等管理岗位。根据项目具体情况，相关岗位可进行调整。

② 项目部应明确所设置岗位职责。

2.1.5 项目经理能力要求

① 工程总承包企业应明确项目经理的能力要求，确认项目经理任职资格，并进行管理。

② 工程总承包项目经理应具备下列条件：

a. 取得工程建设类注册执业资格或高级专业技术职称；

b. 具备决策、组织、领导和沟通能力，能正确处理和协调与项目发包人、项目相关方之间及企业内部各专业、各部门之间的关系；

c. 具有工程总承包项目管理及相关的经济、法律法规和标准化知识；

d. 具有类似项目的管理经验；

e. 具有良好的信誉。

2.1.6 项目经理的职责和权限

(1) 项目经理应履行的职责

① 执行工程总承包企业的管理制度，维护企业的合法权益。

② 代表企业组织实施工程总承包项目管理，对实现合同约定的项目目标负责。

③ 完成项目管理目标责任书规定的任务。

④ 在授权范围内负责与项目干系人的协调，解决项目实施中出现的问题。

⑤ 对项目实施全过程进行策划、组织、协调和控制。

⑥ 负责组织项目的管理收尾和合同收尾工作。

(2) 项目经理应具有的权限

① 经授权组建项目部，提出项目部的组织机构，选用项目部成员，确定岗位人员职责。

② 在授权范围内，行使相应的管理权，履行相应的职责。

③ 在合同范围内，按规定程序使用工程总承包企业的相关资源。

④ 批准发布项目管理程序。

⑤ 协调和处理与项目有关的内外部事项。

(3) 项目管理目标责任书宜包括的主要内容

① 规定项目质量、安全、费用、进度、职业健康和环境保护目标等。

② 明确项目经理的责任、权限和利益。

③ 明确项目所需资源及工程总承包企业为项目提供的资源条件。

④ 项目管理目标评价的原则、内容和方法。

⑤ 工程总承包企业对项目部人员进行奖惩的依据、标准和规定。

⑥ 项目经理解职和项目部解散的条件及方式。

⑦ 在工程总承包企业制度规定以外的、由企业法定代表人向项目经理委托的事项。

▶▶ **2.2 组织形式**

工程总承包项目经理部的组织形式根据施工项目的规模、合同范围、专业特点、人员素质和地域范围确定。工程项目规模分类，见表 2-1。

大型、中型工程总承包项目组织机构按三个层次设置，即企业保障层、总包项目管理层和分包作业层（含指定分包）。一般总承包项目组织机构，见图 2-1。

特大型工程总承包项目组织机构按四个层次设置，即企业保障层、总包项目管理层、项目管理层、分包作业层。特大型总承包项目组织机构，见图 2-2。

表 2-1 工程项目规模分类

规模分类		特大型	大型	中型	小型
建筑面积/万平方米		≥30	≥10 且<30	≥4 且<10	<4
工程造价/亿元	房建工程	≥5	≥2 且<6	≥0.8 且<4	<0.8
	机电安装、装饰、园林、古建工程	≥1.5	≥0.6 且<1.5	≥0.3 且<0.6	<0.3
	钢结构、市政道路	≥3	≥1 且<3	≥0.6 且<1	<0.6

2.2.1 互联网时代的工程总承包组织结构

当今工程总承包市场趋势之一是需求多元化、用户导向化。工程总承包项目已经不仅仅是设计、采购、施工等建设的环节，用户在运营、融资等环节也有了个性化的综合需求。例如，很多投资类公司的项目，客户（业主）对项目建设、运行（生产）都不会亲力亲为，而是统一发包给总承包商，但对总承包商在投融资形式上却有各种要求，比如要求总承包商对项目进行垫资，或者签订租赁协议等。另外，越来越多的业主在工程总承包项目规划前期及实施过程中要求深度参与，业主自身有很多独特的经验和需求要在项目中体现。

智能互联网时代的到来，市场的不确定性剧增，面对难以预测的巨变，需要企业的组织结构有更广泛、更高效的资源协作能力，有更具活力、更加灵活的以客户为中心的业务能力，来应对不确定的未来。另外，当今社会信息愈发透明，互联网、物联网、泛能网等使得万物广泛连接，量子信息科学国家实验室即将建造，量子计算机将会为人类带来更强大的计算能力，人工智能如火如荼地向成熟迈进。在这样的市场驱动下，运用移动互联技术和平台化思维，借助技术的进步和应用，一种新的企业组织结构——智慧平台化组织结构出现了。智慧平台化组织主要在业务端智慧化、资源平台生态化方面进行变革，帮助企业有效解决资源、业务活力等管理难题，提高企业的生命力和竞争力。

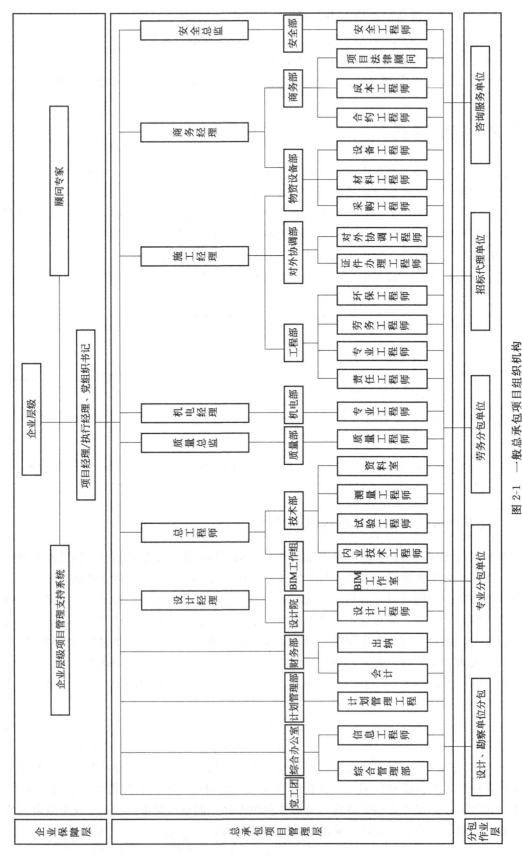

图 2-1 一般总承包项目组织机构，建筑信息建模
BIM-Building Information Modeling，建筑信息建模

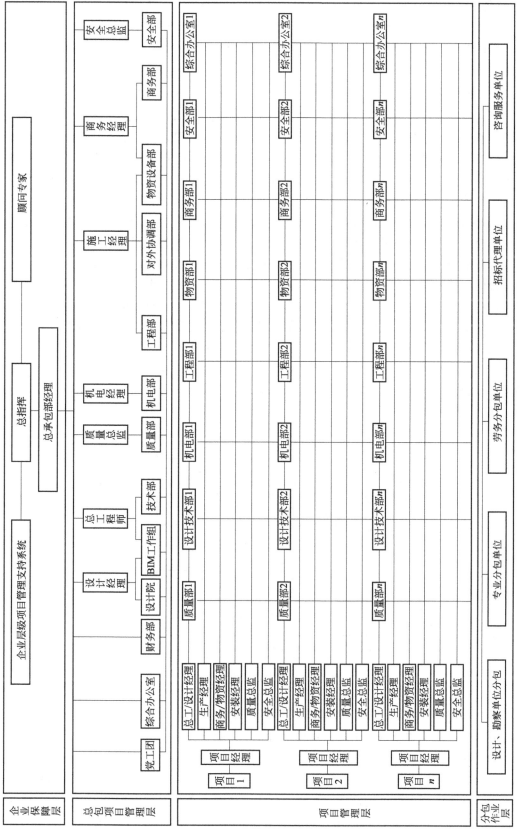

图 2-2 特大型总承包项目组织机构

互联网平台已经在全球范围内建立了一种新的基础设施，支持和激发传统行业进行创新和创造，"平台＋"智慧业务端已经是互联网商业化后出现的重要组织景观。工程总承包类企业可以借助新技术的进步和应用发展，用互联网平台化思维，有效解决资源、管理等难题，来应对更高的市场需求。

2.2.1.1 互联网智慧平台化组织结构概念

互联网智慧平台化组织可以把业务端活力发挥到极致，使其自组织、自管理、自激励、自创新。通过管理权分布式配置，业务单元被赋予自主权（可以是企业、项目部，甚至是个人，组织只关注业务完成能力，不关注业务组织形式）。高效率和高灵活性的要求，使得智慧平台化组织的业务单元往往很小，称为业务小前端。业务小前端承担全部或部分盈亏，是相当程度的独立运营单元，因此可以激发业务小前端的极致活力。比如，有的业务小前端中的个人甚至已经不算是企业的雇员了，而是企业的合伙人，业绩直接影响到个人的利益，因此业务小前端会发挥个人最大能动性来开展业务，这就是所谓的智慧。

在智慧平台化组织中，个人的提高和发展也不传统和按部就班，个人能力的提升不再是组织的责任，员工的职业发展道路和晋升速度，是员工本身在一个可以促进发展的智慧平台环境下，由自身决定并定制。通过员工的自我能力提升与业务需求互动，业务需求与个人绩效挂钩，每位员工都会自我驱动成为个人能力的经营者。这种"资源平台＋智慧个人"的模式更好地满足了员工及企业各自的需要，并能够良性循环。

与以往的组织模式下重"组织"不同，智慧平台化组织模式激发个人潜力，尤其是主观能动性、创造性、领导力，使人员深度融入企业并为其发展出力，成为企业发展重要的组成部分，如图2-3所示。

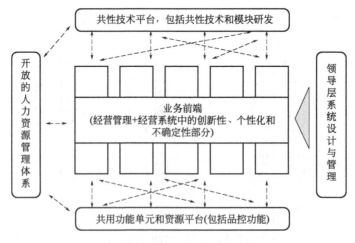

图2-3　智慧平台化组织架构

2.2.1.2 互联网时代的工程总承包组织结构构建的整体思路

互联网时代的工程总承包组织结构构建需立足用户，以业务为中心，重构管理体系，通过组织管理平台化、资源生态化，打破纵向层级和横向职能壁垒，建立以业务前端为核心的资源配置机制，实现资源共享，回归业务端对资源池的资源调度权利，使业务前端责权利匹配，直接、有偿地调度配置资源，实现资源最大化地对业务前端进行支持，促进业务前端的自组织、自管理、自激励、自创新，增强业务端活力，为用户提供优质服务，如图2-4所示。同时，还需要结合行业特点，从企业业务发展实际进行推进；通过市场化方式配置资源和激励，从而对业务赋能，使权利回归；强化互联网应用，落地组织管理平台化、资源生态化；充分考虑重构风险，力求平稳过渡，确保高效、安全地持续运营发展。

图 2-4　用户、业务、资源的关系

2.2.1.3　互联网时代的工程总承包组织结构

互联网时代的工程总承包组织主要划分为两层面三部分：第一层面是接近用户端的项目平台组织，由业务前端和项目资源平台两部分组成；第二层面是公司平台组织，由公司层面的资源平台构成。

业务前端是可以完成产品/服务完整功能的最小权、责、利匹配的经营主体，如 EPC 项目部、市场开发小组、市场开发工程师、工艺设计室、设计员本人等。业务前端可能是一个小团队甚至可能是个人，被赋予自主权，担负整个产品为了满足客户需求而进行的创造性、个性化的工作，也承担全部或部分盈亏，是相当程度的自组织、自管理、自激励、自创新的智慧单元，目的是实现自我驱动，让业务部门的成员有主人翁意识、有归属感、有追逐感。

资源平台分为公司层面的资源平台和项目层面的资源平台。两个资源平台均按照业务需求及战略要求，划分为三个群：资源服务群、运营监督群和市场开发群。三个群借助平台，为业务前端提供快捷服务，提供合格的资源单位。

资源服务群为业务提供资源，协调服务。运行方式是通过任务抢单、派单等方式主动为业务前端提供服务；职责是为业务端提供资源及协调服务，建立高效的资源池及协调服务机制，帮助业务前端解决难题。资源服务群的组成部分一般分专业类和职能类。专业类包括项目管理、采购、物资、成本控制、HSE(Health Safety and Environmental，即健康、安全和环境)，根据业务需要确定角色规划和编制，对现状进行盘点，制定角色规划方案（增加/减少）。职能类包括财务、人力、经营绩效、技术质量、行政后勤、信息化管理，根据业务覆盖面确定角色规划和人员编制。

运营监督群的定位是聚拢生态圈资源，并对企业进行智慧化运营管理、监督。运行方式是依托智慧运营平台，建立生态环境，进行运营管理、监督及专业支持；职责为组织落实企业整体绩效目标达成，提升企业运行效率，防范风险，确保企业安全运营和可持续发展。

市场开发群的定位是市场体系建设和市场开发、集中协调及管理。运行方式是通过市场营销网络建设，商机洞察机制，对市场开发实施统筹、督导管理；职责是帮助市场前端解决难题，对开发的大型市场项目进行过程督导和支持，确保项目成功获取。

公司资源平台另外再划分出两个委员会，分别是技术委员会和风险管理委员会。技术委员会为公司决策层提供战略技术支持，由技术专家组成；风险管理委员会管控公司战略风险，并对平台及业务端进行第三方式的监督。

2.2.1.4　互联网时代的工程总承包组织架构

互联网时代的工程总承包组织架构如图 2-5 所示。

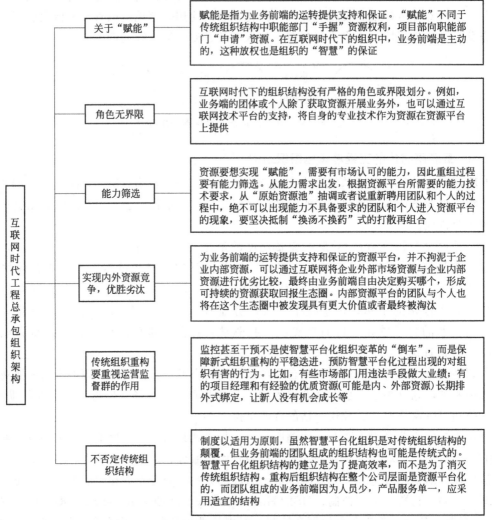

图 2-5 互联网时代工程总承包组织架构

2.2.1.5 典型项目工程总承包管理组织架构示例

（1）EPC/T（Engineering Procurement Construction Turnkey，设计-采购-施工-试运行）工程总承包管理架构

EPC/T 工程总承包架构如图 2-6 所示。

（2）典型的 EPC 项目管理组织机构。

如图 2-7 所示是某大型电站工程项目总承包组织机构示意框图，它比较全方位地反映了 EPC 模式的工程项目总承包的管理层次结构，包括现场管理的决策层及总部管理层、现场管理层、一线工作层等。

（3）工程总承包组织关系

如图 2-8 所示是某工程总承包项目集团公司总部与 EPC 项目经理关系管理示意。

（4）国际工程总承包组织工作关系

如图 2-9 所示为某大型国际 EPC 工程项目组织与工作性质示意。

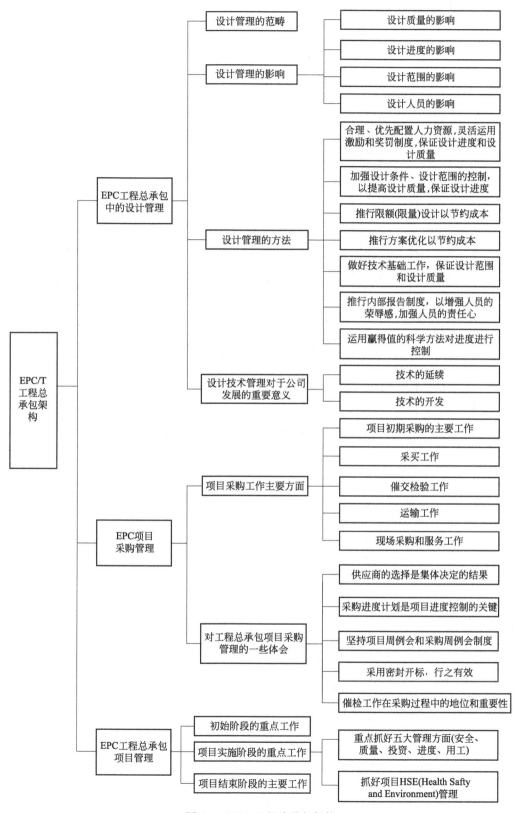

图 2-6　EPC 工程总承包架构

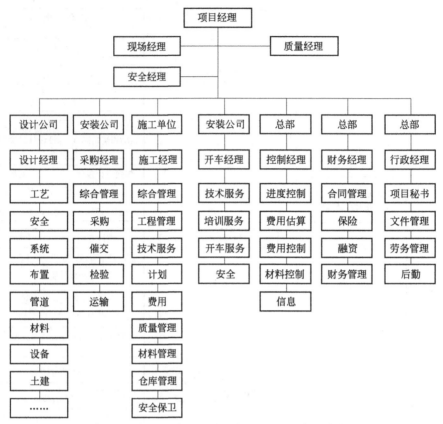

图 2-7 某大型电站工程项目总承包组织机构示意框图

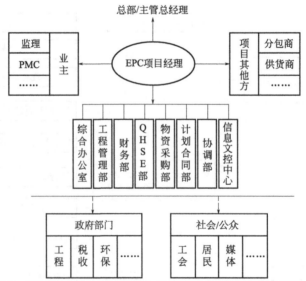

图 2-8 某工程总承包项目集团公司总部与 EPC 项目经理关系示意

PMC—Production Material Control，产品材料控制；

QHSE—Quality Health Safety Environment，质量-健康-安全-环境

图中表明了 EPC 项目经理与集团公司总部、分包商、业主方及其代表、监理（驻地工程师）、政府主管部门以及社会和公众团体等的一般关系。项目经理处各种关系的能力，是选拔的条件之一

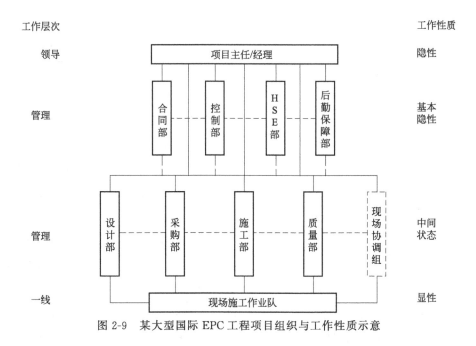

图 2-9　某大型国际 EPC 工程项目组织与工作性质示意

2.2.2　项目工程总承包管理流程及职能岗位目标

工程总承包项目管理的程序应依次为：选定项目经理→项目经理接受企业法定代表人的委托组建项目经理部→编制项目管理规划大纲→企业法定代表人与项目经理签订"项目管理目标责任书"→项目经理部编制"项目管理实施计划"→进行项目开工前的前期施工准备→项目实施期间按"项目管理实施计划"进行管理→在项目竣工验收阶段进行竣工结算、清理各种债权债务、移交资料和工程→进行经济分析→做出项目管理总结报告并送承包商企业管理层→对项目管理工作进行考核评价并兑现"项目管理目标责任书"中的奖惩承诺→项目经理部解体。

▶▶ 2.3　管理目标

2.3.1　企业层级目标

企业层级职能及相关责任部门项目目标，如表 2-2 所示（包括但不限于以下工作），其他部门应配合牵头部门做好相关工作。

表 2-2　企业层级职能及相关责任部门项目目标

工作目标	必要工作事项	时间期限	责任牵头部门
投标	项目启动	企业决定项目投标后	市场商务部门
	项目管理授权	项目启动时	市场商务部门
	项目营销策划	项目启动时	市场商务部门
	项目情况调查	工程投标前	市场商务部门

续表

工作目标	必要工作事项	时间期限	责任牵头部门
投标	项目现金流分析	工程投标前	财务资金部门
	项目风险评估	工程投标前	市场商务部门
	投标总结	工程投标后	市场商务部门
合同	合同谈判及签署	工程开工前	市场商务部门
	履约保函或保证金	合同规定时间	财务资金部门
	合同评审	合同签订前及签订后	市场商务部门
	项目目标成本估算	合同签订后	市场商务部门
	合同交底	项目部组建后	市场商务部门
	客户关系管理	项目部组建后	市场商务部门
	项目管理责任书	与项目策划书同步	市场商务部门
组织	任命项目经理	启动时定人,选中标后任命	人力资源部门
	建立项目部	工程合同签约后	人力资源部门
	按规定建立党群组织	项目部建立时	党群部门
	制定项目人员职务说明书	工程开工前	人力资源部门
	确定项目薪酬制度	工程开工前	人力资源部门
服务	材料招标及采购	配合施工进度要求	物资管理部门
	分包招标及进场备案	配合施工进度要求	商务管理部门
	机械设备租赁或调配	配合施工进度要求	物资管理部门
	资金调配	配合项目资金收支情况	财务资金部门
	项目备用金及财务设账	工程开工前	财务资金部门
	项目技术标准及方案论证	工程开工前	技术管理部门
	项目法律事务	工程开工前	法律部门
控制	项目策划书	项目启动后	各责任管理部门
	成本管理目标控制及预警	配合工程进度	市场商务部门
	进度管理目标控制及预警	配合工程进度	生产管理部门
	职业健康安全目标控制及预警	配合工程进度	安全管理部门
	环境管理目标控制及预警	配合工程进度	环境管理部门
	质量管理目标控制及预警	配合工程进度	质量管理部门
	资金管理目标控制及预警	配合工程进度	资金管理部门
	项目履约控制	按合同规定	生产管理部门
	项目经理月度报告	月度	生产管理部门
	项目商务经理月度报告	月度	市场商务部门
	项目每日施工情况报告	每个工作日历天	生产管理部门

续表

工作目标	必要工作事项	时间期限	责任牵头部门
监督	日常考核	月、季、年	生产管理部门
	项目最终考核	工程竣工交付后	审计监察部门
	项目审计与监察	施工过程中及完工后	审计监察部门
项目制度建设	建立标准化表格及格式文本	工程开工前	有关部门
	建立项目管理数据库	工程开工前及完工后	相关部门
	建立项目管理信息系统	工程开工前	信息管理部门
项目保修	工程保修支持	保修期内	质量管理部门
	工程技术服务	工程设计使用年限内	质量管理部门

2.3.2　总承包项目经理目标

总承包项目经理部管理目标分配，如表 2-3 所示（包括但不限于以下工作）。

表 2-3　总承包项目经理部管理目标分配

工作目标	必要工作事项	时间期限	负责人员
合同管理	合同责任分解	工程开工前	商务经理
	项目索赔与反索赔	工程开工前及过程中	商务经理
	项目计划成本及盈亏测算	工程开工前及季度	商务经理
	项目商务月度报告	每月 5 日前	商务经理
	工程进度报量及付款申请	按合同规定期限	商务经理
计划	项目管理实施计划	工程开工前	项目经理
	项目经理月度报告	每月 5 日前	项目经理
组织	项目组织机构及职责	工程开工前	项目经理
	项目人员岗位职务说明书	人员到岗前	项目经理
资金管理	项目收款	按合同规定	商务经理
	项目付款	按合同及工程进度	项目经理
设计管理	项目设计	按合同规定	总工程师
技术管理	施工组织设计及技术方案	工程开工前	总工程师
	设计变更、技术复核	根据工程进度	总工程师
	工程技术资料	按工程进度	总工程师
	检验与试验	按工程进度	总工程师
	工程测量	按工程进度	总工程师
物资管理	物资招标及订货	按项目实施计划	生产经理
	材料进场验收及使用控制	按工程进度控制	生产经理

续表

工作目标	必要工作事项	时间期限	负责人员
设备及料具管理	设备进出场控制	按项目实施计划	生产经理
	设备使用管理	按现场实际情况	生产经理
分包管理	分包招标、履约保证	按项目实施计划	商务经理
	分包现场管理	项目实施全过程	生产经理
	分包结算	按分包合同	商务经理
生产及进度管理	生产及进度管理计划	项目开工前	生产经理
	作业计划及每日情况报告	按工程施工进度	生产经理
	项目部每日情况报告	每一个工作日	生产经理
	施工照片管理	按工程施工进度	生产经理
成本目标	项目盈亏测算	开工前及每季度	商务经理
质量管理	质量计划、实施与控制	项目实施全过程	质量总监
安全及职业健康管理	安全及职业健康管理计划、实施与控制	项目实施全过程	安全总监
环保管理	环保计划及实施与控制	项目实施全过程	安全总监
收尾管理	工程收尾计划	工程竣工前	生产经理
	工程交付	按合同规定	项目经理
	档案及资料移交	工程交付后	项目经理
	工程总结	工程交付后	项目经理
保修	保修服务	合同保修期	项目经理
信息与沟通管理	信息与沟通识别	工程开工前	项目经理
	信息管理计划	工程开工前	项目经理
综合事务管理	综合事务管理计划	项目开工前	项目经理
	重要活动管理	按项目具体情况	项目经理

2.3.3 总承包项目各阶段工作内容及岗位目标

总承包项目各阶段工作内容及岗位目标，见表2-4。

表2-4 总承包项目各阶段工作内容及岗位目标

项目实施阶段	工作分项	工作内容	岗位目标
项目启动	组建项目部	任命项目管理人员，签订项目责任书、制定项目经理部管理制度	项目经理
		落实现场办公、生活场所	项目副经理

项目实施阶段	工作分项	工作内容	岗位目标
项目启动	项目策划	项目管理计划	项目经理、项目副经理
		项目实施计划	项目经理、项目副经理
设计阶段	方案设计	组织方案设计	设计经理
		获得方案设计批复	设计经理
	初步设计	初步设计	设计经理
	施工图设计	组织进行施工图设计	设计经理
		组织设计院内部进行校审	设计经理
		设计院专家跟踪指导、论证	设计经理
	施工图审查	送第三方设计审查,包括施工图审查、消防审查、节能审查等	设计经理
		根据审查意见反馈进行设计修改	设计经理
		获得审查报告	设计经理
	设计图纸交底	组织交底会议、形成会议纪要、多方签字盖章形成正式文件	设计经理、施工经理
	设计变更	联系、组织相关人员解决设计上的问题,确定变更内容,形成变更文件,多方签字盖章确认生效,交付实施	设计经理、施工经理
	编制设备清单	根据施工图编制设备清单	设计经理、采购经理
		提供材料设备采购技术参数	设计经理、采购经理
项目审批	报建审批	协助建设单位进行项目报建、审批	项目经理、设计经理
采购管理	采购计划	编制施工招标、材料设备采购计划	设计主管、采购主管
	土建施工招标	施工区块划分	项目经理、采购经理
		协调采购管理部门编制招标限价并审计、编制资格预审文件、资格预审编制招标文件、评标、定标	项目经理、项目副经理、采购经理
		签订施工合同	项目经理、商务经理
	设备采购	提供材料设备采购清单和技术参数	采购经理
		内部招标询价、编制招标限制价并审计、供货商资格预审、编制招标文件、确定供货商	项目副经理、采购经理
		签订采购合同	项目经理、商务经理
		货款支付、设备催交	采购经理
		现场验货、交付保管	采购经理

续表

项目实施阶段	工作分项	工作内容		岗位目标
施工管理	施工准备	总承包合同备案		商务经理
		协助建设单位解决高压线迁移问题		项目副经理
		施工用电、用水开户		项目副经理、商务经理
		办理施工许可证		项目副经理
		签订材料试验检测合同		项目副经理
		签订桩基础检测合同、边坡处理和基坑维护检测合同		项目副经理
		管理分包单位进行场地平整		项目副经理
		编制总体施工进度计划、总体施工方案、应急预案等		项目副经理
		协调施工总平面布置、施工道路、施工围墙、文明施工措施等		项目副经理
		审核施工组织设计		项目总工程师
		组织专项施工方案的专家评审(高大支模架等危险性较大工程)		项目总工程师
		了解地下管线、市政管网的情况并向施工单位交底、制定保护措施		项目副经理
		进行质量、技术、安全交底		项目总工程师、质量总监、安全总监
		检查施工准备、安全文明施工措施落实情况		项目副经理、安全总监
		组织规划部门定位放线并复核		项目副经理
	施工过程	协调各施工区间的施工界面、配合作业		项目副经理
		协调设计、监理、施工、检测等单位的相互配合、监督管理		项目副经理
		进度管理	编制总体进度计划	项目副经理
			审查分包单位的施工进度计划	
			检查分包单位周计划、月计划的执行情况	
			对比总体进度计划,监督分包单位采取纠偏措施,并做好协调工作	
			必要时修正进度计划	

续表

项目实施阶段	工作分项	工作内容		岗位目标
施工管理	施工过程	质量管理	督促和检查分包单位建立质量管理体系	项目副经理
			督促监理单位加强对分包单位施工过程中的质量管理	项目总工程师、质量总监
			定期或不定期进行质量检查	
			协调设计、采购、施工接口关系,避免设计、采购对施工质量的影响	
			质量事故的处理、检查和验收	
			定期向工程项目质量监督部门和建设单位汇报质量控制情况	
		费用管理	制订项目费用计划	商务经理
			每月统计汇总总分包单位完成的工程量,编制工程进度款申请支付报表,报送建设单位并督促支付工程进度款	
			按照分包合同给各分包单位支付工程进度款	
			进行费用分析,若出现偏差,采取纠偏措施并向企业总部汇报	
			项目费用变更	
		HSE管理	制定项目 HSE 管理目标,建立 HSE 管理体系	安全总监、项目副经理
			监督、检查分包单位的 HSE 管理体系	
			督促监理单位对分包单位进行 HSE 监督管理	
			定期或不定期进行 HSE 专项检查	
			督促分包单位进行不合格项整改	
			HSE 事故处理	
		协调组织施工变更		项目副经理
		施工资料管理		项目总工程师、质量总监
		定其与建设单位沟通、汇报施工安全、进度、质量、费用等问题		项目副经理、安全总监
		协调解决施工过程中出现的不可预见的其他问题		项目副经理、安全总监
	施工过程验收	组织分部分项验收:基础工程验收、主体结构验收		项目总工程师、质量总监

续表

项目实施阶段	工作分项	工作内容	岗位目标
项目验收移交	项目验收、试运行	制订验收计划	项目总工程师、质量总监
		组织专项检测(节能保温、消防、防水、防雷、环保、电力、电梯、自来水、煤气、建筑面积等)	项目总工程师、质量总监
		组织专项验收(消防、环保、水保、交通、市政、园林、白蚁等)	项目总工程师、质量总监
		进行验收前的自检	项目总工程师、质量总监
		进行缺陷修补	项目总工程师、质量总监
		项目试运行	项目总工程师、项目经理
		协助建设单位组织工程综合验收	项目总工程师、质量总监
	项目收尾、移交	工程收尾	项目副经理
		收集竣工资料、向建设单位提交完整的竣工验收资料及竣工验收报告	项目总工程师、质量总监
		工程费用结算	商务经理
		建筑物实体移交	项目经理、项目副经理
		竣工资料移交	项目总工程师、质量总监
	保修及服务	协调施工单位做好质保期内的保修与服务	项目副经理

2.3.4 总承包项目管理主要文件

总承包项目管理主要文件一览,见表2-5。

表2-5 总承包项目管理主要文件一览

文件类型	文件内容
项目建设单位往来文函	项目施工管理(质量、安全、进度、协调)相关往来文件
	合同费用相关往来文件
	安全管理相关(防洪度汛、防台风、防寒流、森林防火)往来文件
	与项目实施相关各类专题报告
	项目前期报建文件
施工监理往来文函	施工组织设计、施工方案、施工计划、技术措施审核文件
	施工生产过程中形成的质量、技术、进度、费控、安全生产等文件
	监理通知、协调会纪要、监理工程师指令、指示、往来文函
	施工质量检查分析评估、工程质量事故、施工安全事故报告
	工程费用往来文件
设计文件	设计施工图供图计划
	设计图纸
	施工图审查、消防审查、避雷审查等审查报告、报建文件
	设计通知、设计变更通知、设计简报、技术要求、设计函件、专题研究报告

续表

文件类型	文件内容
项目进度管控文件	项目总体进度计划、年度进度计划、月进度计划、施工进度分析报告、施工进度纠偏报告
项目质量管控文件	施工产品、设备、物资材料抽样抽检试验文件
	施工过程测量复核、抽检文件
	隐蔽工程施工记录及验收声像文件、重要部位施工工序记录及验收声像文件
	重要节点工程质量检查、汇报材料及工程质量监督检查报告
	施工管理日志
HSE 管控文件	HSE 管理计划
	重大危险源、重要危险因素、重大环境因素的识别、评价及预控措施
	过程管理文件
	应急预案体系文件
项目成本费控管理文件	有关付款申请文件、成本分析报告
	合同变更、索赔等相关文件
	项目完工结算、竣工决算文件
项目采购(承包人采购设备、材料及专业分包)管控文件	采购招标文件、合同文件
	与设备供应商相关会议纪要
	设备、材料出厂质量合格证明,设备、材料装箱单、开箱记录、工具单、备品备件清单
	设备制造图、产品说明书、零部件目录、出厂试验报告、专用工器具交接清单
	设备检定、验收记录
工程验收及阶段验收自查报告	分部工程、单位工程验收文件
	阶段验收自查报告
项目管理作业程序文件	施工质量、安全、进度管理相关制度、措施文件
	项目"三合一体系"运行管理文件
运行文件	试运行相关会议文件、单位验收相关报告
	设备静态、动态调试方案
	设备验收记录,设备验收报告
	试运行报告
	安全操作规程、事故分析处理报告
	运行、维护、消缺、验评记录
	技术培训记录
竣工专项验收报告	消防专项验收报告
	环保专项验收报告
	建筑节能专项验收报告
	规划验收报告

续表

文件类型	文件内容
竣工专项验收报告	建筑面积测绘报告
	空气质量检测报告
	自来水质量检测报告
	供电验收、燃气施工验收、防雷验收、雨污分离验收、白蚁防治验收、通信验收、车位及出入口验收、园林绿化验收、档案验收
	工程质量监督报告

▶▶ 2.4 项目工程总承包管理机构岗位配备及岗位任职资格

2.4.1 岗位配备

特大型、大型项目总承包机构的岗位及人员定编参照表 2-6 确定。总承包中型项目按照 10～20 人配置，总承包小型项目按照 5～10 人配置。

工程总承包企业可根据项目的规模、性质和工程所在地确定项目部人员配备标准。在人员精简职责不减的情况下，岗位设置可一专多能，一岗多责。兼职人员数量不得超过人员定编的 30%。

表 2-6 特大型、大型项目总承包机构的岗位及人员定编（参考）

部门/岗位	岗位设置	人员编制/人	
		特大型项目	大型项目
项目领导	项目经理/书记、总工程师/设计经理、项目副经理(生产)、项目副经理(商务/物资)、安装经理、质量总监、安全总监	7～10	6～8
设计技术部	部门经理、技术工程师、方案工程师、计划工程师	6～10	4～8
商务部	部门经理、合约工程师、成本工程师	5～8	3～0
工程部	部门经理、控制(协调)工程师、质量工程师	4～8	3～5
安全部	部门经理、安全工程师、环境工程师	4～6	4～5
机电部	部门经理、专业工程师	4～6	3～5
财务部	部门经理、会计、出纳	3～4	2～3
综合部	部门经理、文书、秘书	3～6	2～3
合计		36～60	27～42

2.4.2 岗位任职资格

岗位任职资格见表 2-7～表 2-9。

表 2-7　总承包项目经理部项目班子人员任职资格

单位	级号	岗位	岗位定位及原则性要求	任职资格					
				学历	工作经历		职称	考核	职(执)业资格
					时间/年≥	其中			
特大型项目	1	项目经理级	全面负责项目的管理与内外协调，能独立主持项目工作	博士	4	3 年相关工作经验，主持过 1 个及以上大型项目施工	高级职称	近 2 年的胜任力评定为 B 级以上	须持一级注册建造师证书，安全生产考核 B 证
				硕士	6	4 年相关工作经验，主持过 1 个及以上大型项目施工			
				本科	8	6 年相关工作经验，主持过 1 个及以上大型项目施工			
				大专	12	10 年相关工作经验，主持过 2 个及以上大型项目施工			
	2	项目副经理级	负责分管业务的管理与内外协调，独立主持或在授权下临时组织项目工作	博士	2	2 年相应专业工作经验，担任过 1 个以上大型项目副经理	中级职称	近 2 年的胜任力评定为 B 级以上	持注册建造师证书或结构工程师证书
				硕士	5	3 年相应专业工作经验，担任过 1 个以上大型项目副经理			
				本科	6	4 年相应专业工作经验，担任过 1 个以上大型项目副经理			
				大专	9	6 年相应专业工作经验，担任过 2 个以上大型项目副经理			
	3	项目经理助理级	负责分管业务的管理与内外协调，独立主持或在授权下临时组织项目工作	博士	1	—	中级职称	近 2 年的胜任力评定至少 1 次为 B 级以上	安全总监持注册安全工程师证、安全生产考核 C 证，质量总监持质量工程师证书
				硕士	4	2 年相应专业工作经验，担任过 1 个大型项目经理助理			
				本科	5				
				大专	6				

续表

单位	级号	岗位	岗位定位及原则性要求	学历	时间/年≥	其中（工作经历）	职称	考核	职（执）业资格
大型项目	1	项目经理级	全面负责项目的管理与内外协调，能独立主持项目工作	博士	3	有2年相关工作经验，担任过1个中型项目经理	高级职称	近2年的胜任力评定为B级以上	须持一级注册建造师证书，安全生产考核B证
				硕士	4	有3年相关工作经验，担任过1个中型项目经理或1个大型项目副经理或2个大型项目经理			
				本科	6				
				大专	9				
	2	项目副经理级	负责分管业务的管理与内外协调，独立主持或在授权下临时组织项目工作	博士	2	1年及以上相应专业工作经验	中级职称	近2年的胜任力评定为B级以上	持注册建造师证或结构工程师证书
				硕士	3	2年及以上专业工作经验，担任过1个中型项目经理或担任特大型项目经理助理或2个大型项目经理助理			
				本科	4				
				大专	6	3年及以上专业工作经验，担任过1个中型项目经理或担任特大型项目经理助理或2个大型项目经理助理			
				中专	9				
	3	项目经理助理级	负责分管业务的管理与内外协调，独立主持或在授权下临时组织项目工作	博士	—	一	中级职称	近2年的胜任力评定至少1次为B级以上	安全总监须持注册安全工程师证，安全生产考核C证；质量总监须持质量员证
				硕士	2	1年及以上相应专业相关工作经验，担任过1个中型项目副经理或2个中型项目经理助理			
				本科	3				
				大专	5	2年及以上相应专业相关工作经验。担任过2个中型项目经理助理或1个中型项目副经理			
				中专	7				

续表

单位	级号	岗位	岗位定位及原则性要求	任职资格					
				学历	时间/年≥	工作经历 其中	职称	考核	职(执)业资格
中型项目	1	项目经理级	全面负责项目的管理与内外协调,能独立主持项目工作	博士	2	1 年相关工作经验	助理级职称	近 2 年的胜任力评定为 B 级及以上	须持一级注册建造师证书,安全生产考核 B 证
				硕士	3	2 年相关工作经验,担任过 1 个大型项目副经理小型项目经理或 2 个中型项目经理			
				本科	4				
				大专	6				
	2	项目副经理级	负责分管业务的管理与内外协调,独立主持或在授权下临时组织项目工作	博士	2	1 年及以上相应专业相关工作经验	助理级职称	近 2 年的胜任力评定为 B 级及以上	须持二级注册建造师证书,安全生产考核 B 证
				本科	3	2 年相关工作经验,担任过 1 个大型项目副经理小型项目经理或 2 个中型项目经理助理			
				大专	4				
				中专	6				
	3	项目经理助理级	负责分管业务的管理与内外协调,独立主持或在授权下临时组织项目工作	硕士	0.5	1 年以上相应专业工作经验	助理级职称	上 1 年度的胜任力评定为 C 级以上	安全总监须持注册安全工程师证,安全生产考核 C 证,质量总监须持质量员证
				本科	2				
				大专	3				
				中专	4				

表 2-8 总承包项目经理部项目班子组建评审表（特大型）

项目名称			
项目面积		承建合同金额	
岗位	拟任人员	任职资格标准	资格审查
项目经理			□符合
			□符合
			□符合
项目执行经理			□符合
			□符合
项目生产经理			□符合
			□符合
项目商务经理			□符合
			□符合
项目总工程师			□符合
			□符合
安全总监			□符合
			□符合
质量总监			□符合
			□符合

申报单位：	生产管理部：	技术质量部：	安全监督部：
年 月 日	年 月 日	年 月 日	年 月 日

市场商务部：	人力资源部：	企业分管领导部：	
年 月 日	年 月 日		年 月 日

企业总经理：	企业董事长：
年 月 日	年 月 日

表 2-9　**总承包项目经理部项目班子组建评审表**（大型及以下）

项目名称			
项目面积		承建合同金额	
岗位	拟任人员	任职资格标准	资格审查
项目经理			□符合
			□符合
			□符合
项目执行经理			□符合
			□符合
项目生产经理			□符合
			□符合
项目商务经理			□符合
			□符合
项目总工程师			□符合
			□符合
安全总监			□符合
			□符合
质量总监			□符合
			□符合

申报单位： 年　月　日	生产管理部： 年　月　日	市场商务部： 年　月　日
技术质量部： 年　月　日	安全监督部： 年　月　日	人力资源部： 年　月　日

企业分管领导：

年　月　日

▶▶ **2.5 项目工程总承包管理组织案例**

×国 EPC 交钥匙总承包管理及简析。

2.5.1 项目概况

2.5.1.1 项目简介

本项目是按中国国家开发银行与×国政府签订的"场馆建设及其综合开发协议"的规定，由中国国家开发银行以"资源换资金"的模式提供融资支持的，同时牵头组建以××工业园区为主的项目公司作为项目出资方。中国国家开发银行×国国别组和××工业园区海外投资有限公司领导项目的建设管理工作，具体项目管理工作由业主体委委派的业主代表和专家组共同和××工业园区海外投资公司聘请的××建设咨询监理有限公司组成联合项目管理组负责，是××建工集团有限公司以 EPC 交钥匙总承包方式具体承建的项目。本项目工期从 2007 年 10 月 28 日开始计算，2009 年 3 月 30 日验收，交付业主组织试运行。EPC 交钥匙固定总价合同，固定合同价 7996 万美元（汇兑损益可调整，材料和劳动力价格浮动等不可调整），EPC 交钥匙合同由项目业主、出资方和××建工集团有限公司共同签署。项目建设采用中国规范，但要满足东南亚运动会执委会的标准要求，保证通过执委会组织的各单项专业运动委员会的验收。

2.5.1.2 项目范围

项目建设内容：总规划设计 125hm^2。建筑部分：总建筑面积 94298m^2，包括"六馆一场"。具体为：一个 20000 个观众席的主体育馆，建筑面积 18932m^2；2 个室内体育馆，各 3000 个观众席，其中有 1000 个永久座席、2000 个临时座席，建筑面积 12956m^2；一个 2000 个观众席的游泳馆，包括一个标准的跳水池，一个标准的游泳池，以及一个室外的 6 道热身池，建筑面积 18052m^2；一个综合网球馆，包括一个 2000 座的决赛场，6 片各 100 座的室外预赛场，其中服务楼建筑面积 4786m^2，总场地面积 6810m^2；一个 50 个 VIP（贵宾）座席的标准 50m 室内射击馆，建筑面积 3772m^2；一个室外训练场，占地面积 35800m^2。室外部分包括 110000m^2 的道路和停车场，16hm^2 的绿化和水塔。

2.5.1.3 参与单位

① 项目业主：×国国家体育运动委员会。

② 项目融资方及其聘请的专业审核机构：中国国家开发银行，其聘请的审核设计及造价的专业机构有××国际咨询有限公司、××标准设计研究院、××第一测量师事务所有限公司。

③ 项目管理公司代表（出资方）：××工业园区海外投资公司。

④ 设计方：××国际设计顾问有限公司负责方案设计和初步设计，××建筑工程设计院负责施工图设计。

⑤ 项目管理联合监理组：×国公共工程与交通部派出的咨询专家组（业主代表），××建设监理有限公司（出资方聘请）。

⑥ 东南亚运动会执委会各专业运动委员会专家组。

⑦ 各专业分包商：负责土建、体育灯光、体育场地面等施工的分包商。如本案例项目集团有限公司下属的四公司负责主场馆、训练场、射击馆的施工，五公司负责 2 个室内馆、游泳馆和综合网球场的施工。飞利浦公司负责体育灯光，北京××公司负责主场馆和训练场地面施工，南京××公司负责室内馆和综合网球场地面施工。

2.5.2 项目管理制约因素和管理难点

2.5.2.1 国际和政治影响大，业主要求高

本项目用于 2009 年 12 月×国政府主办的东南亚运动会，东南亚 11 个国家都将派代表团参加，所有的体育设施要求满足这一地区性国际赛事的规定，而且×国政府是首次主办该地区性国际赛事，本项目被列为×国国家重点项目。场馆建设得好坏，将直接影响×国政府是否能顺利举办该赛事，影响×国政府的国际形象和与我国的外交关系。因此，业主对项目各方面的管理要求高，项目团队为此承受巨大的压力。

2.5.2.2 项目进度管理控制难

本项目总建筑面积 94298m² ，室外工程为 110000m² 的道路和停车场，16hm² 的绿化和水塔，工期（除场地平整工作外）从 2007 年 10 月 28 日开始，到 2009 年 3 月 30 日结束，共计 17 个月（其中包括雨季 4 个月无法施工），实际有效期 13 个月，而且本项目是典型的"三边"工程，即边设计、边施工、边采购。由于当地建筑配套市场的发展尚处于低端水平，当地工人缺乏施工技术经验，必须从中国引进劳动力。当地资源的整合和使用难，并有很大局限性，导致本项目的绝大部分材料和设备必须从中国和第二国进口。当地大部分建筑材料都不达标，钢筋型号、强度都达不到设计要求，必须从中国进口。体育场地面等材料必须从国外进口，灯具、智能建筑设备等均需从中国进口。部分当地材料供应速度也不能满足施工进度需求。例如，商品混凝土供应，施工高峰期当地商品混凝土供应商全部向该项目部供应混凝土。

因为×国为内陆国，陆路和海路的运输时间都需要很长时间，该国境内运输无火车，只有通过汽车运输，贯穿该国南北的 13 号道路为该国的主要运输动脉，该道路 8m 宽，双向四车道。主要物资运输通道经过山区，崎岖盘旋，车辆行驶缓慢，货物从昆明起运到当地 1600km，一般需要 10 天行程。若采取海路运输都需要中转，如从泰国进口货物抵达曼谷港后，需要通过 7 天的陆路运输抵达现场。若从越南进口，则需要 10 天的时间抵达现场，并且政府行政效率低下，货物进口和清关等手续办理程序复杂、耗时长。

项目建设地点市政设施缺乏，供电和供水及市政排水设施都需要新建，业主提供这些设施，通常都需要很长时间，而且供水和供电不稳定。由于项目占地大，建筑物相隔距离远，造成供电线损严重，因项目建设地平均年降雨量 2700mm，主要集中在每年的 6～8 三个月，短时雨量很大，造成场地内排水困难。上述原因导致项目工期风险大，进度管理控制难。

2.5.2.3 项目利益关系人多，沟通管理难

本项目的利益关系人众多，仅中方就有中国驻该国大使馆、云南省政府相关部门、项目融资方中国国家开发银行，以及××工业园区海外投资公司为主的出资方及其聘请的监理机

构、各专业承包方等；×国方面主要有该国总理府、包括×国公共工程与交通部在内的五部委和当地市政府、东南亚运动会执委会各专业运动委员会专家组、项目业主×国体委、业主代表及其专家组，以及项目所在地县政府和民众。公司内部包括各级领导、工程管理中心、设计中心、费用控制中心、财务中心和人事中心等职能部门，以及项目团队成员。仅该国当地民众一方，若协调不好，如在环境保护和市政排水（项目所在地无市政排水设施）方面没有很好地考虑公众的利益，就可能对项目带来灾难性结果。同时，本项目涉及专业众多，先后引进钢结构、防水、空调、智能建筑、水处理设备、综合室内体育馆木地板、塑胶跑道、网球场地板、足球场草坪、射击设备、游泳馆设备、看台座椅安装、照明灯具等多家专业分包单位进驻现场施工，各单位工作接口管理、工作协调沟通管理是保证工作按照计划实施的关键，大部分专业分包商是首次进行海外工程承包的，陌生的环境、语言及文化背景的巨大差异造成的不适应等因素，造成项目沟通管理难。

2.5.2.4 缺乏可借鉴的组织过程资料

本项目是本案例项目集团有限公司的第一个EPC总承包项目，无可借鉴相关项目的工程实践经验，同时该项目也是×国和本案例项目集团有限公司在当地第一次组织实施的单个合同金额最大的大规模的公共建筑群，组织内部无大型海外项目实践经验可以借鉴。而且，×国相关部委和业主缺乏大型体育公共建筑的专业人员，导致业主决策缓慢。项目实施的多个第一次，导致在资源整合及调配等方面都是全新的课题，对项目团队的胆识和管理能力、创新能力是极大的挑战。

2.5.2.5 风险突出，管理困难

除项目进度管理控制难外，本项目还有以下几个方面的管理控制难度。

（1）合同管理

本项目合同的特点是EPC固定价格总承包，即业主和项目出资方以固定总价的方式交由我方承担所有的设计、采购和施工任务，我方承担了项目可能由于设计延误、失误和协调不利等造成的所有风险。由于该国政府第一次主办东南亚运动会，该国各相关部委和业主缺乏类似工程的管理经验，无法提出全面详细的设计任务书（业主要求），在合同的技术描述中大多使用模糊和概括性的语言，如"项目建设必须满足该届东南亚运动会顺利召开的各项要求"，工程质量"满足要求"等，导致许多合同问题需要在建设过程中明确和解决，极大地增加了合同管理的难度。

（2）质量和成本管理

本项目采用固定总价合同，明确除汇兑损失可以调整和明确的不可抗力（如地震和政治暴乱等其他的任何因素），如自然和地质原因、劳动力和材料价格的波动上涨、物流因素等合同价格不做任何调整，完全堵住了向业主和出资方索赔的渠道，而且经专家审核批准的不可预见固定费较低，仅有60万美元。再加上技术和质量标准模糊，需要在过程中完善并经出资方和业主专家审核，最终须经东南亚运动会执委会各专业运动委员会认可，若通不过最终认可，必须自费进行改进和调整至满足各专业运动委员会的要求。当地地方性材料价格的季节性变化比较大且缺乏统一的质量标准。由于合同规定支付美元，国内人民币的升值和劳务、材料价格在2008年非理性的上涨等因素，造成项目质量和成本管理可控性大大降低，很难进行质量和成本的有效控制。

（3）采购和物流管理

本项目采购主要包括咨询服务采购、施工和安装工程采购、货物采购三方面。项目设

备、材料采购费用占整个项目成本的 65% 以上，因此，采购过程是降低项目成本的最重要的过程。但负责的工程设计、货物采购和施工安装的设施存在着较强的逻辑制约关系，特别是按合同规定很多质量和技术标准要在实施过程中明确，造成采购的计划和实施的难度，又造成物流按期、按量有计划组织的难度，而且很难控制货物价格上涨带来的风险。

（4）分包商和劳动的管理

本项目大部分分包商都从国内选择，90% 的劳务都由国内派出。大部分分包商和劳务都不具有海外或当地实践经验，陌生的环境、不同文化和行为习惯的反差，造成分包商管理的不确定因素的增加。当地的材料（如砂石料钢筋、砖块等）供应商对中国承包商的防范心理、信仰的习惯性行为（如一个月中有几天按信仰不动土开工）、供应能力的低下、法定假日多和工作时间的短暂，以及受气候影响材料供应的季节性，造成分包商整合当地资源的难度加大。项目开始之时，国内刚开始实行《劳动合同法》，造成劳务市场的极不稳定，同时国内人民币升值，造成劳务价格的可控性降低；中国劳务人员对当地流行传染病防范意识的低下及项目所在地气候的炎热，极易造成突发性公共卫生事件。本项目高峰期中国劳务人员达到 1200 人，当地劳务人员达到 500 人，由于劳务人员数量的增加和环境的影响（如建设实施期间，2008 年材料和劳务价格的大幅上涨，造成劳务纠纷事件发生），潜在风险巨大等。这些综合导致分包商和劳务管理的艰难。

（5）环保和健康、安全管理

项目实施按合同规定要遵守当地的法律和法规，但由于×国法律的不完善（如没有安全法或建筑安全生产管理条例），虽然有环保法和劳动法，但执行时无实施细则和司法解释，人为的因素比较多，项目占地面积 125hm², 四周均靠近道路，四通八达，这给周边盗窃物资材料的人提供了方便，在发生偷窃事件或当地人与外国人发生纠纷时，当地的政法机关倾向于保护当地人的利益，执法缺乏公正和客观的理念。这些都造成项目在环保和健康、安全管理方面的控制难度，面临潜在的风险。

（6）项目施工技术难点

① 由于现场地下水位浅，造成游泳池和跳水池地下设备间的 20m 的人工挖孔桩施工困难，技术和安全风险大。

② 由于主体育场一区、三区钢罩棚采用钢网架结构，其全部荷载由 24 根斜柱（主看台框架柱）承担，包括看台主梁和网架荷载。独立斜柱截面尺寸为 800mm×1200mm，柱顶最高标高为 29.94m，与水平地面角度均为 72°（图 2-10），造成主体育场高大框架斜柱模板支承架设计与施工的技术和安全风险大。

2.5.2.6　营运维护培训难度大

本项目涉及专业众多，包括强电系统、给排水系统、智能建筑系统（扩声、LED 显示屏、升旗系统、安防监控系统等）、空调通风系统、足球场草地维护、游泳馆水处理系统，按合同项目移交前需要对业主方组织的运营维护人员进行培训，但在培训过程中，由于专业语言、接受培训人员专业素质低、组织纪律等多因素使培训工作难度加大，培训效果不明显，造成运营维护潜在风险大。

2.5.3　项目管理对策和实施

2.5.3.1　项目管理的策略

本项目的管理必须充分发挥 EPC 总承包项目组织实施的行为规则和制度安排的优势，

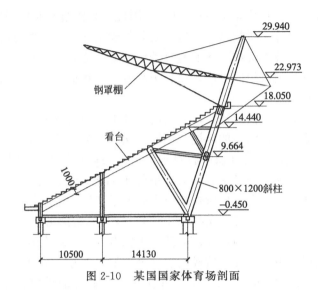

图 2-10 某国国家体育场剖面

即 EPC 总承包商虽然对工程项目的全过程负责，工程绝大多数风险都由总包方承担，但可以克服设计、采购、施工、试运行相互脱节的矛盾，使各个环节的工作有机地组织在一起，有序衔接，合理交叉，能有效地对工程进度、建设资金、物资供应、工程质量等方面进行统筹安排和综合控制。同时，有利于协调各方关系，化解矛盾，提高工程建设管理水平，达到业主所期望的最佳的项目建设目标。工程总承包通过发挥其制度功能，通过内部协调，降低了协调成本，促进了合作。EPC 总包方可以发挥自己资源整合的优势，将设计、采购、施工深度交叉，从而加快工程进度，提高采购效率，管理和控制施工变更，更加有效地使项目增值。

本项目的管理是以项目管理目标为中心，项目进度管理和控制为龙头。以项目合同管理为核心，以基于价值工程的设计优化为辅助，充分发挥 EPC 总承包的优势，大胆借鉴先进的管理思想，采用先进的管理工具，本着减少对抗、冲突，建立"非合同化"的合作伙伴关系，构建和谐项目管理的理念，从项目可行性研究开始到项目移交的过程中项目范围、项目团队、项目进度、项目合同、项目费用、项目沟通、项目采购和项目风险管理进行有效和持续改进的动态控制。针对本项目管理制约因素和管理难点，本项目采取了相应的管理对策。

2.5.3.2 搭建高效的项目部组织结构和进行持续改进的团队建设

EPC 项目管理组织机构如图 2-11 所示。

本项目实行项目经理责任制，项目经理是本项目的总负责人，经××建工集团总公司法定代表人授权，代表公司执行项目合同，负责项目实施的计划、组织、领导和控制，对项目的质量、安全、费用和进度全面负责。

在经公司法定授权人授权后，在项目的可行性研究阶段就组建由公司设计和费用控制负责人及项目部设计和费用控制经理组成的项目前期工作组，负责前期的方案设计、估算编制，以及与项目融资方和业主的商务谈判，在项目初步设计和概算被批准后，按公司的授权立即按矩阵式组织建立×国东南亚运动会场馆项目部，项目部设立 6 个职能部门，分别是设计控制部、工程管理部、费用控制部、采购及物资部、财务部、行政后勤分部，各职能部设立部门经理，分别选定后，由公司各相应职能部门派出，在业务上听取公司各职能部门的意见。项目经理全面协调、控制和管理各部。各部职责如下。

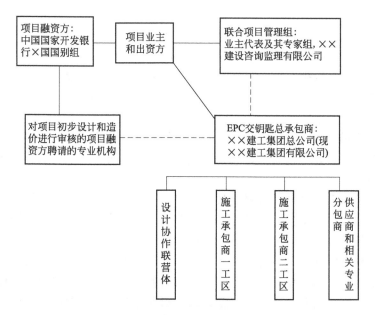

(a) 项目前期参与单位和项目招投标阶段参与单位

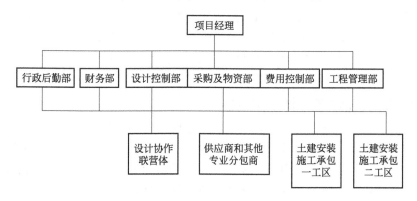

(b) 项目施工阶段参与单位

图 2-11　EPC 项目管理组织机构

（1）设计控制部

负责组织、指导、协调项目可行性研究报告编制，项目总体规划方案设计及项目设计工作，确保设计工作按合同要求组织实施，对设计进度、质量和费用进行有效管理与控制，负责在国内职能部门的支持下采用价值工程进行设计优化的具体组织实施。

（2）工程管理部

负责项目的计划编制，对施工进度、质量、费用及安全等进行全面监控和动态改进；负责对分包单位的协商、监督和管理工作，负责组织专家对特殊施工进行技术审核；对施工技术把关；配合设计控制部共同进行设计优化工作；向国内职能部门报告工程进展；向采购及物资部提供物资采购清单，协助签订各类采购合同。

（3）费用控制部

协助项目经理进行项目招投标管理和合同准备、签订，在国内职能部门的支持下负责项目合同管理和工程变更管理，工程风险控制管理，物资采购及费用控制管理等。

（4）采购及物资部

负责采购合同的执行，组织、指导、协调项目的采购工作（包括采买、催缴、检验、运输、海关报关和清关）。在国内职能部门支持下处理协调项目实施工程中与采购有关事宜及与供货商的关系，全面完成项目合同对采购要求的进度、质量及公司对采购费用的控制目标与任务；部分设备等退运物资的退运事宜。

（5）财务部

在公司财务部的指导下按照公司财务制度全面负责项目部资金使用，根据控制分部编制的资金使用计划对项目资金进行控制管理，负责合同收款、付款，编制财务报告等工作。

（6）行政后勤分部

负责项目部行政管理，办理项目部人员 ID 卡（Identification Card）和工作许可证，负责项目信息管理。对外文件交流，项目资料归口管理，网络管理和协助项目经理进行沟通管理，负责项目的后勤服务和接待工作。

在项目团队建设和管理上，主要采取在项目计划和收尾阶段的命令式管理，在项目全面实施阶段采取民主参与式的管理。每月定期组织两次项目务虚会，适当组织文体活动，加强成员的沟通及制定管理规则和信息发布制度，编制职责分配矩阵以明确成员的职责和工作关系，按目标完成情况奖励全体成员。不断地培训团队成员，如对团队成员进行现场 PowerOn 信息管理系统和 P6 进度计划软件运用的培训。对团队成员的冲突进行管理以提高团队工作效率，管理原则是"以人为本"，倡导成员面对问题和合作解决问题，持续不断地向团队成员灌输项目的愿景和达成项目目标的使命感及责任感、荣誉感。"成功完成项目，实现自己的梦想"成为每个团队成员职业发展的阶段性目标。

2.5.3.3 加强项目沟通管理，整合项目资源

针对本项目众多的项目关系人，花费了大量的时间协调项目的主要关系人，在明确项目按期按量顺利完成是各主要项目关系人的共同期望的基础上，借鉴 PPC2000 和 NEC3 合同建立项目合作伙伴关系的理念，引进"非合同"化的伙伴关系模式，争取多赢的局面。以解决工程进度矛盾和各方冲突为主要的协调切入点，通过项目商务谈判和各阶段设计报审及各种形式的项目管理会议，展示公司的诚信务实，为客户创造最大价值的理念，充分利用中国驻该国大使馆和该国政府经济合作委员会的协调力量，正式和非正式地协调项目融资方和业主、出资方等项目主要利益关系人，积极寻找各方的利益平衡点，懂得合理进退和妥协，争取各方的支持，以达到创造最优项目资源整合的目的。最终协调项目融资方认可，项目出资方和业主采用有利于合作、减少冲突的进度里程碑阶段付款的方式，并争取到了 20％多次抵扣的预付款，同时协调业主充分授权给业主代表，×国政府总理府给予行政支持，业主代表用一支笔就可以顺利办理人员和货物的出入境各项手续及各项审批，有效地推动了业主方快速的决策，使项目计划得以顺利推进，货物实现海关现场报关和检验，开通了项目物流的"绿色通道"，免除了各项税费。积极协调业主层次项目专家，最终同意采用中国规范和大部分中国产材料和设备。

与设计方以集团有限公司下属的××建筑工程设计院为主结成设计协作式联营体，引入国内体育建筑设计知名的××国际设计顾问有限公司，最大限度地减少与设计方的冲突，为以价值工程为主的设计优化进行良好的制度安排。积极参与×国社会公益活动，如多次向该国教育基金和消除贫困基金捐款，为保护良好的自然和社会环境，在项目设计中采用"建设一个现代化融入环境的可持续发展的体育公园"的理念，通过就地开挖具有景观功能的地表

水排水蓄水池，开挖余土（除部分腐殖土外）用于填高低洼部分的技术措施，合理地解决场地大、排水难而且会淹没附近村民财产的问题，最大限度确保了公众的利益，为项目顺利实施创造了宽松的社会环境。最终项目成功实施了沟通管理，整合了外部的各项资源，顺利实现了各方共同的目标。

2.5.3.4 项目快速推进对策

（1）设计与施工同步进行

项目在方案设计和估算阶段，前期工作组就编制了项目的基准计划管理和控制项目设计与施工及分包商选择的节点，先按计划选择集团有限公司内部的 4 家潜在施工分包商参与这一阶段的各项工作。项目前期工作组指定专人负责以简明的单价合同形式（合同明确将根据本合同的实施达成工期、成本和质量、环保安全等的情况最终选择两家实施整个项目）在集团驻×国办事处的支持下管理 4 家施工分包商，各自利用当地的施工资源开始项目红线范围内植被清理工作，方案设计确认后，就开始分区对场地内进行土方开挖换填工作，同时根据基准计划由集团驻×国办事处配合前期工作组专人完成标准临时设施和相关施工用水、电接入现场的工作。初步设计和项目概算批准后，就编制完成了项目总控制计划，根据场地平整实施绩效情况选定了两家集团内部的施工分包商，同时正式组建项目部并于 2007 年 10 月 28 日召开开工会议，正式进入项目施工阶段。各专业设计配合结构设计师，提供有效数据，率先完成地下基础结构工程施工图设计，采取"三班倒"和大流水的施工组织方法，保证了 2008 年 6 月 1 日前主体结构工程完成，即东南亚雨季开始之前完成基础及结构工程。

（2）阶段性发包选择其他专业分包商

借鉴业主项目管理的阶段性发包方式（快速轨道方式，Fast Track Method），按边设计、边发包、边施工的方式选择钢结构、体育灯光、体育场地面施工等专业分包商。在施工阶段，不断完善在总控制计划框架内的修改计划。在选择土建安装施工分包商和其他专业分包时，按建立和发展合作伙伴关系的理念，合同模式从"对抗型"和"敌对型"转向"合作型"，思维模式从招标的方式、"如何解决发生的问题"转向"如何合作实现合同目标"。合同条款简明扼要，付款方式采用进度里程碑付款，同一工作内容选择两家相同资质的分包商，确保充分竞争。合同条款中明确了提前完成阶段性目标，里程碑付款可以增加额度的奖励方式，条款中除环保健康和安全条款有惩罚外，不设置其他惩罚条款。

（3）搭建信息管理平台（P6、PowerOn、鲁班算量软件）实现项目高效管理

为提高项目管理的效率，实现项目的高效快速推进目标和集约化、精细化的统一，在本项目初步设计阶段，公司就建立了以计划为龙头，物资流、资金流和工作流为主线的基于普华 PowerOn 软件的项目管理信息平台，以互联网为基础连接了已建立的项目部信息管理平台（项目部安装了当地的光纤网的接入），同时使用 P6（原 P3e/c）计划控制软件加强项目进度控制与管理工作，达到"周密计划、统一协调、有力控制、确保重点"的目的。工程实施阶段利用鲁班算量软件计算工程量快速的优势，结合 P6 进行费用控制管理。编制项目进度管理各层级的计划，对工作逐步分解。项目实施阶段，每周对该周工作进行跟踪（可以精确到小时），更新数据，利用分析工具发现工程的潜在问题，生成报表，在每周五项目部例会上分析各项工作产生偏差的原因，确定纠偏措施，调整工作重点，国内外协同，高效配置资源，加强动态控制，使项目按照正确计划方向顺利实施。由于工程实施采用先进的信息化手段，确保了各项信息传递的全面性、及时性、准确性，基于 WBS（工程分解结构）的对计划和资源的精细控制及管理，使各工序和各专业接口薄弱部位实现平滑无缝搭接，最终保

证了项目按照基准计划于 2009 年 3 月 31 日按时竣工。

2.5.3.5 项目风险管理其他控制难点对策

（1）明确模糊的管理目标

项目部在方案设计阶段和初步设计阶段共三次组织项目设计协作联合体对在泰国科勒主办的第 24 届东南亚运动会场馆建设项目和越南第 22 届东南亚运动会场馆进行了实地考察，并观摩了 2007 年 12 月举办的第 24 届东南亚运动会。在初步设计阶段，根据考察的结果，配合项目概算，制定了项目实施规划大纲，包括工程项目范围管理、设计优化指导原则、分包计划、项目部管理模式、各种管理制度、协调纠纷原则、物资运输计划及方式等。在业主要求模糊，仅为满足东南亚运动会举办，无明确具体规定的情况下，同时部分技术、设备及建筑智能化功能在该国还是新事物，很多方案确认需要做大量工作，克服专业语言翻译的困难，绘制效果图，使表现形式一目了然。经过良好沟通，业主最终接受了本案例工程总承包方的初步设计方案，同时通过了融资方聘请的中国××标准设计研究院、中国××工程咨询公司、上海××测量师事务所有限公司参与的顾问团的审核，最终明确了原来模糊的项目范围管理、合同管理、成本管理和设计管理的目标。

（2）采取措施加强合同管理和质量管理

针对和业主签订的合同中大量需要在实施过程中经多级认可方可解决的标准和质量方面的问题，在项目施工图设计阶段，主动积极地编制与第 24 届东南亚运动会实体参照物照片的对照表，解释说明我方的优点，在场地面材料选择上，积极提供不同材料的参数，听取各方意见，寻找最优解决方案。如在主场馆场地面施工中，为取得国际田径联合会的二级场地认证，积极协调专业分包商，利用其与材料供应商的良好商业关系，主动承担本应由业主负责的聘请国际田联德国专家赴现场进行的测量画线和确认工作，进一步赢得了业主及其专家监理组的信任，加快了业主和相关方的审核过程，使得涉及体育的专业施工顺利进行。

（3）借鉴先进管理思想促进成本和采购物流的管理、分包商及劳务管理

基于价值工程的理念，根据当地特点，通过合理化优化，调整部分设计标准及方案，在满足使用功能、安全和美观功能的前提下做到更经济、节约项目成本，同时也获得业主的认可。如根据×国无地震的历史记录结合×国当地已完工建筑的结构特点，调整结构设计的安全系数，降低含钢量和框架梁柱截面尺寸；根据风动试验结果，优化钢结构设计；结合×国气候特点，大部分屋面采用斜屋面，降低防水施工成本等。根据概算的工程量，提前以银行远期承兑的方式和大宗材料国内供应商达成长期锁定供应价格的合同，利用场地大的优点，在价格最优的季节大量采购当地砂石料进行现场储备，购买免税水泥提供给当地商品混凝土供应商，保证其对我方供应。抛开传统观念，积极和当地处于竞争对手地位的同行的中资企业合作，优势互补，在实力相当的情况下尽量分包给当地兄弟企业，降低资源使用成本，同时也降低项目成本。

为有力支撑与分包商结成合作伙伴关系的管理理念，从招标开始就要求分包商提供合同预测金额 3% 的银行投标保函或保证金，签约后要求分包商提供与预付款等值的保函（15%）和合同额 10% 的履约保函，提高分包商履约的诚信度。合同中要求，对与分包商已建立长期关系的劳务人员，在当地仅支付生活费，另外为劳务人员办理银行卡，通过银行专户在国内支付所有国内劳务人民币，保证劳务人员的收入不受汇率影响，不被拖延、克扣。

（4）转移风险加强环保和健康、安全管理

采用竞争性谈判的方式，向国内购买工程一切险和第三者责任险，为所有管理人员和从

事有潜在风险作业的劳务人员购买人身意外伤害险，在当地为所有货物和所有车辆购买全险，以规避相关法律不全或执行不利造成的环保和健康、安全管理风险。

2.5.3.6　运动会前检查、运动会期间提供专业技术支持

2009 年 11 月，在运动会召开前，为确保运动会的顺利举办，项目部组织了专业技术人员和已接受培训的业主运营队伍组成应急工作组，提前对各个场馆设施设备进行运动会前最后一次试运行测试，全面监控运动会期间各专业系统功能运行情况；同时为项目设施设备正常运转提供技术支持，各个场馆设置技术应急办公室，最终无紧急事件发生，顺利召开运动会。

2.5.4　项目分析

此 EPC 工程总承包项目是按照 FIDIC 设计采购施工（EPC/T）交钥匙固定总价合同价 7996 万美元（汇兑损益可调整，材料和劳动力价格浮动等不可调整），具体操作实施 EPC 交钥匙合同由项目业主、出资方和××建工集团有限公司共同签署。工程项目建设规范采用中国标准，但要满足东南亚运动会执委会的标准要求，保证执委会组织的各单项专业运动委员会的验收，案例简析见图 2-12。

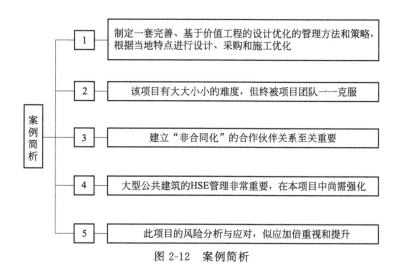

图 2-12　案例简析

①　制定一套完善的基于价值工程设计优化的管理方法和策略，根据当地特点进行设计、采购和施工优化。如根据×国无地震的历史记录结合×国当地已完工建筑的结构特点，调整结构设计的安全系数，降低含钢量和框架梁柱截面尺寸；根据风动试验结果，优化钢结构设计；结合×国气候特点，大部分屋面采用斜屋面，降低防水施工成本等一系列措施。

②　该项目有难度，但终被克服。由于此项目的国际政治影响，业主要求很高；鉴于边设计、边施工、边采购，进度管理难度大；该项目的直接利益关系方多达近 20 家，沟通管理的投入亦费劲；加上缺乏组织资产管理经验等因素。在充分发挥 EPC 总承包项目组织实施的行为规则和制度安排的优势下，大胆借鉴先进的管理思想，采用先进的管理工具，都协调解决，使工程顺利进行。

③　建立"非合同化"的合作伙伴关系至关重要，构建和谐项目管理的理念，高效协调整合配置资源，加强风险管理，才能克服工程实施过程中遇到的各种困难，以保护当地公众

利益为重要的价值取向之一，与当地中资企业团结一致，树立中国企业形象，以精品项目树品牌，推动企业及行业的发展。

④ 大型公共建筑的 HSE 管理非常重要，在本项目中尚需强化。这对一项大型公共建筑是非常重要的一大问题。从工程项目实施中，很少看到项目团队树立的 HSE 理念、HSE 管理体系、HSE 现场管理措施及其 HSE 监督管理机制等。

⑤ 此项目的风险分析与应对，似应加倍重视和提升。对比较不发达国家，EPC 工程总承包项目风险是多方面的，特别是潜在性风险毋庸置疑，其重要性更深刻。但该项目在组织架构和管理上比较严密细致，发挥了比较大的作用并取得令人骄傲的成效。

总之，此项目工程承包管理是成功的，发挥了总承包管理模式的优势。

第3章
工程总承包项目报建、策划及计划管理

▶▶ 3.1　工程总承包项目报建

按照我国当前的工程建设相关规定，工程建设项目必须通过审批手续获得正式施工许可证后方能施工。项目报建手续工作的责任主体是建设单位，应由建设单位组织完成，工程总承包商处于协助地位。但由于报建报审文件多数是基于设计文件，总承包商需要对设计文件的质量和深度负责，保证从内容、格式和深度上符合审批要求。另外，工程总承包模式下，设计周期和施工工期合并作为项目总工期，项目迟迟不能完成报建手续，则无法取得施工许可证。施工无法开始，在总工期不变的情况下，后续施工组织困难会很大，总包商可能会增加施工赶工成本，项目工期延误的风险也很大。所以，工程总承包商对报建手续工作应高度重视，积极协助建设单位及时取得施工许可证。

如前述项目投标管理，工程总承包商进入项目的时间，最早是在可行性研究报告批复后，最晚是在初步设计审批后。所以，工程总承包商的报建手续管理不涉及土地许可手续和可行性研究报告审批手续。此外，竣工验收手续在收尾阶段描述，本章节不涉及。

3.1.1　编制项目报建手续流程

我国将工程建设项目审批流程主要划分为立项用地规划许可、工程建设许可、施工许可、竣工验收四个阶段，其他行政许可、涉及安全的强制性评估、中介服务、市政公用服务以及备案等事项纳入相关阶段同步办理。

四个阶段主要报批审批内容：

① 立项用地规划许可阶段主要包括项目审批核准备案、选址意见书核发、用地预审、用地规划许可等；

② 工程建设许可阶段主要包括设计方案审查、建设工程规划许可证核发等；

③ 施工许可阶段主要包括消防、人防等设计审核确认和施工许可证核发等；

④ 竣工验收阶段主要包括规划、国土、消防、人防等验收及竣工验收备案等。

为改革和优化营商环境，推动政府职能转向减审批、强监管、优服务，促进市场公平竞争，2018 年 5 月，国务院办公厅发布《关于开展工程建设项目审批制度改革试点的通知》（国办发〔2018〕33 号），各地方政府对工程建设审批流程进行了优化简化。

工程建设项目从投资来源分为政府投资类项目和社会投资类项目，以广东省广州市工程建设审批流程为例说明如下。

3.1.2 政府投资类项目审批流程

政府投资类项目审批流程见图 3-1。

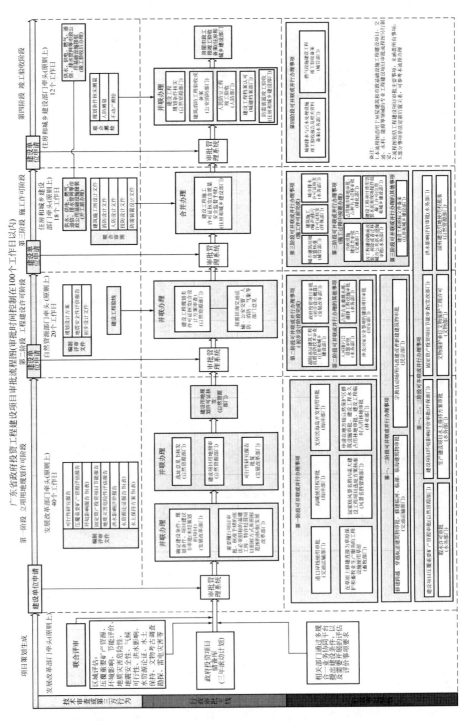

图 3-1 政府投资类项目审批流程

3.1.3　社会投资类项目审批流程

社会投资类项目审批流程见图 3-2。

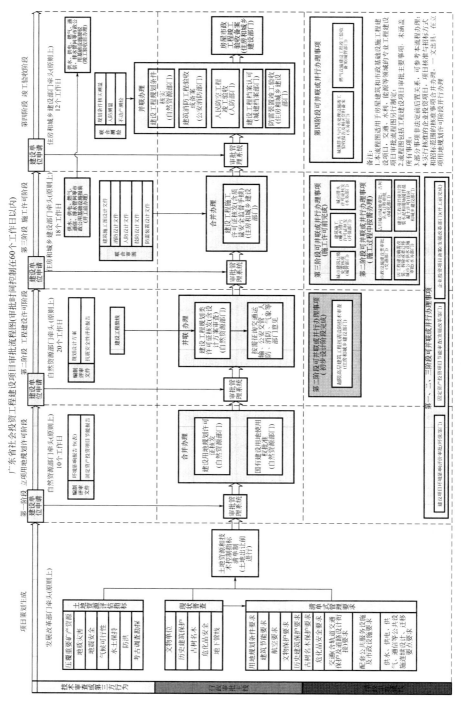

图 3-2　社会投资类项目审批流程

某大学校园工程项目为 EPC 总承包施工管理，项目位于××省××县站场新区内，总建筑面积 169033.27m^2，包含地上总建筑面积约 151887.27m^2，地下总建筑面积约 17146m^2；一标段包括化工学院 1~6 号楼、图书行政信息楼、学生公寓 7~10 号楼、体育馆、后勤综合楼、食堂、师生活动中心、1 号和 2 号实验设备用房、地下室、门卫等。

按照建设行政主管部门规定：由社会资金（包括外来的国有企业）投资的工业项目、房地产以及其他行业的房建、招商引资的建设项目，都需要按法定程序办理报批报建手续。

要从三个维度来总结经验。

（1）市场环境

建设行政主管部门在推行 EPC 模式的同时，还未形成一套适用 EPC 总承包报批报建手续的约束条件，目前还没有形成整体的报批报建审批的规章制度体系和办理流程，需要及时与建设主管部门进行沟通。

（2）人力资源

从事 EPC 项目管理研究的人员较少，可借鉴资源稀少，对已梳理完的流程推广程度不足。EPC 报批报建手续，碰到阻力时行政服务中心的办事员有时需要打电话请示领导和相关同事，相关因缺审批手续问题无法完善的资料，采取"承诺书"申请限时完成，可以先行办理审批，直至所有手续符合要求。

（3）政府支持

××省按照全面推进、分步快走的要求，全省各级政府部门梳理了群众和企业到政府办事"最多跑一次"事项，为 EPC 总承包项目的报批报建工作创造先决条件，推进 EPC 项目顺利履约。

此大学 EPC 项目在报批报建方面积极同建设行政主管部门对接，总结经验，建立报批报建数据库，为集团公司类似项目提供支持和保障。EPC 总承包工程项目管理模式，必将进一步深化建筑业改革，推动国内建筑业与国际建筑市场的进一步接轨，对推行工程总承包项目管理具有深远的意义！

▶▶ 3.2 工程总承包项目策划

3.2.1 一般规定

① 项目部应在项目初始阶段开展项目策划工作，并编制项目管理计划和项目实施计划。

② 项目策划应结合项目特点，根据合同和工程总承包企业管理的要求，明确项目目标和工作范围，分析项目风险以及采取的应对措施，确定项目各项管理原则、措施和进程。

③ 项目策划的范围宜涵盖项目活动的全过程所涉及的全要素。

④ 根据项目的规模和特点，可将项目管理计划和项目实施计划合并编制为项目计划。

3.2.2 策划内容

① 项目策划应满足合同要求。同时应符合工程所在地对社会环境、依托条件、项目干系人需求以及项目对技术、质量、安全、费用、进度、职业健康、环境保护、相关政策和法律法规等方面的要求。

② 项目策划应包括下列主要内容：

a. 明确项目策划原则；

b. 明确项目技术、质量、安全、费用、进度、职业健康和环境保护等目标，并制定相关管理程序；

c. 确定项目的管理模式、组织机构和职责分工；

d. 制订资源配置计划；

e. 制订项目协调程序；

f. 制订风险管理计划；

g. 制订分包计划。

项目管理策划是总体管理的一部分，致力于制定项目管理目标并规定必要的运行过程和相关资源以实现目标。

工程总承包项目经理部应在项目初始阶段开展项目规划工作，并编制项目管理计划和项目实施计划。

① 通过工程总承包项目的策划活动，形成项目的管理计划和实施计划。

② 项目管理计划是工程总承包企业对工程总承包项目实施管理的重要内部文件，是编制项目实施计划的基础和重要依据。

③ 项目实施计划是对实现项目目标的具体和深化。对项目的资源配置、费用、进度、内外接口和风险管理等制定工作要点和进度控制点。

④ 通常项目实施计划需经过项目发包人的审查和确认。

⑤ 根据项目的实际情况，也可将项目管理计划的内容并入项目实施计划中。

⑥ 根据项目的规模和特点，可将项目管理计划和项目实施计划合并编制为项目计划。

3.2.3　项目管理策划基本内容

项目管理策划应结合项目特点，根据合同和工程总承包企业管理的要求，明确项目目标和工作范围，分析项目风险以及采取的应对措施，确定项目各项管理原则、措施和进程。

① 项目策划内容中应体现企业发展的战略要求，明确项目在实现企业战略中的地位，通过对项目各类风险的分析和研究，明确项目部的工作目标、管理原则、管理的基本程序和方法。

② 项目风险的分析和研究工作要在项目风险规划基础上进行。

③ 项目策划要具有可操作性，并随着项目进展和情况的变化，及时进行调整。

④ 在项目策划阶段，工程总承包企业和项目经理部应充分考虑各种风险对项目目标的影响，确保业务连续性。

⑤ 项目策划阶段应考虑工厂化预制、模块化施工和装配式建筑等方面要求。

3.2.4　项目策划应包括的主要内容

① 明确项目策划原则。

② 明确项目技术、质量、安全、费用、进度、职业健康和环境保护等目标，并制定相关管理程序。

③ 确定项目的管理模式、组织机构和职责分工。

④ 制订资源配置计划。

⑤ 制订项目协调程序。

⑥ 制订应对风险和机遇的措施。

⑦ 制订分包计划。

▶▶ 3.3 工程总承包项目管理计划

3.3.1 基本要求

① 项目管理计划应由项目经理组织编制，并由工程总承包企业相关负责人审批。

② 项目管理计划编制的主要依据应包括下列主要内容：

a. 项目合同；

b. 项目发包人和其他项目干系人的要求；

c. 项目情况和实施条件；

d. 项目发包人提供的信息和资料；

e. 相关市场信息；

f. 工程总承包企业管理层的总体要求。

③ 项目管理计划应包括下列主要内容：

a. 项目概况；

b. 项目范围；

c. 项目管理目标；

d. 项目实施条件分析；

e. 项目的管理模式、组织机构和职责分工；

f. 项目实施的基本原则；

g. 项目协调程序；

h. 项目的资源配置计划；

i. 项目风险分析与对策；

j. 合同管理。

④ 项目实施计划应由项目经理组织编制，并经项目发包人认可。

⑤ 项目实施计划的编制依据应包括下列主要内容：

a. 批准后的项目管理计划；

b. 项目管理目标责任书；

c. 项目的基础资料。

⑥ 项目实施计划应包括下列主要内容：

a. 概述；

b. 总体实施方案；

c. 项目实施要点；

d. 项目初步进度计划等。

⑦ 项目实施计划的管理应符合下列规定：

a. 项目实施计划应由项目经理签署，并经项目发包人认可；

b. 项目发包人对项目实施计划提出异议时，经协商后可由项目经理主持修改；

c. 项目部应对项目实施计划的执行情况进行动态监控；

d. 项目结束后，项目部应对项目实施计划的编制和执行进行分析和评价，并把相关活动结果的证据整理归档。

3.3.2 项目管理计划编制的主要依据

① 项目合同。

② 项目发包人和其他项目相关方的要求。

③ 项目情况和实施条件。

④ 项目发包人提供的信息和资料。

⑤ 相关市场信息。

⑥ 工程总承包企业管理层的总体要求。

3.3.3 项目管理计划应包括的主要内容

① 项目概况。

② 项目范围。

③ 项目管理目标。

④ 项目实施条件分析。

⑤ 项目的管理模式、组织机构和职责分工。

⑥ 项目实施的基本原则。

⑦ 项目协调程序。

⑧ 项目的资源配置计划。

⑨ 项目风险分析与对策。

⑩ 合同管理。

⑪ 内部控制的其他相关内容。

注：以上所列内容为项目管理计划的基本内容，各行业可根据本行业的特点和项目的规模进行调整；项目管理计划需对项目的税费筹划和组织模式进行描述。

3.3.4 项目管理计划实施

3.3.4.1 编制人和许可

项目实施计划应由项目经理组织编制，并经项目发包人认可。

（1）总则

项目实施计划是实现项目合同目标、项目策划目标和企业目标的具体措施及手段，也是反映项目经理和项目经理部落实工程总承包企业对项目管理的要求。

（2）获得批准

项目实施计划应在项目管理计划获得批准后，由项目经理组织项目经理部人员进行编制。项目实施计划应具有可操作性。

3.3.4.2 项目实施计划的编制依据

① 批准后的项目管理计划。

② 项目管理目标责任书。项目管理目标责任书的内容按照各行业和企业的特点制定。实行项目经理负责制的项目应签订项目管理目标责任书，企业管理层的总体要求是工程总承包企业管理层对项目实施目标的具体要求，应将这些要求纳入项目实施计划中。

③ 项目的基础资料，包括合同、批复文件等。

3.3.4.3　项目实施计划主要编制程序

① 研究和分析项目合同、项目管理计划和项目实施条件等。

② 拟定编写大纲。

③ 确定编写人员并进行编写分工。

④ 汇总协调与修改完善。

⑤ 按照规定审批。

3.3.4.4　项目实施计划主要内容

（1）概述

① 项目简要介绍。

② 项目范围。

③ 合同类型。

④ 项目特点。

⑤ 特殊要求。

⑥ 当有特殊性时，需包括特殊要求。

（2）总体实施方案

① 项目目标。

② 项目实施的组织形式。

③ 项目阶段的划分。

④ 项目工作分解结构。

⑤ 项目实施要求。

⑥ 项目沟通与协调程序。

⑦ 对项目各阶段的工作及其文件的要求。

⑧ 项目分包计划。

（3）项目实施要点

① 工程设计实施要点。

② 采购实施要点。

③ 施工实施要点。

④ 试运行实施要点。

⑤ 合同管理要点。

⑥ 资源管理要点。

⑦ 质量控制要点。

⑧ 进度控制要点。

⑨ 费用估算及控制要点。

⑩ 安全管理要点。

⑪ 职业健康管理要点。

⑫ 环境管理要点。

⑬ 沟通和协调管理要点。

⑭ 财务管理要点。

⑮ 风险管理要点。

⑯ 文件及信息管理要点。

⑰ 报告制度。

⑱ 工作计划、控制管理、管理规定和报告制度的要点。

（4）项目初步进度计划

（5）工作计划要点的主要内容

① 编制依据。

② 工作原则、要求。

③ 工作范围、分工。

④ 工作程序、内容。

⑤ 标准、规范。

⑥ 工作进度、主要控制点（里程碑）。

⑦ 接口关系。

⑧ 特殊情况处理。

（6）控制管理要点的主要内容

① 执行效果测量基准的建立。

② 计划执行的跟踪、检查。

③ 偏差分析与反馈。

④ 纠正措施。

（7）管理规定要点的主要内容

① 管理系统、规章制度、规定。

② 管理原则与内容。

③ 管理职责与权限。

④ 管理程序与要求。

⑤ 变更管理与协调。

（8）报告制度要点的主要内容

① 报告的种类与功能。

② 报告的编制与审批。

③ 报告的内容与格式。

④ 报告提交的时间。

⑤ 报告的发送。

3.3.5　项目计划动态控制

经工程总承包企业批准的总计划，项目经理部应严格遵照执行，不得进行原则性的调整和修改。

（1）项目计划控制流程

目标计划编制→计划实施（经济措施、组织措施、技术措施、管理措施）→动态监控→

对比分析→计划偏离→调整计划→计划一致→执行计划。

（2）计划控制的要点

① 分级计划管理，主抓关键线路。

② 方法：计划跟踪及数据处理、对比分析、计划调整方法、调整顺序改变某些工作的逻辑关系，缩短某些工作的持续时间，调整项目进度计划。

③ 项目各阶段进度计划与控制的衔接和统筹。

a. 设计阶段：设计进度计划与采购计划交叉，此时采购关键设备及长周期制造设备的采购计划即属于主导进度计划，该设计应满足采购计划。

b. 施工阶段，施工进度计划与采购计划有交叉，此时施工进度计划属于主导进度计划，采购在该阶段的任务是配合施工进行设备采购与补充。

④ 计划实施出现偏差时，应采取相应的控制措施进行计划纠偏。

（3）控制计划实施纠偏的措施

① 组织措施：调整项目组织结构，优化项目计划管理体系，调整任务分工、调整工作流程组织和项目管理人员等。

② 管理措施：调整进度计划管理的方法和手段，强化合同管理，加强现场管理和协调的工作力度，改变施工管理方法，科学安全施工部署等。

③ 技术措施：改进施工方法，改变施工机具投入，对工程量、耗用资源数量进行统计分析，编制统计报表等。

④ 经济措施：通过经济手段提高效率、增加投入等。

（4）进度计划的调整

通过对计划的跟踪检查对比分析，发现计划的偏差，确定偏差的幅度、产生的原因及对项目计划目标的影响程度；预测整个项目的进度发展趋势，对可能的进度延迟进行预警，提出纠偏建议，采取适当的措施，使进度控制在允许偏差范围内。计划调整实施步骤如下。

① 由分项责任方提交进度计划报告。

② 部门经理对分项计划报告进行系统分析，并分析确定该分项对整体计划的影响结论；报计划经理进行审核。

③ 出现的工作不是关键工作，计划延迟不影响总计划的目标时，需要根据偏差值与总时差和自由时差的大小关系确定对后续工作及总工期的影响程度，仅进行分项或分部工程的计划调整；当产生偏差的工作是关键工作，延迟影响总计划的目标时，则无论偏差大小，都对后续工作及总工期产生影响，必须采取相应的调整措施。

④ 计划调整应综合质量、安全、费用等部门的综合论证，确定影响最小、保证各方面性价比最优的计划修改方案和措施。调整部门工作为平行实施，或进行穿插搭接时增加资源，缩短部门工作的持续时间；增减实施内容，利用现有的资源，集中优势资源解决关键工作，保障总计划的有效实施。

3.3.6 项目计划评价

（1）项目计划考核

① 不符合计划进度，进度拖延累计超过 3 天，由总承包方项目经理汇报原因并制定措施。

② 不符合计划进度，进度拖延累计超过 7 天或 10 天内没有抢回 3 天的工期，总承包方

项目经理驻场制定措施。

③ 不符合计划进度，进度拖延累计超过 10 天或 20 天内没有抢回 5 天的工期，总承包方企业主要领导协调解决。

④ 如果进度计划累计 15 天或 25 天内未抢回拖后的 7 天工期，总承包方企业主要领导驻场。

（2）计划总结

项目经理部应在项目完成后及时进行计划总计，为计划控制提供反馈信息，总结应完成的资料如下。

① 施工进度计划。

② 施工进度计划执行的实际记录。

③ 施工进度计划检查结果。

④ 施工进度计划的调整资料。

⑤ 施工进度控制总结应包括：

a. 合同工期目标和计划工期目标完成情况；

b. 施工进度控制经验；

c. 施工进度控制中存在的问题；

d. 科学的施工进度计划方法的应用情况；

e. 施工进度控制的改进意见。

（3）计划评价

项目经理部建立计划实施考核制度，按照计划考核制度，对项目计划的实施进行全面考核，并采取相应的奖惩措施。

3.4　工程总承包项目办公楼项目管理案例及分析

3.4.1　概况

2006 年 4 月，×国政府与中国政府有关方面、金融机构就×国议会、司法部办公楼项目充分地交换了意见，为项目的落实起了积极的推动作用。

3.4.2　项目情况介绍

此项目地点位于该国首都，两座建筑分列在现×国议会大厦的两侧。×国议会综合办公楼项目总建筑面积约 3000m²，2 层现代风格的建筑，钢筋混凝土框架结构。主要包括 35 名议员办公室、会议室、图书馆及其他配套设施（图 3-3）。项目议会大楼于 2007 年 9 月开工建设，2008 年 8 月交工。

×国司法部及法院行政办公楼项目总建筑面积约为 12000m²，3 层古典风格的建筑，钢筋混凝土框架结构。主要包括高级法庭、地区法庭及土地法庭、大法官办公室、司法部首席执行官办公室、警察及司法部工作人员办公室、培训室等，并提供办公家具和办公设备。2008 年下半年开工，2010 年 1 月完工。两项目总投资 1 亿 6 千万元人民币，建设工期 28 个月。

图 3-3 ×国司法部办公楼竣工实景

3.4.3 项目特点

（1）合同形式

本项目采用 EPC 合同形式，是由中方公司负责设计、采购和施工的交钥匙工程。合同的编写参考了我国政府对外经济援助通用合同文本、FIDIC 中 EPC 合同文本，以及世界银行援助汤加政府医院的设计施工总承包商招标时用的合同文本。这份合同既体现了我国政府优惠贷款项目的援助特点，又体现了国际工程的特点，×国对合同中规定的中外双方的责任和义务完全能够理解，具体操作也符合国际工程惯例，双方很快签订了本项目的商务合同。

（2）项目难点

×国是在南太平洋上的一个岛国，经济落后，不能自给，施工基础条件差，除当地生产砂子、石子外，其他建筑材料均需进口，机械设备也捉襟见肘。

当地没有一套完整的建筑法规和规范，只是参考一些相应的澳大利亚和新西兰的建筑规范。当地缺乏类似大型建筑施工经验。该国当地的较大型建筑为 7 层高的由中国政府于 1992 年援建的政府办公楼和更早时期由新西兰政府援建的国家储备银行。当地的小型建筑公司只是承包一些民用单体住宅，没有大型建筑施工经验。

该国是一个美丽的岛国，旅游业是其支柱产业之一，对于环保的要求非常高。该国政府对于建筑行业的管理方式多采用澳大利亚、新西兰标准，对于安全和质量的要求也非常严格。考虑到该国处在太平洋的地震带上，且每年均要遭受飓风的袭击，每年雨季长达 2 个多月，所以项目工期不是很宽裕。×国政府在合同签约时提出议会项目要在开工一年首先交付使用。

3.4.4 项目的管理实践

3.4.4.1 项目可研阶段

在中国-太平洋岛国经济发展合作论坛会后，中方公司多次派出专家组与该国各有关部门继续就上述项目的投资控制、建筑设计和施工等事宜进行讨论，协助该国完成了可行性研究报告，确定了本项目的融资方案。于 2006 年 12 月签署了该国议会和综合办公楼及司法部和法院行政办公楼项目设计与施工合同。中方派出设计团队前往该国，详细地调查了当地的气候条件，尽可能地收集项目所在地的水文资料，了解该国的建筑风格和周边建筑的特点。

在与该国议会和司法部的有关主管官员会谈中，仔细倾听他们的设计要求，了解了他们的工作流程，终于提出了令×国满意的建筑方案。

3.4.4.2　项目实施阶段

（1）项目组织架构

本项目以项目管理团队为核心，全面负责项目的设计、施工质量、工期与成本。项目经理负责项目的设计和施工全面控制。商务经理负责商务谈判、预算编制、施工全过程的计划编制，当地分包商的确定和当地材料采购及外事联络。现场施工管理项目组负责具体的施工计划、质量目标和成本计划的落实。设计团队负责深化设计图纸和变更设计。考虑到当地的施工条件，本项目在国内确定了土建和机电分包商。国内专门组建了后勤组，负责国内土建材料、机械设备和派出人员的生活物资采购。为了项目移交后的维修便利，电梯安装工程分包给了OTIS新西兰分公司。项目组织架构见图3-4。

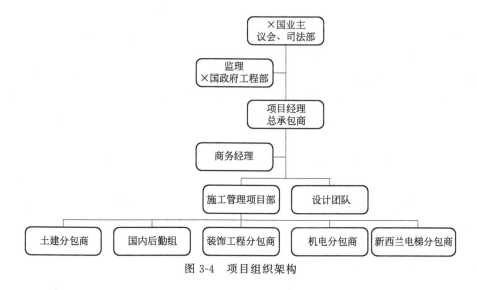

图 3-4　项目组织架构

（2）设计管理

在EPC工程项目中，设计的主导作用是得到公认的。因此在前期与该国的谈判中，充分考虑到了该国对本项目的设计要求，又借鉴了当地的建筑经验，使得本项目的设计方案从一开始就比较符合当地条件和业主的要求，避免了施工过程中不必要的设计变更，为项目的顺利进行奠定了基础。具体做法上，将设计分为了四个阶段。第一个阶段是项目设计方案阶段。这个阶段充分注意现场调研，派出了地质勘察设计人员到项目现场进行勘察，设计师会同商务谈判人员共同听取业主的设计要求，明确了业主对项目的期待，这一时期的设计任务主要是配合做出项目的可行性研究报告。第二个阶段是项目的初步设计阶段。FIDIC的《EPC/交钥匙项目合同条件》中规定，如果合同文件中存在错误、遗漏、不一致或相互矛盾等，即使有关数据或资料来自业主，业主也不承担由此造成的费用增加和工期延长的责任。在这一阶段主要是通过各专业图纸会审，深刻明确业主的设计要求、工程施工的技术要求和材料设备的采购要求，在项目前期尽最大可能减少工程实施中的技术和经济问题。设计的主要任务是为了估算项目的总投资，以便确定融资方案，签订设计、采购与施工合同。第三个阶段是总体施工图设计阶段。设计的主要任务是为了做出本项目的报价，明确土建、机电、给排水、配套家具、开办费及设计费等各分项组成，作为工程实施过程中支付工程款的依据。第四个阶段是详细设计阶段。设计的主要任务是深化各专业的施工图，提供施工所需的全部详细图纸和文件，作为施工依据和材料订货的补充文件。在这四个阶段中，前一个阶段的工作成果是后一个阶段工作的基础、指导和设计输入，后一个阶段是对前一个阶段工作的深化和推进。这四个阶段平稳、连贯、首尾相接，各时期出图均按日期、版次统一管理，是一个设计质量、深度逐步提高的过程，其结果是现场施工中设计修改量较以往其他工程大大减少。

3.4.4.3 当地材料供应

EPC 总承包是承包商承担项目责任最多的承包模式之一。在 EPC 承包模式下，总包商可能面对很大的物资采购风险，这是因为：

① 总包商从某种意义上要对整个项目的采购成本负责；

② 总包商要负责项目采购的全过程管理，承担了几乎全部的采购管理责任；

③ EPC 总承包合同通常为固定价格，绝大部分采购风险由总包商承担。

在这种合同安排下，总包商要对大部分采购合同风险负责，需要管理的过程和环节增多，合同责任时间跨度大，要面对可能的物价水平的上涨、需求的剧烈波动，转嫁和分散风险的可能性较低。在项目实施过程中，有些问题可能在合同条款中未能得到全面的约定，或者根本无法反映，对总包商的后期合同履行和预期利润带来巨大风险，如何控制好项目的成本、保证工程质量、降低承包商可能控制的成本，这都将是采购管理的中心问题。

在设计阶段，就考虑了×国的特点，制定了采购的基本原则，即除砂子、石子在当地采购外，防腐木材、水泥、消防栓从澳大利亚、新西兰采购。另外，水管、插座及需经常维护的材料按澳大利亚、新西兰的标准在国内采购。如插座选用澳洲奇胜品牌，灯管选用飞利浦品牌（宽电压240V）。钢筋等大宗材料在国内加工成半成品，经过测试和检验合格后再发往现场，既保证了供货质量，又带动了国内物资的出口。在安装过程及培训方面可以做到很好的沟通，虽然新西兰公司也要从天津定购电梯主机设备，但其提供的系统和说明书是英文的，可顺利地留给业主方存档。

项目组根据材料的采购地制定了不同的采购方案。对于从国内采购的材料，现场项目组提出采购计划和进场时间，由国内后勤组在总部的监督下，对供应商从价格、技术、质量、供货时间等方面做出一个综合判断，确定供货商。材料采购后，按照技术要求做测试和检验，合格后再发往国外。在施工过程中，还要听取项目组使用情况的报告，对供货商做一个后期评审，作为今后继续采购和建立伙伴关系的基础资料。对于从第三国采购的物资，主要是调查×国当地畅销产品，并从当地建材供应商处了解那些产品质量有保证、信誉度好的澳大利亚、新西兰建材商，从他们那里直接采购，以免除进口时的关税（本项目所有进口材料均免税）。根据该国的气候特点和当地材料生产能力低的特点，尽量在飓风和雨季到来之前，与当地采石场做好沟通，提前开采和储存足够的石子及砂子，以保证项目进度要求。

物资采购是创造利润的最佳途径，通过采购可降低整体项目执行成本。采购过程中考虑到项目移交后的易维护性、易得性，也可从整体上降低项目成本。严把采购质量关，也是企业提高项目质量、提升自身核心竞争力、取得竞争优势的关键过程之一。

3.4.4.4 质量与安全管理

质量取决于人及其工作态度，一个有质量观念的组织，才是一个面向顾客的组织。项目组按照公司总部的质量管理体系，结合本项目的实际情况，制订了有针对性的本项目质量管理计划。质量管理计划涵盖了本项目的设计管理、施工管理、物资供应管理等几个方面。为使业主方满意，还注意做到以下几点：

① 项目管理人员了解业主方对本项目的预期；

② 做出具体的施工计划并报萨方，以便得到业主方有关部门的配合；

③ 向业主方指出施工过程中的主要里程碑，在项目实施过程中遇到困难时，业主方通常会积极帮助予以克服；

④ 在做隐蔽工程覆盖前，主动邀请业主方监理部门到现场检查。

作为总承包商应认识到，从项目规划工作开始，以及在设计、施工、运行管理等过程中，都要考虑安全。每个项目组的成员都要对安全管理负责。在做现场勘探时，发现司法部办公楼所处的场地地下水位高，约为 -0.8m，且离海岸线很近，不到 100m，经过研究和借鉴周边建筑，将办公楼的首层标高提升了 1.2m，整个建筑物坐落在一个巨大的混凝土台上，这既解决了建筑物安全问题，又突出了司法部办公楼宏伟庄严的特征。

在施工管理上，项目组充分了解该国的安全法规要求，为每位工人投保了安全保险。总包商和各分包商分别制定了安全卫生责任制度，有总包商牵头定期检查制度执行情况。坚决落实了安全培训工作贯穿工作的始终，所有的施工人员（包括中国技术人员和该国工人）都要接受安全培训。该国工人的安全培训采用英文书面交底。这种培训定期地反复进行。在工作面上，操作工人除接受管理人员的书面安全交底外，还在施工前接受口头简短而有针对性的安全指示。

本项目未发生安全事故，赢得了萨方的满意和我驻该国使馆的表扬。

3.4.4.5　环保管理

该国是个美丽的岛国，被世界卫生组织评为无污染国家，旅游业是其主要国民经济支柱产业之一，所以本工程在设计阶段就秉持了环保理念。在做项目的方案设计时，保留了现场的树木，并在施工过程中做好保护。在议会办公楼设计方案中，充分考虑到建筑物离海边较近，海风习习，清爽宜人，所以注意房间的通透性，方案中仅在每个房间中安装了吊扇，没做空调系统，大大节约了用电量，提升了工程全寿命周期价值。

3.4.5　安全分析

总包商与×国主管部门从项目策划阶段就建立了伙伴关系。总包商充分听取×国的设计要求，理解×国对项目的期待。在设计前期仔细考察当地的建筑风格和文化习俗，做出了令该国满意的建筑方案。在合同谈判中，明确双方的责任和义务，总包方将自己能够控制的风险规定在自己的责任范围内，同时说明业主能控制的风险由业主方负责的益处时，也得到了业主方的欣然同意。在施工过程中，总包方不隐瞒自己的困难，寻求业主方的积极配合，以顺利解决问题；同时在该国提出一些非根本性的变更时，也能够理解该国的意愿，不在一些小的经济问题上纠缠不清。

本案例主要记述了在×国议会及司法部办公楼项目中采用 EPC 合同对工程项目进行管理的实践活动。项目的策划者，参与了项目前期策划，与该国政府有关部门、中国商务部、中国进出口银行等有关政府机构和金融机构共同合作，确定了本项目的融资方案。在编制本项目 EPC 合同时，在 FIDIC 的 EPC 合同文本的基础上，参考了中国政府对外援助项目的合同范本和世界银行资助汤加首都医院项目的合同文本，编制出既适合本项目特点又符合该国管理部门要求的合同。作为工程总承包单位，从项目的可行性研究、设计方案的确定、项目总投资的确定到项目的物资采购和施工管理等各个阶段都进行了有条不紊的全过程管理。该项目在工程施工中，注意与该国有关部门建立良好的伙伴关系，为项目的顺利进行创造了良好的外部条件，取得了比较满意的效果。安全案例策划管理分析见图 3-5。

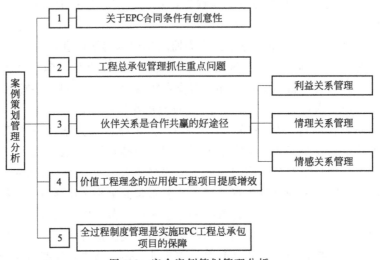

图 3-5　安全案例策划管理分析

（1）创意合同条件

在 FIDIC 的设计采购施工（EPC/T）合同条件文本的基础上，进行了实事求是、合法合理的重新整编。

（2）抓住工程总承包管理重点问题

从项目的可行性研究、设计方案的确定、项目总投资的确定，到项目的物资采购和施工管理等各个阶段，都进行了有条不紊的全过程管理。其关键在于对各阶段的重点给予高度的关切。

（3）懂得合作共赢

此例做得比较突出。鉴于该理念的重要性，这里略加补充。伙伴关系管理至少体现在三项内容上。

① 利益关系管理。利益关系是伙伴关系的基础，没有利益关系，也就不可能建立伙伴关系。

一要强化员工的合作意识和合作精神的教育培训；二是合作谋划前充分考虑合作伙伴的具体利益要求，合作过程中应严格遵守合作协议，合作发生矛盾时必须主动从对方的立场上思考和检查自身的行为不当而造成了对对方利益的损害；三是应健全和完善合作实施行为规范并贯彻始终，保障合作双方的公平合理利益；四是必须定期检查合作意识和合作精神的贯彻落实情况，清除妨碍合作的行为事件。

② 重视情理关系管理。工程总承包项目参与方之间的合作关系，是由人与人之间的合作关系体现的。情理关系就是把利益关系置于情理联系之中。凡事用情理自我审定，超越情理，尽管合法但伤害合作伙伴的事也不能为之。这也就意味着：在合作关系的建立和维护上，必须避免处处以法律关系为调节合作利益关系的准绳，仅仅以法律作为最后底线，更不能经常把权利、义务挂在嘴边。在合作关系结成之前和合作实施过程中，必须事事用情理来

评判，以通过情理关系的建立和维护来深化与巩固合作的利益关系。

　　③ 全过程制度管理是实施 EPC 工程总承包项目的保障。该例根据项目的所在国的具体情况，在工程质量、生产安全和 HSE 方面都有编制了所谓管理制度的"笼子"，并在工程全过程中进行监督检查，这也是 EPC 工程总承包项目考虑的重点之一。所谓编制和建立 EPC 管理制度"笼子"这个庞大的、内容广泛的、多层面的甚至强交叉的全攻略的问题，一是要有针对性的重点，二是在建造好"笼子"的基础上要执行好，三是要有"顶层设计"的措施保证。

第**4**章

工程总承包项目分包管理

▶▶ 4.1 项目工程总承包分包管理基本要求

项目分包管理要求，见表 4-1。

表 4-1 项目分包管理要求

类别	管理要求	时间要求	主责部门	相关部门
办理进场手续	根据合同约定，填写分包商进场审批表，为分包商提供生产、生活场所，组织进场	分包商进场前一周	项目经理部劳务管理员	工程管理部门安全管理部门
进场验收	根据合同约定查验分包商资质资信资料、查验分包单位各管理岗位人员配备、劳务工人花名册、劳动合同、身份证、上岗证、特种作业证、项目经理、安全员证等资料并备案；为分包商所有人员办理门禁卡	进场当日	项目经理部劳务管理员	安全管理部门
劳务工人教育培训	对劳务作业人员进行安全教育、技术交底、技能培训、规章制度宣贯、法律知识和维权知识宣传等培训	日常工作	安全管理部门技术管理部门工程管理部门	劳务管理员
劳务用工监督管理	对分包商现场用工行为实施监督管理，监督分包商的用工合同签订、劳动力统计和考勤，维护劳务工人合法权益，使用劳务管理门禁系统，劳务工人实名制管理等	日常工作	项目经理部劳务管理员	综合办、合同造价管理部门、安全管理部门
劳务工人工资支付监督管理	项目经理是劳务工人工资支付监督管理的第一责任人，组织有关人员监督分包商按《劳动合同》约定足额支付劳务工人工资，不得低于当地最低工资标准；监督分包商每月支付工资公示；落实工资保障金制度等。合同造价部门在每月工程款付款之前向项目部劳务管理员了解分包商上月工资发放情况和工资表收集情况，对发生拖欠工人工资情况的分包商暂缓付款	日常工作	项目经理部劳务管理员	综合办、合同造价管理部门、财务管理部门

类别	管理要求	时间要求	主责部门	相关部门
分包商考核	每月组织项目和建设、监理单位对分包商进行考核,分包商完成工作后也组织考核,考核结果报子集团公司/集团工程部,分公司审核	日常工作	项目经理部劳务管理员	合同造价部门、工程管理部门、物资管理部门、质量管理部门、安全管理部门
分包商退场	分包商根据合同约定完成任务,办理工程移交手续,办理物资设备移交手续,签订分包商退场承诺书,协助办理结算和支付,监督劳务工人工资发放到位,退还工资保证金,做好劳务工人退场登记等工作	退场前30天	项目经理部劳务管理员	合同造价管理部门、工程管理部门、财务管理部门、综合办、物资管理部门、质量管理部门、安全管理部门

▶▶ 4.2　项目工程总承包分包管理体系、人员分配及制度

4.2.1　管理体系

总承包项目经理部应建立管理组织体系架构,各职能部门应具体负责专业分包合同的履约和日常管理,根据合同文件和相关要求对专业分包进行组织、协调和管理,对分包方进行相关教育和交底,对施工进度、工程质量、技术措施、安全生产、文明施工、环境保护、资金支付等进行全面管控,对专业分包方的不良行为进行整理上报,如图 4-1 所示。

4.2.2　人员配置

工程总承包项目各专业分包的管理人员配置如表 4-2 和表 4-3 所示。

表 4-2　建筑工程专业分包项目管理机构岗位设置和专业人员配备

工程规模/万元	岗位设置及专业人员数量/人									
	项目负责人	技术负责人	施工员	质量员	安全员	标准员	材料员	机械员	劳务员	资料员
<500	1	1	1*	1	1	1*	1*	1*	1*	1*
大于 500小于 2000	1	1	2	1	1	1*	1	1*	1*	1
大于 2000小于 5000	1	1	3	2	1	1*	1	1*	1	1
大于 5000小于 10000	1	1	3	2	2	1	2	1	1	2*
≥10000	1	1	4	3	3	1	3	1*	2*	3*

注:1. 专业分包单位无自带或租赁特种设备时,可不设置机械员岗位。
2. 可兼职的岗位用"＊"表示。

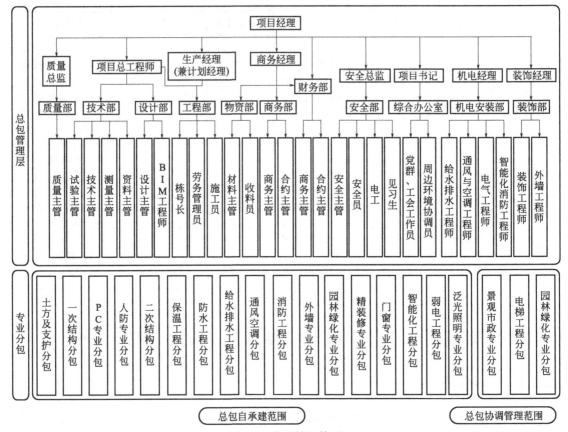

图 4-1 分包管理体系

表 4-3 建筑工程总承包项目管理机构岗位设置和专业人员配备

工程规模 /万元	岗位设置及专业人员数量/人									
	项目负责人	技术负责人	施工员	质量员	安全员	标准员	材料员	机械员	劳务员	资料员
<1	1	1	1	1	1	1*	1*	1*	1*	1*
大于 1 小于 5	1	1	2	1	2	1*	1	1*	1*	1
大于 5 小于 10	1	1	3	2	3	1*	2	1	1	2*
大于 10 小于 20	1	1	4	3	4	1*	3*	2*	2*	2
大于 20 小于 30	1	1	5	5	5	1	3	2*	2	3*
≥30	1	1	6	6	6	1	4	2	2	3

注:可兼职的岗位用"＊"表示。

专业分包单位按监管部门和分包合同要求配置专业管理人员,其中施工、技术、质量、安全等管理人员必须纳入总包体系下进行管理。

根据不同标段施工界面,总包委派一名责任工程师作为本标段分包现场施工进度、成本、安全、质量、环保等目标管理及信息沟通协调的现场第一责任人,负责所管辖分包的各项施工管理及协调事务。

4.2.3 主要专业分包的协调管理制度

在施工过程中，总包方始终担任承上启下的纽带作用。各专业分包方在安全、进度、质量管理方面存在着不同分歧，需总承包方建立完善的协调管理制度用以约束和督促各专业分包实现履约。主要包含以下几方面制度。

（1）会议制度

定期召开安全、进度、生产例会，根据项目规模及施工条件选择与会人员级别及会议频次，建议每周召开1～2次专题会，以 PPT 图片形式回顾本周期工作内容及存在问题，各单位依次汇报，对节点滞后或安全质量隐患提出整改措施或意见，对不同单位诉求进行整合、分析并给出最合理的处理意见，最后总结整理为会议纪要签字存档。对于不按时参会或不按时整改的单位可给予适度警告、罚款、约谈处理。

（2）移交制度

各单位之间分（子）项工程办理移交手续，各单位内部根据需要办理工序移交手续，应明确各阶段主体责任，落实到具体负责人，对上部分项工程或上道工序内容验收并确认，以避免安全、质量管理隐患纠纷，场容场貌措施界限不清。

（3）样板制度

各专业单位进场大面积施工前需进行工艺样板及实体样板施工，如坐浆灌浆工艺、外立面防渗漏打胶工艺、机电配管工艺、首段吊装就位实体样板、幕墙首段龙骨及饰面实体样板等，待监理、设计及总包业主方确认后编制专项施工方案，方案确认后组织分级交底并组织大面积施工。

4.2.4 项目分包范围

（1）勘察设计分包

设计分包主要指工程总承包企业与业主签订总承包合同之后，再由工程总承包企业将部分勘察设计工作分包给一个或多个勘察设计单位来进行。

（2）采购分包

采购分包主要是指工程总承包企业与业主签订总承包合同之后，工程总承包企业将设备、材料及有关劳务服务再分包给有经验的专业服务商，并与其签订采购分包合同。

（3）施工分包

施工分包主要指工程总承包企业与业主签订总承包合同之后，再由工程总承包企业将土建、安装工程通过招标投标等方式分包给一个或几个施工单位来进行。

▶▶ 4.3 项目合格供方选择和评价

4.3.1 项目合格分包方名录的建立

工程总承包企业相关部门负责建立健全项目合格供方名录（表 4-4），并根据新的供方评价及市场信息保持对名录库及时更新。

表 4-4　项目合格供方名录

序号	分包商名称	资质等级	主营范围	注册资本金	法定代表人	代表业绩的质量、环境安全证书	银行资信等级	住址、电话、邮箱
一	勘察设计							
	……							
二	施工安装							
	……							
三	支持服务							
	……							

4.3.2　分包招标

分包招标工作内容，见表 4-5。

表 4-5　分包招标工作内容

类别	内容
招标原则	分包工作招标原则 (1)有利于提高配置优质市场资源的能力 (2)有利于提高总承包模式项目工程分包管理水平,规范和完善工程分包行为,降低工程总承包企业经营成本和风险 (3)有利于工程进度、质量、环境和职业健康安全管理目标的实现及合同履约 (4)有利于长期合作单位的培养,坚持与分包商的"优势互补、利益共享、风险共担"和"竞争选择、动态管理"的原则,促进工程分包管理的制度化、标准化和流程化建设
招标条件	分包工作招标条件 (1)投标人持有有效的经过年检的营业执照、注册资金等满足合同规模和风险管控的要求,企业财务状况和资信等级良好 (2)投标人需要提供企业资质证书、组织机构代码证、安全生产许可证、安全质量及业绩证明 (3)投标人出示企业法人代表授权委托书及委托人信息简表 (4)投标人需提供勘察、设计、施工(制造)技术能力证明 (5)具有与合同建设规模相适应的勘察、设计、施工等资质等级,如有境外分包,应同时具有对外承包经营权资格 (6)依据项目需要,投标人应提供特殊作业人员(电工、电焊工等)证书和安全员证书的复印件与施工管理机构,安全、质量管理体系的人员配备资料
确定分包方案和招标方式	(1)分包方案 通常在签订总承包合同时,分包方案作为投标书的一部分已经初步确定,主要包括拟分包的工作范围、数量、需签订分包合同的时间、分包项目完工时间等。在正式开始分包招标之前,应对分包方案进行审核,以进一步明确以下问题 ①总承包项目经理部中各部门对分包管理的责任关系 ②各个分包合同之间,分包合同与主合同之间在时间、技术、价格和管理等方面协调一致 ③分包合同和工程总承包企业自行完成的工作内容必须能涵盖主合同的所有工作 (2)招标方式 各类分包合同的招标方式通常有以下几种

续表

类别	内容
确定分包方案和招标方式	①公开招标。工程总承包企业以招标公告的方式邀请不特定的法人或者其他组织投标 ②邀请招标。工程总承包企业向合格供方名录中的法人,以投标邀请书的方式,邀请特定的法人或者其他组织招标。对于专业性很强的分包工作常用此种方式 (3)招标要求 ①公开招标选定分包商。设计管理部门、采购管理部门及施工管理部门分别制定相应招标文件和评标办法,按照相应法律法规,以公开招标的方式择优选择分包商,报工程总承包企业批准后确定 ②业主指定分包商。在不违背工程总承包企业利益的前提下,按照与业主签订的总承包合同中对指定分包商的约定,确定分包商 ③其他方式确定分包商。由于项目技术复杂或有特殊要求涉及专利权保护,受自然资源或环境限制,新技术或技术规程事先难以确定等原因,可选择具备资格的供方实行邀请招标。具备资格的合格供方数量有限,实行公开招标不适宜或不可行时,可在项目合格方名录内实行邀请招标
资格预审	投标前对提交资格预审申请文件的潜在投标人进行资格审查
招标文件的准备	由工程总承包企业分包招标部门,负责组织有关部门准备招标文件,并将招标文件发放给批准的投标人。具体的招标文件根据每一个独立的分包项目要求进行准备。招标文件包应包含投标人须知、投标书格式等
评标	(1)独立进行商务标和技术标的评标 (2)由分包工作主管部门组织合同管理部门及有关部门人员参加技术标评审,确定其技术上的可行性 (3)由合同管理部门组织财务部门和其他有关部门人员参加商务标的评审,并要保持评标结果的保密性 (4)评标结果需提交业主批准
发布中标通知	在评标结果得到业主批准后,总承包企业将书面通知中标人和未中标人。合同管理部门根据与所选择的分包商达成的条件,修改分包合同文件。分包商提交履约保函,双方正式签订分包合同

　　某石油工程设计有限公司（以下简称石油工程设计公司）以工程总承包（设计、采购、施工的 EPC 模式）方式依法承建了克拉玛依工程教育基地采油实训工程厂房项目,其将工程施工部分一至五标段公开招标,中石化工建设有限公司（以下简称中石化建公司）参与竞标并中标第二标段,即采油实训厂房二至四工程,建设规模为上述厂房范围内的建筑安装、室内系统配套等的施工、试运行等。中标工程工期为 342 天（日历日）,承包方式为施工承包、包工包料、采取固定价计价。

　　中标后石油工程设计公司和中石化建公司于 2012 年 11 月 21 日签订《建设工程施工合同》,就上述工程具体施工内容进行了约定,合同暂定总金额为 5683 万元。中石化工建设有限公司取得上述工程后,中石化工建设有限公司×××分公司（以下简称中石化建××分公司）于 2013 年 6 月 13 日与×××钢结构工程有限公司（以下简称×××公司）签订了《×××工程教育基地采油实训场工程采油实训厂房三、四栋网架工程工程承包合同》（以下简称《网架工程承包合同》）,约定工程范围为:按照工程项目部、中石化建公司及设计单位确认的施工图纸,负责网架结构加工制作、运输、安装、防腐、防火涂料及屋面龙骨的制作安装、屋面单层彩板铺设（不含保温层及保温层以上工程部分）等工作,包工包料,总价包干;合同现场安装工期为 40 天，自具备安装条件之日起计算；合同造价 3744000 元。

×××公司经营范围包括钢结构、网架、屋面设计、加工、制造、安装、销售；内外建筑装饰工程设计、施工；钢结构工程施工等内容。合同签订后，×××公司按照合同约定履行施工义务，涉案工程于 2014 年 10 月 10 日竣工验收后已投入使用。之后，因《网架工程承包合同》工程款结算和支付发生争议，×××公司起诉施工总包单位中石化建公司和 EPC 总包单位石油工程设计公司，诉请要求中石化建公司支付工程欠款和逾期付款利息，并主张石油工程设计公司对上述款项承担连带责任。

关于涉案工程的《网架工程承包合同》的效力，×××区人民法院经一审审理认为："两被告之间的《建设工程施工合同》，为被告石油工程设计公司将部分标段的工程通过招投标的合法方式分包给被告中石化建公司施工，合同内容及形式均符合法律、行政法规的规定，应当认定合同合法有效，不存在违法分包或者非法转包的情形。但中石化建×××分公司就被告承揽的部分工程与原告签订《网架工程承包合同》，系属将其承揽的工程再分包的行为，根据国务院下发的《建设工程质量管理条例》第七十八条第一款第（四）项的规定，分包单位将其承包的建设工程再分包的，属于该条例所称的违法分包。又因根据建设工程法律解释第四条的规定，承包人非法转包、违法分包建设工程的行为无效。故被告中石化建公司作为承包人将涉案工程再分包给原告的行为，违反上述行政法规的禁止性规定，根据《中华人民共和国合同法》第五十二条第（五）项的规定，应当认定原告与被告中石化建××分公司之间订立的《网架工程承包合同》无效。"

二审时，该市中级人民法院经审理认为："因《中华人民共和国建筑法》第二十九条第三款明确禁止分包单位将其承包的工程再分包，上诉人中石化建公司作为具备相应资质条件的分包方将其承包的工程再分包，违反了法律的强制性规定，故依据《中华人民共和国合同法》第五十二条第（五）项的规定，上诉人中石化建公司与被上诉人×××公司××分公司之间签订的《网架工程承包合同》无效。"

本案引发出一个工程实践中普遍关注的问题：工程总承包模式下的施工分包单位进行专业分包是否属于《中华人民共和国建筑法》第二十九条第三款禁止的"二次分包"？

在之前，实践中有不少工程总承包分包纠纷案件处理与本案例类似，相信，随着行业各参与方人员综合素质的提高，以及行业政策及相关法律的完善，对于工程总承包模式中分包业务出现的矛盾处理也会越来越趋向合理和公平。

4.3.3　分包方资信评价

对供方资信评价的内容包括资质、信誉、经历、资源、能力和服务，可按职责分工对合格供方进行资信评价。各责任部门将评价信息反馈给总承包项目管理部门，由总承包项目管理部门统计评价结果。

资信评价结构可分为 3 个等级：优秀、合格和不合格。评价为优秀的供方可直接列入合格供方名录；评价为合格的供方列入合格供方名录，总承包项目管理部门在后期项目中考虑录用；评价为不合格的供方不列入合格供方名录，且视情节（在施工中的违规程度）给予警告直至取消资格的处罚。资信评价结果作为下一年度或项目开工前资质审查的依据。

4.3.4　合格供方工作考评内容

合格供方工作考评如图 4-2 所示。

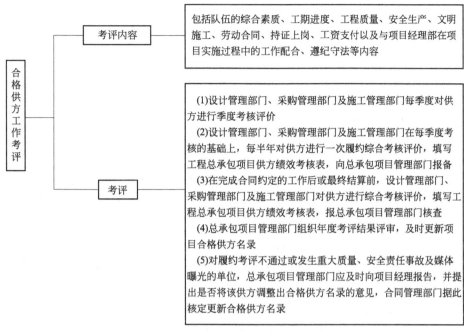

图 4-2　合格供方工作考评

▶▶ **4.4　项目工程总承包分包合同管理**

项目工程总承包分包合同管理，见表 4-6。

表 4-6　项目工程总承包分包合同管理

类别	内容
分包合同类型	(1)总价分包合同 　　在总价分包合同中,总承包企业支付给分包商的价款是固定的,未经双方同意,任何一方不得改变分包价款。总价合同通常用于采购分包、小型的施工分包 (2)单价分包合同 　　在单价分包合同中,总承包企业按分包商实际完成的工作量和分包合同规定的单价进行结算支付。单价合同通常用于施工分包 (3)成本加酬金合同 　　在成本加酬金合同中,对于分包商在分包范围内的实际支出费用采用实报实销的方式进行支付,分包商还可以获得一定额度的酬金。成本加酬金合同通常用于设计分包以及时间紧迫的施工分包。采用此种方式时,须在合同中规定方便判断的执行标准
订立分包合同应遵循的原则	(1)当事人的法律地位平等,一方不得将自己的意志强加给另一方 (2)当事人依法享有自愿订立合同的权利,任何单位和个人不得非法进行干预 (3)当事人确定各方的权利和义务应当遵守公平原则 (4)当事人行使权利、履行义务应当遵循诚实信用原则 (5)当事人应当遵守法律、行政法规和社会公德,不得扰乱社会经济秩序,不得损害社会公共利益 (6)分包商不得将分包的工程再行转包

续表

类别	内容
分包合同评审	(1)设计分包合同 在分包合同订立前,根据分包的需要对设计分包合同的性质、分包范围、采用的技术、考核指标、采用的标准规范、安全与环境保护要求等内容加以研究评审,并成为订立设计分包合同以及实施履约监督的管理重点 (2)采购分包合同 在分包合同订立前,应特别关注分包商的资质、信誉、拟采用的标准规范、时间的限制以及付款方式等内容加以研究评审,并成为订立采购分包合同以及实施履约监督的管理重点 (3)施工分包合同 在分包合同订立前,应关注对分包人的资格预审、分包范围、管理职责划分、竣工检验及移交方式等内容加以研究评审,并成为订立施工分包合同以及实施履约监控的重点
分包合同管理要求	(1)了解法律对雇用分包商的规定 对于涉外项目,工程总承包企业应该了解当地法律对雇用分包商的规定,工程总承包企业是否有义务代扣分包商应缴纳的各类税费,是否对分包商在从事分包工作中发生的债务承担连带责任 (2)分包项目范围和内容 总承包企业应对分包合同的工作内容和范围进行精确的描述及定义,防止不必要的争执和纠纷。分包合同内容不能与主合同相矛盾,并合理采取转移风险的措施 (3)分包项目的工程变更 总承包项目经理部根据项目情况和需要,向分包商发出书面指令或通知,要求对项目范围和内容进行变更,经双方评审并确认后则构成分包工程变更,应按变更程序处理;项目经理部接受分包商书面合理化建议,对其在各方面的作用及产生的影响进行澄清和评审,确认后,则构成变更,应按变更程序处理。由分包商实施分包合同约定范围内的变化和更改均不构成分包工程变更 (4)工期延误的违约赔偿 总承包企业应制定合理的、责任明确的条款防止分包商工期的延误。一般应规定总承包企业有权督促分包商的进度 (5)分包合同争端处理 分包合同争端处理最主要的原则是按照程序和法律规定办理并优先采用"和解"或"调解"的方式求得解决 (6)分包合同的索赔处理 分包合同的索赔处理应纳入总承包合同管理系统,具体要求参见本书第 7 章项目工程总承包合同管理的相关内容和说明 (7)分包合同文件管理 分包合同文件管理应纳入总承包合同文件管理系统,具体要求参见本书第 7 章项目工程总承包合同管理的有关内容和说明 (8)分包合同收尾管理 应对分包合同约定目标进行核查,当确认已完成缺陷修补并达到约定要求时,及时进行分包合同的最终结算和结束分包合同的工作。当分包合同结束后应进行总结评价工作,包括对分包合同订立、履行及其相关效果评价

▶▶ 4.5　分包商动态管理与考核

①　总承包项目经理部负责每半年对分包商在施工过程中的情况进行一次考核,填写分包商考核记录,报企业分包商管理部门保存,作为年度集中评价的信息输入。

② 每年度或一个单位工程施工完毕后，由使用单位的相关部门和总承包项目经理部对分包商进行综合考核评价，将考核结果报有关部门复核备案。

③ 分包商在施工过程中违反合同条款时，总承包项目经理部应以书面形式责令其整改，并观察其实施效果。确有改进，予以保留；也可视情况按合同规定处理。

④ 当分包商遇到下列情况之一时，总承包项目经理部填写分包商辞退报告，报企业总承包项目管理部门，经企业分管领导审批后解除分包合同，从合格供方名录中删除，在备注栏中填写辞退报告编号，并报送工程总承包企业主管部门备案。

a. 人员素质、技术水平、装备能力的实际情况与投标承诺不符，影响工程正常实施。

b. 施工进度不能满足合同要求。

c. 发生重大质量、安全或环境污染事故，严重损害本单位信誉。

d. 不服从合理的指挥调度，未经允许直接与业主发生经济和技术性往来。

e. 已构成影响信誉的其他事实。

▶▶ 4.6　进退场管理

4.6.1　专业分包进场流程

专业分包进场流程如图 4-3 所示。

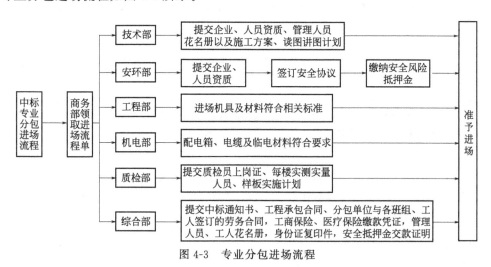

图 4-3　专业分包进场流程

4.6.2　专业分包出入管理内容

专业分包出入管理内容，见表 4-7。

表 4-7　专业分包出入管理内容

类别	内容
进场提交资料	(1)分包单位资质(三套加盖单位公章)：营业执照、资质证书、安全生产许可证、业绩资料、主要管理人员岗位证书及安全 A、B、C 证等 (2)三个协议：分包单位签订合同，合同备案完成后由合约部提供安全、消防、临电三个协议到安全部留底

续表

类别	内容
进场提交资料	(3)分包主要管理人员资料(一套加盖单位公章):主要管理人员任命书,任命书上的主要管理人员必须与备案上一致(专业分包主要管理人员:项目负责人、技术负责人、安全员、质量员、劳务员。劳务分包主要管理人员:项目负责人、安全员、劳务员)。主要管理人员花名册,主要管理人员合同复印件。主要管理人员工资发放记录、社保每季度提交一次
人员进场管理	(1)工人进场安全教育:总包单位组织,分包单位人员进场后分批次进行 (2)工人进场安全总交底:总包单位组织,分包单位人员进场后分批次进行 (3)工人进出场登记表(电子版、纸质版各一份) (4)施工人员安全教育档案手册:分包单位人员进场后陆续进行,审核从业人员信息,超龄人员:男55周岁、女50周岁以上不允许进场作业,手册需加盖单位公章。三级教育卡及试卷等须按要求填写。劳务合同一式三份,须加盖单位公章
特种作业及监护人员管理	(1)特种作业人员必须持建设行政主管部门颁发的、在有效期内的特种作业人员操作资格证。特种作业人员进场后证件及时上报总包复核报监,需附身份证复印件 (2)动火作业、小型机械作业必须办理监护员证。监护员证办理需填报工人内部上岗培训报名表,并考试且统一办理(办理监护员证需提交一寸相片两张,身份证复印件等)
材料机具出入场管理	(1)分包单位材料、机具等进出施工现场必须到项目部开具进/出门证,进/出门证必须通过安全、工程部等各部门会签确认方有效,凭证出入 (2)大中小型机械设备、机具、电箱等进入施工现场必须通知总包单位组织验收,验收合格方可投入施工现场使用。对于大中小型机械设备必须提供合格证、检测报告、操作人员证件等报件
安全生产文明施工奖罚制度	项目组编制安全生产文明施工奖罚措施制度。对施工过程中发现的违章行为进行惩处,对表现良好的单位和个人进行奖励
劳务管理	(1)劳务管理严格按照"十步工作法"和"劳务管理十不准"要求执行。做好实名制录入(提供身份证原件),门禁管理。施工人员进场后统一办理门禁卡,凭门禁卡出入施工现场 (2)"三个台账":实名制台账(实名制录入);人工费台账(支付凭证录入);工人工资发放台账(工人工资支付凭证录入) (3)支付凭证:工人工资支付表、劳务工人考勤表(加盖单位公章,每月月底上报) (4)工人体检:分包单位组织工人体检,并将体检报告或复印件交安全部。体检合格人员方可进场施工 (5)食堂食品经营许可证及从业人员健康证要及时办理,食品采购做好采购记录。饭菜留样记录保留72h (6)各家单位做好各自宿舍卫生工作,生活垃圾严禁随意丢弃,身份证复印件按床位张贴在墙上

▶▶ 4.7 某项目工程总承包项目管理案例及解析

4.7.1 项目背景

(1) 项目简介

项目位于××市下辖的××镇,位于××镇中心,地上五层,地下一层,总建筑面积

$158819m^2$，建筑总高 24m。项目已经完成并投入使用，该项目实行总承包管理，幕墙与擦窗机安装、电梯、机电工程、消防工程、精装修工程分包给相应的专业队伍进行施工。合同工期为 2012 年 8 月 30 日主体结构封顶，2013 年 3 月 10 日正式开业运营。

（2）项目地理位置及重要性

某项目位于××半岛北端，距××市区 10km，拥有得天独厚的区位优势，150 多条客货运输线路通达全国，往返客货班车 450 多辆，年均货物吞吐量 80 万吨，程控电话多达 1.2 万门，各类高、中、低档饭店、旅店 600 余家，可同时容纳 2 万人就餐和住宿。

此项目商贸城历时 20 余年的发展壮大，现已成为累计总投资 8 亿元人民币、占地面积 100 万平方米、建筑面积 80 万平方米、摊位 1.6 万个的全国最大规模的专业批发市场之一。在新的时代里，本案例商贸城依托成熟的商圈优势，和东北地区庞大的市场需求优势，实现市场全面升级。

（3）参建单位

业主希望将本项目建设成为××地区的标志性建筑，并要求该工程必须达到优质结构工程的标准，因此从设计单位到监理单位及施工单位，都是经过精挑细选的。以下为主要参建单位名单。建设单位：××市××商贸城有限公司。设计单位：××设计研究院上海分院。监理单位：××工程管理有限公司。总承包单位：中国××建设总公司。幕墙分包单位：上海××工程有限公司。精装修分包单位：××装饰工程有限公司。安装分包单位：××消防工程有限公司＋上海××机电安装公司。电梯分包单位：上海××电梯有限公司。

4.7.2　项目难点

（1）业主的严格要求

业主常年在全国各地投资兴建大型商贸城建筑，以"专业化、规模化、品牌化"的理念为商户提供服务，建筑工程质量直接影响着建筑功能的实现和体验，因此，在招标初期，业主就提出了确保优质工程的质量目标。此外，业主对成本造价、工期、质量、安全和环境各方面都提出了非常高的要求。

（2）社会的广泛关注

由于本项目的重要性，从项目开始策划到竣工投入使用，一直受到当地政府及省市主管部门的关注并经常莅临指导。为了保证公司的品牌化战略不受影响，项目从初期策划就要对现场文明施工及 CI（企业标识）形象投入大量的成本。

（3）工期控制

本案例项目公司直接承建的土建部分需要保证在 2012 年 8 月 30 日前全部完工，以便后续工程水电进行，从本案例项目公司中标成为总承包单位到进场施工只有短短 10 天时间，用以招标各专业分包单位，搭设临建，场地硬化，大型机械进场的前期准备工作，加上工程正值雨季，无疑给工程顺利完成带来了众多不便。

（4）成本控制

项目管理部从项目策划阶段一直密切关注缩短工期，减少工期成本，进行成本控制。在整个施工过程中，曾经多次修改设计，避免不必要的投入。

（5）设计的滞后

由于工程工期较紧，项目启动仓促，除主体部分设计已经全部完成外，安装、幕墙、外灯光、外景观、精装修等都需要二次设计，这就给前期土建预留预埋带来了很多不便，也为后续工程引起很多二次施工,造成成本增加。

4.7.3　分包管理的思考

中国建筑业自推行项目管理体制改革以来,初步形成了以施工总承包为龙头、以专业施工企业为骨干、以劳务作业为依托的企业组织结构形式。但是,这种理想的组织结构形式并没有起到预期的理想效果。除少部分专业程度较高的分部、分项工程由专业分包企业完成外,大部分具体的施工任务还是由建筑总承包企业组织劳务队和自有机械设备、自供材料来完成。劳务队伍专业化程度低,素质参差不齐;总承包商投入大量的人力、物力和资源来管理劳务队,管理精力被牵制,管理水平无法提高。随着市场开放性程度提高,国外建筑投资商和承包商进入,政策法律、法规逐渐国际化,进一步规范和完善建筑业专业分包体系,将是我国建筑市场发展的必然趋势。

为增强核心竞争力,大型建筑企业必将甩掉低端生产资源,专注于项目管理。对专业分包队伍或劳务队伍来说,提高管理能力,培育优秀的专业技术人员,使用机械设备,提高专业化施工能力是必由之路。劳务队将发生分化,其中的优秀管理和技术人员将逐渐稳定下来,成为固定的职业人员;劳务队将由自身技术管理能力的差异,分化为大大小小的专业承包企业,既走劳务承包,又走专项工程承包的道路。专业施工能力是专业分包企业的核心竞争力。

① 降低成本,提高利润率、生产率的需求。大型建筑企业一旦抛弃低端资源,必然更多地依赖于分包商来完成任务,分包管理能力要增强;而专业的分包队伍和劳务队必须提高管理能力和技术水平,使用新型机械设备,提高生产率,降低成本,从而获得更高的生产率和利润率。

② 提高效率和应变能力的需求。为了适应变化,总承包商会授予项目更多的处理变化的权力,更多地依赖外部资源,为提高效率,从而对分包的管理将越来越重要。专业的项目管理,最终使项目变得更有效率。小型专业施工队伍和劳务队提高管理水平和技术能力,加强自身竞争力,可以在市场中获取更多的业务机会,这样其企业人力、设备资源能得到更多的利用,生产效率提高,利润增加,从而增加其抗风险的能力。对社会来说,专业化分工,使资源的利用更有效率,多余的消耗减少,基础的施工能力提高,减少了直接的生产物质消耗,这些变成利润储存起来。社会生产总是向资源的更高效利用发展的。

4.7.4　项目管理方法与策略

4.7.4.1　项目组织架构

本项目以项目管理团队为核心,为增强核心竞争力,调整低端生产资源,专注于项目管理。这样可以提高管理能力,培育优秀的专业技术人员,使用机械设备,提高专业化施工能力。另外,这也是降低成本,提高利润率、生产率的需求。

如图 4-4 所示是本工程的项目组织构架框图。

4.7.4.2　项目快速推进计划

整个项目总工期 299 天,并计划于 2012 年 8 月 30 日主体封顶,开始后续工程施工。但是分包商为了以最少的人员和材料机械的投入,换取最大的经济回报,通常不愿投入过多的资源,为后续工程抢工期。所以项目管理在招标与工程管理过程中采取以下策略。

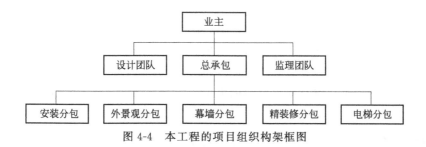

图 4-4　本工程的项目组织构架框图

① 针对土建、预留预埋等前期工程进行优先招标，并在分包合同中规定现场人员配置情况及工期奖惩措施。

② 项目部通过深入了解图纸，优化施工组织设计，认为土建部分在保证作业面足够的情况下，不间断施工，保证足够数量施工人员，可以将主体封顶时间提前约一个月的时间，于是，在签订合同时，为了防止分包商为降低成本，节省材料，拖后工期，要求分包商进场时，在指定的施工阶段必须配备项目部要求的作业人数，并列出了详细的付款节点，来控制各个工期节点。

③ 在整个施工过程中，项目部坚持每天一次的生产例会，把施工任务划分到日，对日、周、旬、月的进度计划都做了详尽的安排，并根据每天各分包单位的实际进展情况，以各种奖惩机制随时进行调节，确保大的节点工期能顺利完成。

最后，本案例项目公司以局部提前 45 天，总体提前 30 天的成绩完成了主体结构施工，为后续工程的顺利进场，抢下了宝贵的工期。

4.7.4.3　质量控制

分包管理的另一个弊端就是分包队伍素质参差不齐，分包商将部分工程量转包，造成管理链过长，项目指令执行慢，现场施工人员不服从总包单位管理人员的直接管理；分包商材料方面质量问题，以次充好，鱼目混珠。

为了把好分包商质量控制这一关，项目部组织了多个 QC（质量控制）小组，针对混凝土保护层控制、砌体结构中构造柱浇筑质量控制等多个课题进行研究，从而提高建筑工程质量。

建立健全项目质量管理体系，充分调动项目管理人员力量，工程部、技术部、质量部联手共同控制各分项工程的施工质量，确保监理验收一次通过率达到 98％以上。最终本工程获得了××省优质主体结构的称号。

4.7.4.4　成本控制

（1）材料成本的控制

由于本工程是一个大型公共建筑，涉及专业比较多，很多设备及材料由设计单位指定，或者直接由建设单位来提供。尤其是在主体结构施工阶段，如机械连接用套筒、加固模板用对拉螺栓杆等物资本来是由总包单位提供的，后来发现工人在使用过程中根本不注意节省材料，经常在基坑等地方发现这些物资，几经教育效果不明显，由于不是分包商的自有物资，分包商管理人员对此事也不愿下大力气管理。于是项目部决定把这部分材料转包给分包商，这样，这些材料就计入了分包商的成本，分包商自然加大了对这类材料的管理，这样材料成本自然就降低了。根据测算，通过这种方式，本工程可循环利用材料回收率提高 6％，一次性使用资源损耗率降低 2％。

（2）管理成本的控制

为了降低管理成本，提高利润率和生产率，抛弃了低端资源，必然更多地依赖于分包商来完成任务，分包管理能力成为项目成败的关键性因素。削减了专业工长的数目，以分区工长代替，更多的是进行综合性的管理而非专业性的管理。这样，既充分利用了分包商的资源优势，又降低了管理成本，使总包单位能抽出更多的精力进行工程整体的策划及管理。

4.7.4.5　建立伙伴关系

正所谓现场就是市场，现代化的大型建筑企业，如果想在竞争如此激烈的建筑市场中占有一席之地，必须学会对项目进行二次经营，同业主建立伙伴关系，在保证自有利润空间的前提下，应该让业主觉得物有所值，也就是工程总承包的服务应该与业主的投入成正比；另外，就是应该让业主觉得工程总承包是设身处地地为其着想，尤其是在业主不是专业人士的时候，对于设计及现场施工过程中，可能为业主节省成本的建议是必需的。以下就是本项目施工过程中的几个实例。

① 原设计本建筑屋面全部为上人屋面，但是根据我方观察，本建筑周边没有什么可以观看的风景，而且建筑周围的幕墙顶标高也影响了楼顶的视野，加之屋面上的设备多有设备基础，且无须经常上人，所以建议改成非上人屋面，只有个别几处需要上设备进行维护的部位保留上人屋面的做法。这一建议被业主采纳，使本工程造价降低 300 余万元。

② 地下室底板原设计全部为卷材防水，但是经项目总工办根据以往实际工程经验，本建筑的底板厚度完全没有必要使用这种防水设计，建议换成渗透结晶防水，这样既降低了工程造价，又缩短了工期。经业主与设计院协商，决定采纳我方建议。

4.7.5　项目总结

本案例从 EPC 工程总承包的角度来总结，提升本工程项目的分包管控水平，重实干，管理规范，目标明确，整合能力高。

具体来说，案例以项目管理团队为核心，进行了土建及预埋工程优先招标。分包方面一是加强培训，使得新机械设备能够充分发挥效能，从而提高了生产效率；二是将材料采购转包给分包商，使得分包商承担起材料成本风险，进而提高了材料回收率，降低了建设成本。重视关系沟通，与业主及设计方深入沟通，减少不必要变更，节省预算，达到预期目标。

第**5**章

项目工程总承包设计管理

▶▶ 5.1 项目工程总承包管理基本要求

5.1.1 一般要求

① 工程总承包项目的设计应由具备相应设计资质和能力的企业承担。

② 设计应满足合同约定的技术性能、质量标准和工程的可施工性、可操作性及可维修性的要求。

③ 设计管理应由设计经理负责，并适时组建项目设计组。在项目实施过程中，设计经理应接受项目经理和工程总承包企业设计管理部门的管理。

④ 工程总承包项目应将采购纳入设计程序。设计组应负责请购文件的编制、报价技术评审和技术谈判、供应商图纸资料的审查和确认等工作。

5.1.2 设计执行计划

① 设计执行计划应由设计经理或项目经理负责组织编制，经工程总承包企业有关职能部门评审后，由项目经理批准实施。

② 设计执行计划编制的依据应包括下列主要内容：

a. 合同文件；

b. 本项目的有关批准文件；

c. 项目计划；

d. 项目的具体特性；

e. 国家或行业的有关规定和要求；

f. 工程总承包企业管理体系的有关要求。

③ 设计执行计划宜包括下列主要内容：

a. 设计依据；

b. 设计范围；

c. 设计的原则和要求；

d. 组织机构及职责分工；

　　e. 适用的标准规范清单；

　　f. 质量保证程序和要求；

　　g. 进度计划和主要控制点；

　　h. 技术经济要求；

　　i. 安全、职业健康和环境保护要求；

　　j. 与采购、施工和试运行的接口关系及要求。

　　④ 设计执行计划应满足合同约定的质量目标和要求，同时应符合工程总承包企业的质量管理体系要求。

　　⑤ 设计执行计划应明确项目费用控制指标、设计人工时指标，并宜建立项目设计执行效果测量基准。

　　⑥ 设计进度计划应符合项目总进度计划的要求，满足设计工作的内部逻辑关系及资源分配、外部约束等条件，与工程勘察、采购、施工和试运行的进度协调一致。

5.1.3 设计实施

　　① 设计组应执行已批准的设计执行计划，满足计划控制目标的要求。

　　② 设计经理应组织对设计基础数据和资料进行检查及验证。

　　③ 设计组应按项目协调程序，对设计进行协调管理，并按工程总承包企业有关专业条件管理规定，协调和控制各专业之间的接口关系。

　　④ 设计组应按项目设计评审程序和计划进行设计评审，并保存评审活动结果的证据。

　　⑤ 设计组应按设计执行计划与采购和施工等进行有序的衔接并处理好接口关系。

　　⑥ 初步设计文件应满足主要设备、材料订货和编制施工图设计文件的需要；施工图设计文件应满足设备、材料采购、非标准设备制作和施工以及试运行的需要。

　　⑦ 设计选用的设备、材料，应在设计文件中注明其规格、型号、性能、数量等技术指标，其质量应符合合同要求和国家现行相关标准的有关规定。

　　⑧ 在施工前，项目部应组织设计交底或培训。

　　⑨ 设计组应依据合同约定，承担施工和试运行阶段的技术支持及服务。

5.1.4 设计控制

　　① 设计经理应组织检查设计执行计划的执行情况，分析进度偏差，制定有效措施。设计进度的控制点应包括下列主要内容：

　　a. 设计各专业间的条件关系及其进度；

　　b. 初步设计完成和提交时间；

　　c. 关键设备和材料请购文件的提交时间；

　　d. 设计组收到设备、材料供应商最终技术资料的时间；

　　e. 进度关键线路上的设计文件提交时间；

　　f. 施工图设计完成和提交时间；

　　g. 设计工作结束时间。

　　② 设计质量应按项目质量管理体系要求进行控制，制定控制措施。设计经理及各专业负责人应填写规定的质量记录，并向工程总承包企业职能部门反馈项目设计质量信息。设计

质量控制点应包括下列主要内容：

  a. 设计人员资格的管理；

  b. 设计输入的控制；

  c. 设计策划的控制；

  d. 设计技术方案的评审；

  e. 设计文件的校审与会签；

  f. 设计输出的控制；

  g. 设计确认的控制；

  h. 设计变更的控制；

  i. 设计技术支持和服务的控制。

  ③ 设计组应按合同变更程序进行设计变更管理。

  ④ 设计变更应对技术、质量、安全和材料数量等提出要求。

  ⑤ 设计组应按设备、材料控制程序，统计设备、材料数量，并提出请购文件。请购文件应包括下列主要内容：

  a. 请购单；

  b. 设备材料规格书和数据表；

  c. 设计图纸；

  d. 适用的标准规范；

  e. 其他有关的资料和文件。

  ⑥ 设计经理及各专业负责人应配合控制人员进行设计费用进度综合检测和趋势预测，分析偏差原因，提出纠正措施。

5.1.5　设计收尾

  ① 设计经理及各专业负责人应根据设计执行计划的要求，除应按合同要求提交设计文件外，尚应完成为关闭合同所需要的相关文件。

  ② 设计经理及各专业负责人应根据项目文件管理规定，收集、整理设计图纸、资料和有关记录，组织编制项目设计文件总目录并存档。

  ③ 设计经理应组织编制设计完工报告，并参与项目完工报告的编制工作，将项目设计的经验与教训反馈给工程总承包企业有关职能部门。

▶▶ 5.2　项目工程总承包设计过程管理

项目工程总承包设计过程管理，见表 5-1。

表 5-1　项目工程总承包设计过程管理

类别	内容
内部和外部接口控制	在大型的工程总承包项目中，设计工作除了由主要设计单位承担外，经常存在众多专项深化设计单位后续参与的情况，于是工程总承包中通常存在不同设计单位之间的配合与衔接的问题。在工程总承包模式下，总承包企业必须发挥总承包模式在统筹管理上的优势，确保前后设计接口在主要技术参数、方案形式、主材选取上的一致性，并协调好各设计交接周期

类别	内容
内部和外部接口控制	与施工进度之间互相耦合的问题,保证施工进行的流畅性,避免由于设计接口的疏漏、延迟而造成工程进度上的延误或者返工 (1)内部接口控制。内部接口是指设计单位或部门各专业之间的接口,以及设计单位与采购、施工、试运行、考核验收等各部门之间的接口。前者主要内容包括各专业之间的协作要求、设计资料互提过程、设计文件发放之前的会签工作等。后者是工程总承包项目管理的重点,包括重大技术方案论证与重大变更评估、进度协调、采购文件的编制、报价技术评审和技术谈判、供货商图纸资料的审查和确认、可施工性审查、施工、试运行、考核与验收阶段技术服务等工作 设计单位出具的原则设计或基础工程设计文件,应当满足编制施工招标文件、主要设备材料订货和编制施工图设计或详细工程设计文件的需要。编制施工图设计或详细工程设计文件,应当满足设备材料采购、非标准设备制作和施工、试运行、考核及验收的需要 设备材料确定后,设计选用的设备材料,应在设计文件中注明其规格、型号、性能、数量等。其质量要求必须符合现行标准的有关规定 将采购控制纳入设计程序是工程总承包项目设计管理的重要特点之一,设计管理部门应依照工程总承包项目采购管理的要求,联合设计单位或部门,准确统计设备材料数量,及时提出设备材料清册及技术规范书。请购文件应包括:请购单;设备材料规格书和数据表;设计图纸;采购说明书;适用的标准规范;其他有关的资料、文件 在施工前,设计管理部门应向采购管理部、施工管理部交底,说明设计意图,解释设计文件,明确设计要求 ①设计管理部门与设备采购和管理部门的接口 a.针对项目核心工艺设备和重大设备,应在原则设计前,由设计管理部门牵头、设备采购与管理部门协助组织相关供货商开展技术和商务交流,从技术和成本等方面综合论证,确定项目基本工艺和原则设计方案 b.设计管理部门向设备采购与管理部门提出设备、材料采购的清单及技术规范书,由设备采购与管理部门整理成商务文件,汇集成完整的询价文件后发出询价 c.设计管理部门负责对供货商的投标文件提出技术评审意见,供设备采购与管理部门选择或确定供货商 d.设计管理部门派人员参加供货商协调会,参与技术协商 e.由设备采购与管理部门负责催交供货商返回的限期确认图纸及最终确认图纸,转交设计单位或部门审查。审查意见应及时反馈。审查确认后,该图即作为开展详细工程设计的正式条件图,并作为制造厂(商)制造设备的正式依据 f.主进度计划中的设计进度计划和采购进度计划,由设计和采购双方协商确认其中的关键控制点(如提交采购文件日期、厂商返回图纸日期等) g.在设备制造过程中,设计管理部门应派人员协助设备采购与管理部门处理有关设计问题或技术问题 h.设备、材料的检验工作由设备采购与管理部门负责组织,必要时可请设计管理部门参加 ②施工监控部门与施工部门的接口 a.施工进度计划由施工监控部门和施工方协商确认其中的关键控制点(如分专业分阶段的施工图纸交付时间等) b.施工监控部门组织各专业向施工管理对口人员进行设计交底 c.及时处理现场提出的有关设计问题 d.工程设计阶段,设计单位或部门应从现场规划和布置、预装、建筑、土建及钢结构环境等多方面进行分析,施工单位应在对现场进行调查的基础上向设计单位或部门提出重大施工方案,使设计方案与施工方案协调一致 e.严格按程序执行设计变更与工程洽商(价值工程),并分别归档相关文件 ③设计管理部门与试运行部门的接口 a.设计管理部门提出运行操作原则,负责编制和提交操作手册 b.工程设计阶段,设计部门应与试运行部门洽商,提出必要的设计资料

类别	内容
内部和外部接口控制	c. 试运行部门通过审查工艺设计,向设计单位或部门提出设计中应考虑操作和试运行需要的意见 d. 设计部门应派人员参加试运行方案的讨论 e. 试运行阶段,设计部门负责处理试运行中出现的有关设计问题 (2)外部接口控制。外部接口指业主、设计管理部门与设计单位等方面的接口,主要内容包括业主的要求、需要与业主进行交涉的所有问题、与各设计合作单位间的资料来往等
项目设计基础资料的管理	项目设计基础资料由业主准备和提供,通常应在项目招标阶段或在项目中标后项目开工会议之前提供。如果经审查发现完整性、有效性存在问题,应及时向业主提出 项目设计基础资料由设计管理部门集中统一管理,原件不得分发各有关单位/部门;必要时,应经项目经理批准复印 当业主提出修改项目设计基础资料时,项目经理应联合设计单位组织有关专业人员,对修改内容进行审查和评估 项目经理应将经批准的设计基础资料修改情况发放给所有受影响的单位和部门
项目设计数据的管理	项目设计数据通常以业主提供的项目设计基础资料为基础,由设计单位各专业负责人进行整理和汇总,编制成项目设计数据表,并经总负责人审核,项目经理批准,送业主确认后发布。项目经理应及时联合设计单位修改项目设计数据表,另行发布 在项目实施过程中,如必须修改项目设计数据时,应列入变更之中,按规定程序批准后,项目经理应及时联合设计单位修改项目设计数据表,另行发表
项目设计标准和规范的管理	项目采用的设计标准和规范,应在合同文件中规定,并附有项目设计采用的标准、规范清单。如果合同文件中没有相应的标准、规范清单,则应在项目开工会议之前,由设计管理部门联合设计单位编制一份设计采用的标准、规范清单,经策划控制中心及项目经理批准后,送交业主审查批准 项目开工之后,设计单位或部门各专业负责人负责编制本专业采用的设计标准、规范清单,经设计单位各专业部室审核,交设计管理部门审核并汇总后,经策划控制中心送交业主审查同意 在设计过程中禁止采用过期、失效、作废的标准和规范
项目设计统一规定	项目开始之后,通常在设计开工会议之前,由设计管理部门联合设计单位组织各专业负责人编制项目设计统一规定,作为各专业开展工程设计的依据之一 项目设计统一规定包括业主提供的项目设计基础资料和工程总承包企业内部的有关规定,项目设计统一规定应经项目经理审核批准,并送业主确认后发布执行 项目设计统一规定分总体部分和专业部分。总体部分由设计单位总负责人编写,设计管理部门组织审核;专业部分由设计单位各专业负责人编写,总负责人审核,之后分发到每一个专业负责人 在设计过程中若需要对项目设计统一规定中的某些规定进行修改,则应提出报告,批准后进行修改。修改后的项目设计统一规定应按原程序签署,并分发到每一位专业负责人,同时收回修改前的统一规定
设计变更管理	工程总承包项目的设计变更较传统模式略有不同,主要表现在合同约束不同、涉及利益主体不同、变更驱动力及主导主体不同等方面。因此,工程总承包项目的设计变更管理应从以下几个方面考虑 (1)以总承包合同为依据。在设计合同中明确各设计单位的职责和设计服务范围,尽可能地细化各设计负责人的工作界面,尽量避免出现工作漏洞和灰色地带;对于一些交叉较多的设计界面,要注意明确工程总承包单位与其他参与单位之间的关系,明确各单位之间互提技术条件的深度和时间要求,保证在各专业、专项设计交叉推进的过程中,界面清晰、协同有序 在工程总承包合同中明确设计阶段、设计范围及图纸深度要求,通过设计变更相关条款约束图纸质量。可以约定图纸因错漏碰缺等原因产生的设计变更率的最大值,如超过约定值,从工程总承包合同额中扣除相应罚金作为处罚

类别	内容
设计变更管理	(2)以设计任务书、产品标准为补充。根据国家、地方的法律法规和相关规范,以及各个项目的设计特点,分阶段制定设计任务书和产品标准,明确各个阶段的设计目标和设计深度要求 (3)强化审图环节。在每个阶段成果正式交付前,工程总承包单位组织各个分包单位进行图纸会审,由设计管理部门在内审版施工图出图后召集并主持,由项目部、成本管理部、工程管理部、商业管理部、经纪公司及施工图设计单位、各专业顾问公司等参加,按照审图要点,分别从各自的专业角度对图纸进行会审。根据往期项目设计图纸中易出错的分项和各专业配合之间容易疏漏的点,制定《审图要点》,解决图纸描绘错误和各专业不交圈的问题 (4)设计后评估制度。设计后评估分为工程总承包单位自评估和业主评估两部分,每个阶段工作结束后,由工程总承包单位对前一阶段工作过程和交付成果进行自评估,总结完成情况,发现自身不足,落实到下个阶段的工作中去。业主对工程总承包单位该阶段工作情况和图纸质量进行评估,制定工作计划和纠偏措施,保证下一阶段成果顺利交付 (5)履约评价机制。建立供应商履约评价机制,以设计单位依据设计施工配合的响应程度、设计进度的完成情况、图纸质量、设计变更率的高低、图纸质量为重要评分项,作为履约评价的重要依据
工程洽商	工程总承包项目中,为加强总体管理,设计阶段总承包商就需组织施工合作单位与设计合作单位就重大设计项目施工方案进行沟通。设计文件经业主批准后,工程洽商一般由施工合作单位提出,在不改变项目使用功能、建设规模、标准、质量等级及安全可靠性大原则下,提出提高施工可行性、降本增效的合理化设计优化建议 总承包商应设计恰当的激励机制,鼓励施工合作伙伴在设计阶段与设计单位或分包商加强沟通的基础上,合理化地提出工程洽商,以加快施工进度,降本增效 工程洽商经设计管理部门审核批准后,应向业主提交详细书面资料,说明变更理由和技术经济比较经批准后实施。若涉及价款调整,也需建立台账。若涉及索赔,按项目合同管理相关要求,配合相关部门完成索赔报告
设计进度控制	设计管理部门要配合相关人员对项目的进度计划进行跟踪,掌握项目设计阶段各专业主要里程碑的实现,了解各阶段的设计评审、验证工作情况,并按规定及时形成周报或月报,上报策划控制中心及项目经理 策划控制中心相关人员应组织检查设计计划的执行情况,分析进度偏差,制定有效措施。设计进度的主要控制点应包括以下六个方面 (1)设计各专业间的条件关系及其进度 (2)原则设计或基础工程设计完成和提交时间 (3)关键设备和材料采购文件的提交时间 (4)进度关键线路上的设计文件提交时间 (5)施工图设计或详细工程设计完成和提交时间 (6)设计工作结束时间 设计管理部门应在策划控制中心的指导下,联合设计单位总负责人及各专业负责人,配合控制人员进行设计费用进度综合检测和趋势预测,分析偏差原因,提出纠正措施,进行有效控制 设计部门作为工程总承包项目的总体策划者,在项目全过程、全要素的层面掌握设计、采购、施工在工程总承包项目中的关系,根据实际项目制定相应的工作流程和制度,监督设计与施工的配合程度,及时发现偏差并调整,从而保证项目的成功。设计进度管理主要包括以下内容 (1)编制设计进度计划。由于采购、施工等都需要以设计文件为依据,充分考虑设计工作的内在逻辑关系,以及与采购、施工的交叉配合关系,加强设计各专业间的协同,以保证设计图纸的进度;审核设计进度在整个工程总承包项目中的影响因素,整体考虑设计进度计划对采购、施工进度的协调配合效果,以确保设计图纸及技术文件的提交时间

续表

类别	内容
设计进度控制	（2）制定设计人员组织架构。不同于传统设计模式，在工程总承包项目中，由于设计处于工程全过程的初始阶段，并贯穿于整个过程，因此设计人员组织架构需要调整以适应需求。通过考虑每个工程总承包项目的规模、周期、建设难度等因素，设置前期以设计部门主导、施工阶段以项目部或施工部门主导的组织架构，充分利用设计人员对图纸、变更等方面掌握程度，促进施工的顺利进行 （3）设计流程标准化和规范化。由于传统的设计管理主要针对设计阶段，而工程总承包模式下，通过分析专业分包、设备采购与设计之间的联系，重新制定了业务标准和管理流程，使设计能够涵盖采购和施工 （4）界定设计管理范围。考虑到设计对工程总承包项目的影响，设计管理的范围需要突破以往只以设计为核心的管理思维，延伸至整个工程总承包项目管理生命周期以内；制定设计方案，提供满足业主功能和工艺要求的技术方案；进行初步设计和施工图设计，并对设计质量进行控制和审核；控制设计进度，以使设计、采购和施工合理交叉；参与设计交底、图纸会审及竣工验收；审核设计概预算，参与投资控制；参与设备选型；协调设计与采购和施工的关系，并提供现场服务以支持施工
项目限额设计	当设计与施工由不同的合作单位或分包商负责时，需考虑限额设计。限额设计是总价合同控制工程造价的一种重要手段。它是按批准的费用限额控制设计，而且在设计中以控制工程量为主要内容。设计管理部门宜建立限额设计控制程序，明确各阶段及整个项目的限额设计目标，通过优化设计方案实现对项目费用的有效控制 限额设计的基本程序如下 （1）将项目控制估算按照项目工作分解结构，对各专业的设计工程量和工程费用进行分解，编制限额设计投资及工程量表，确定控制基准 （2）设计专业负责人根据各专业特点编制各设计专业投资核算点表，确定各设计专业投资控制点的计划完成时间 （3）设计人员根据项目成本计划中的控制基准开展限额设计。在设计过程中，设计相关人员应对各专业投资核算点进行跟踪核算，比较实际设计工程量与限额设计工程量、实际设计费用与限额设计费用的偏差，并分析偏差原因。如果实际设计工程量超过限额设计的工程量，应尽量通过优化设计加以解决；如果确定后，仍然要超过，设计管理部门需编制详细的限额设计工程量变更报告，说明原因，相关设计人员估算产生的费用并由设计管理部门负责人审核确认 （4）编写限额设计费用分析报告。采购文件应由设计管理部门提出，经专业负责人和设计管理部门负责人确认后提交给费用控制人员组织审核，审核通过后提交给采购，作为采购的依据
设计质量控制	在充分理解业主的功能和使用要求后，设计管理部门需要统一规定设计数据和信息格式，帮助设计人员的描述表达趋向标准化，从而有利于各专业之间及各部门之间的信息传递。在设计过程中，各专业人员在设计经理的组织下定期对设计方案进行协同设计，同时制定施工技术人员定期参加图纸方案策划制度，从现场实践的角度提出可以降低施工难度及造价成本的建议，利用施工技术人员的经验帮助设计人员提高设计方案的可操作性，减少因与实际冲突而造成的变更等情况，最终形成既能满足设计要求，又能满足施工需要的最优设计方案。严格按照设计进度进行设计工作，尽量减少设计错漏所造成的施工返工 在施工阶段，设计经理带领符合工作要求的专业设计工程师驻扎现场对施工进行专业协助，加强设计管理方面对施工现场的管控，通过加强设计交底频次，提高设计问题的解决速度，及时发现意外质量问题，避免质量问题解决的拖延 现场专业设计工程师帮助施工人员正确理解和领会图纸，现场设计代表不仅对采购与施工起着沟通和媒介的作用，而且对工程投资、工程进度、与业主的关系，以及对设计的优化起着非常积极的作用。现场设计代表能及时发现因设计人员的疏忽和经验的欠缺所导致的问题，结合施工现场情况，稍微修改图纸，就可以使设计更加合理并且节省投资，尽量把设计的不足之处消灭在施工之前

类别	内容
设计质量控制	施工人员在会审时发现的问题往往无法覆盖所有的设计问题,而许多问题是在施工过程中发现的。现场设计代表可以与施工人员商议,或者去现场察看之后,通过结合实际施工情况与设计初衷,提出合理的施工建议,或者有针对性地先画图说明,后补确认文件,既简单又快捷,施工人员就可不用停工,大大节约时间,保证工程进度的同时有效控制现场施工质量。而对于现场无法解决的问题,还需要与技术人员进行商议 　　(1)质量控制内容 　　①设计管理部门应建立质量管理体系,根据工程总承包项目的特点编制项目质量计划,设计管理部门及时填写规定的质量记录,按照《质量管理手册》的规定及时向项目部反馈设计质量信息,并负责该计划的正常运行 　　②设计管理部门应对所有设计人员进行资格的审核,并对设计阶段的项目设计策划、技术方案、设计输入文件进行审核,对设计文件进行校审与会签,控制设计输出和变更,以保证项目执行过程能够满足业主的要求,适应所承包项目的实际情况,确保项目设计计划的可实施性 　　③整个设计过程中应按照项目质量计划的要求,定期进行质量抽查,对设计过程和产品进行质量监督,及时发现并纠正不合格产品,以保证设计产品的合格率,保证设计质量 　　(2)质量控制措施。设计部门内部的质量控制措施有以下几个方面 　　①设计评审。设计评审是对项目设计阶段成果所做的综合的、系统的检查,以评价设计结果满足要求的能力,识别问题并提出必要的措施。项目设计计划中应根据设计的成熟程度、技术复杂程度,确定设计评审的级别、方式和时机,并按程序组织各设计阶段的设计评审 　　设计评审过程要保留记录,并建立登记表跟踪处理状态,形成设计评审记录单和设计评审记录单登记表。评审时需考虑项目的可施工性、设备材料的可获得性,以及是否符合 HSE要求,如设备布置、逃生路线、员工办公及住宿区安置、危险区域隔离带等 　　②设计验证。设计文件在输出前需要进行设计验证,设计验证是确保设计输出满足设计输入要求的重要手段。设计评审是设计验证的主要方法,除此之外,设计验证还可采用校对、审核、审定及结合设计文件的质量检查/抽查方式完成。校对人、审核人应严格按照有关规定进行设计验证,认真填写设计文件校审记录。设计人员应按校审意见进行修改。完成修改并经检查确认的设计文件才能进入下一步工作 　　③设计确认。设计文件输出后,为了确保项目满足规定要求,应进行设计确认,该项工作应在项目设计计划中做出明确安排。设计确认方式包括:可行性研究报告,环境评价报告及其批复,方案设计审查,初步设计审批,施工图设计审查等。业主、监理和设计管理部门三方都应参加设计确认活动 　　④设计成品放行、交付和交付后的服务。设计管理部门要按照合同和有关文件,对设计成品的放行和交付做出规定,包括:设计成品在项目内部的交接过程;出图专用章及有关印章的使用;设计成品交付后的服务,如设计交底、施工现场服务、服务的验证和服务报告、考核与验收阶段的技术服务等 　　(3)设计代表的具体职责 　　①审查设计图纸,对问题进行收集整理,反馈给设计人员进行修改,对现场的疑问进行解答 　　②代表设计部门参与相关验收工作 　　③按照质量控制要求参与现场技术质量问题检查,材料合规性检查等工作;对不符合的设计项进行通报;协助处理现场施工质量问题 　　④及时解决业主提出的修改问题 　　⑤提出招标文件的技术要求及设备技术参数。参与对采购及生产前的设备的确认 　　⑥根据现场情况重点排布室外综合管线,加强统筹管理 　　⑦定期进行内部设计交底,提供全价值链融合 　　⑧跟踪及更新图纸,配合现场资料员进行统计及发放。做好图纸变更的依据和已审批资料的收集 　　⑨对现场设计工作的洽商记录及技术核定单进行跟踪整理

续表

类别	内容
设计质量控制	⑩负责深化设计的工作,材料认样,方案确定 ⑪参与并配合推动政府部门对图纸的审核工作(如规划、防雷、消防等) ⑫相关专业共同参与业主组织的协调会议,做好技术支持,做好会议记录
设计合同管理	设计合同管理体现在以下几个方面 (1)设计管理部门负责对设计单位的审查、合同技术条款的编制,同时参与设计资料的验收工作 (2)在项目实施过程中,设计管理部门要了解和掌握合同的执行情况,监督设计合作单位的进程,负责设计合作单位合同款项的确认及支付 (3)设计管理部门收集、记录、保存对合同条款的修订信息、重大设计变更的文字资料,并负责落实新条款和变更的实施情况,为后续的合同结算工作准备可靠依据
设计文件控制	对设计文件的控制应从以下几个方面进行 (1)设计管理过程中所有需要外发的文件、资料、图纸,都应根据项目档案管理相关规定和"项目设计统一规定"的要求对其进行编号、登记,经设计管理部门签字后才可放行,将文件资料存档备案 (2)设计单位内部图纸资料的分配和发送由发出资料的专业负责 (3)对于设计阶段的会议,设计管理部门要负责整理、备案、下发会议纪要

设计变更管理流程如图 5-1 所示。

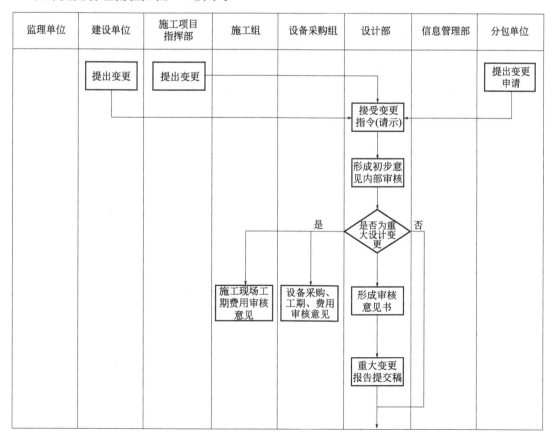

图 5-1

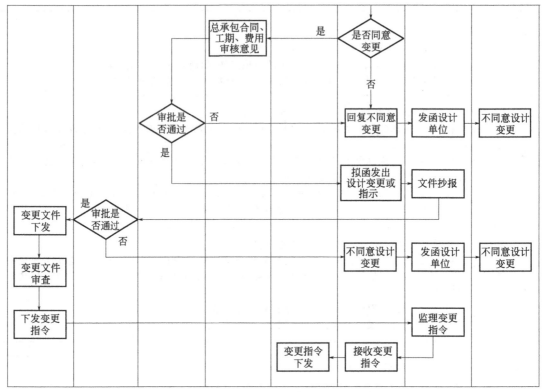

图 5-1　设计变更管理流程

▶▶ **5.3　项目工程总承包设计阶段成本管理**

项目工程总承包设计阶段成本管理，见表 5-2。

表 5-2　项目工程总承包设计阶段成本管理

类别	内容
设计阶段成本管理的内容	与传统的合同模式相比,在工程总承包模式下,设计过程应该是连续和渐进的,并随着设计阶段的进展逐步完善和细化。因此,为了有效监控工程总承包项目的设计成本,设计阶段应向前延伸到可行性研究阶段,并向后延伸到采购阶段,以实现更全面有效的成本控制 　　工程总承包模式下设计和采购是同时进行的,设计人员、采购人员、施工技术人员通过交流沟通,听取各方建议,使工艺设计中采用的材料设备是常见、通用的,使设计可施工性更加符合现场实际。采购阶段和设计阶段的交叉管理,也有利于成本控制 　　设计阶段的成本控制主要是对建安费、基础设施费、配套设施费这三种费用的控制。通常,工程总承包商将审定的成本额和工程量分解到各个专业,再分解到各个分包商,在设计过程中按照方案设计、初步设计、施工图设计三个阶段进行分阶段、分层次的控制和管理,达到成本控制的目标。明确设计三个阶段的控制重点和控制方向,才能在设计阶段使成本控制达到利润最大化 　　(1)方案设计阶段——功能分析、方案的选取 　　根据业主提出的设计要求和设计标准,设计师提出各种符合建设目标的替代方案,在替代方案符合建筑和工作要求的情况下,根据价值工程原则,选择一个有更大经济利益的设计方案

续表

类别	内容
设计阶段成本管理的内容	(2)初步设计阶段——投资限额分配、方案优化 　　对于选定的设计方案,工程总承包商的设计部门和商务部门将分析项目的主要功能及成本函数关联,并分配投资项目的总额,实现项目的功能最大化 　　(3)施工图设计阶段 　　根据前两个设计阶段计划的改进结果,按照设计深度的要求完成施工图纸的设计,并严格按照详细投资控制计划书审核工程设计,保证不超过投资最高额 　　目前,限额设计、价值工程是工程总承包商进行设计阶段成本控制的最常见也是最有效的两种方法
设计阶段成本管理的问题	目前,大多数总承包商在设计阶段面临的成本控制问题比较多,主要有以下几个方面 　　(1)在大多数工程总承包项目中,设计部门不只有设计图纸的职能,它还根据不同的专业系统分为不同的设计小组。这样的设置使各部门增加了协调沟通的难度。采购人员没有完全融入设计过程,施工技术人员也没参与设计工作 　　(2)缺乏总承包商设计管理的经验。工程总承包项目不仅是设计,还包括采购、管理等各个方面交叉衔接,涉及的因素较多,对设计人的全面素质要求也比较高。如果缺乏经验,会影响设计质量,延误后续施工进度,专利技术和专业技术无法在设计工作中得到很好的利用 　　(3)设计图纸不够深入。由于工程总承包项目往往是边设计、边采购、边施工,如果设计图纸时没有考虑可施工性和施工过程可能发生的突发情况,则会发现施工的图纸不够深入,后期设计变更、材料采购问题突出,延迟项目工期和增加成本 　　(4)设计人员设计优化意识不强。工程总承包的总体合同一般是总价合同,这要求设计师在设计过程中将设计改进问题放在设计概念的前面,对物资设备材料、性能指标和项目工艺节点的材料进行综合评估,设置设计解决方案并调整到价值最大化 　　(5)设计审查流程未落地。设计审核中对设计图纸的技术可施工性和可行性、材料选取合理性和经济性没有严格分析调整,设计图纸质量就得不到保证
设计阶段成本管理的方法	(1)限额设计法 　　①限额设计的概念和适用范围。目前工程总承包项目通常采用总价固定的总价合同,这就考验工程总承包商如何能保证在合同总价不变、满足业主的功能使用指标的基础上,使自身利益最大化。限额设计是由设计师提出满足业主要求的各种设计理念和方案,成本控制人员在满足设计要求的前提下进行经济比较并选择最合理的投资计划。这个方法有效地从项目的整体角度控制项目投资,并将事后审查转化为强有力的预控制 　　"限额"和"限量"的设计被认为是实现合同总价分配及工程量控制的最主要的方法和途径 　　限量设计的提出主要是针对结构的设计,工程的总造价中50%~70%用于结构工程,设计人员在设计工作中严格控制钢筋和混凝土的用量不超过某个限值。在设计工程中合理运用限量设计,可平衡结构安全和经济的关系 　　限额设计就是在初步设计开始前,根据可行性研究报告及工程总承包合同总价确定的限额设计目标,对项目工程造价进行分解,把各个单项工程、单位工程、分部工程按照具体的目标值分配合同额,再把每个专业分配给对应专业设计的团队。每个专业设计团队必须根据具体的目标价值进行设计。在整个设计过程中,采用该理论,确保投资总限额和各分部限额不被打破,从而达到控制设计阶段成本的目标。应用限额设计的最佳方式和方法是加强对项目投资总额分析及对工程量的有效控制,并逐层细化,实现项目的动态控制和科学管理 　　②限额设计成本控制的过程。在限额设计的管理过程中,必须实施技术责任制。每个建设项目组建由负责整体设计人员和专业设计人员组成的设计团队。参与施工的其他员工必须明确履行设计限额的职责,分工明确,各自履行职责。总限额的目标是由每个参与者完成自己的任务来实现的 　　设计人员将设计指标作为设计标准,有助于提高设计人员的经济意识;成本管理人员为设计工作提供具有成本效益的工程信息和合理的成本优化建议,并实现成本效益和动态的成本控制。在整个过程中,要求设计人员和成本管理人员相互配合,在项目建设过程中尽可能地平衡技术与经济的关系 　　限额设计的成本控制分为纵向控制和横向控制。纵向控制也称为分阶段控制,顾名思义

类别	内容
设计阶段成本管理的方法	就是随着设计进度发展,上一阶段的设计结果指导和确定下一阶段的设计方法,在每个设计阶段都要确保各部分、各单项工程在设计限额范围内。横向控制就是通过设计人员和成本控制人员在限额设计中相互及时沟通和协调配合来控制成本 a. 纵向控制。限额设计作用于整个设计阶段,也作用于每个阶段的各个专业项目中 在每个阶段,限额设计都被作为设计工作的重点内容。纵向控制的内容包括总合同价格的分配,初始设计成本、技术设计成本等的控制,以及控制设计变更 作为设计限额的起点,设定合理的投资限额非常重要,确定合理限额的设计指标也非常重要。如果指标设置很高,较难实现;如果指标设置很宽松,就意味着限额设计没多大意义。投资限额的准确性和合理性将对后续行动产生非常重要的影响。为了合理确定总投资限额,需要从以下两个方面入手 首先,深化勘察设计研究深度,深化可行性研究报告调查的深度。一般而言,投资总限额是基于项目可行性研究报告中投资估算来确定的,投资估算的准确性将对总投资额起到指导意义。应该做到全面收集拟建项目的相关数据,确保设计数据的真实和准确 其次,确保投资估算的正确性和准确性。避免恶意增加设计成本和为了立项而故意压低造价的情况,保持总投资限额与工程量、功能要求、设计水平、建筑标准相协调。大多数情况下,大部分企业为了避免恶意增加或压低成本导致项目资金不足,企业将会设定"阈值"给限额设计指标一个弹性空间,该"阈值"可能是投资估算的90%、95%或105% 我们把投资限额当成一块"大饼",如何有效地切分这块"大饼",使每个"人"(这里指的是单位工程)都能做到在资金有限的情况下,尽可能达到设计标准 在进行设计之前,总承包商组织设计部门、商务部门、施工技术部门,选择重要时间节点,聘请有关专家参加投资分析会议,研究影响限额设计的因素,分析项目特点,根据项目的特点提出节约投资的措施和优化方案的思路,保证设计目标的可能性。总设计师应将设计任务书的投资限额分配到各专业、各单项工程中作为设计过程中成本控制的目标,并平衡各专业之间的限额目标,编制建设项目设计中的投资分配方案作为各项专业设计的控制指标 b. 横向控制。横向控制是建立和加强建设单位及专业设计团队各方的经济责任制。首先,设计单位内部要明确限额设计系统,设计限额的整体任务逐层分解并落实到每个设计人员,明确每个人的职责。其次,应该为设计单位制定额外的惩罚制度,通过改善各方面的设计,合理降低项目成本,对创造的利润应给予一定的奖励,如果造价没能控制在目标范围内,或者变更过多造成损失,也应有惩罚措施。目的是使得各方发挥自身主观能动性,将造价控制在限额范围之内 (2)价值工程法 价值工程的重点是进行功能研究,其借助研究产品的功能和评估价值,在达到产品功能的需求过程中,让寿命周期里的成本得到合理控制,实现成本效益的目标。价值工程表达如下 $$价值(V) = \frac{功能(F)}{寿命周期成本(C)}$$ 评估价值程度通常取决于功能和寿命周期成本的比例。在工程总承包模式设计环节,提高价值工程的运用力度,关注研究工程造价不同项目的具体功能,提高项目功能的规范性,进一步分析相关项目成本与总造价的相关性,探讨周期成本,制定科学的工程造价策略 价值工程用在工程总承包体系设计环节中基本包括两种影响。首先是在多种设计策略的选择中得到价值系数最佳的设计策略;其次是在设计方案优化环节体现出指导意义。价值工程在完善设计策略的过程中主要是提升价值,同时用最佳的寿命周期成本达到产品功能需求,功能研究是其中的核心内容。科学技术是辅助方式,价值提升是最终目的 从价值工程的原理上分析,完善设计最关键的并非仅仅要控制初步设计,还要妥善应对经济和技术之间的均衡问题。基于此,在设计环节相关人员之间要展开频繁沟通,进一步明确工程报价的策略内容,充分彰显价值工程的作用,逐步达到经济效益提升的目的
设计概算的编制与审查	编制设计概算对工程经济成本控制起着关键性的作用。在编制概算的过程中,一方面,要遵守国家相关的政策规定和设计标准;另一方面,还要按照图纸、工程量计算规范的规定来核算工程量,查找是否有漏算、重复等问题,及时纠正

续表

类别	内容
设计概算的编制与审查	设计概算审查的实践意义和价值大于概算的编制。概算审查制度一方面提高了投资的利用率;另一方面还能很好地控制项目资金的使用效果 　　(1)设计概算审查的意义 　　对设计概算进行严格审查,是设计阶段控制成本造价的重要组成部分和手段措施之一,使设计概算合法、合理、实际 　　①规范编制概算单位管理,符合国家相关标准政策,提高概算编制的准确性 　　②在审查设计概算的过程中,更准确地发现是否有漏项等错误,有利于提高设计的正确性和可靠性 　　③可以规范建设项目的总投资规模,防止随意加大投资,使预算与实际使用之间的差距大大降低 　　④在设计阶段审查也是对设计阶段成本控制的方法之一。通过对项目设计早期的审核,修改意见或设计变更体现在仅修改设计图纸上,带来的结果是增加少量的设计费用。但是一旦进入施工阶段再做修改,哪怕是图纸一些微小的变动,对工期和成本的影响也将是巨大的、无可挽回的 　　(2)设计概算审查的步骤 　　采取会审方式是设计概算审查阶段最常用的方法。在联合会审前,设计单位会首先进行自审,其次是工程总承包商单位对概算进行初审,还有业主指定第三方工程造价咨询公司的评审。联合会审的由业主牵头,邀请相关单位和专家组成审查小组,对设计概算出现的问题进行分析、探讨和总结,并审查各方案的投资增减情况,确定最终的解决方案 　　审查设计概算的步骤如下 　　①设计单位对设计概算的编制情况进行介绍。设计概算中的建设规模数据和数量与收集相关文献中同类型的其他项目进行比较分析,找出差距,为审查提供准确可靠的依据 　　②在对动态投资、静态投资和流动资金的研究基础上,编制包括"原始概算""增加和减少投资""审核结论"和"增减幅度"等项目的数据图表。针对超过投资规模的部分,严格按照有关部门的规定重新计算 　　③在审查核算的过程中,应向有关部门报告问题,并应及时解决。在对概算进行相应调整后,必须重新通过原审批部门正式的审批

▶▶ 5.4　工程总承包项目设计收尾管理

　　工程总承包项目设计收尾管理如图 5-2 所示。

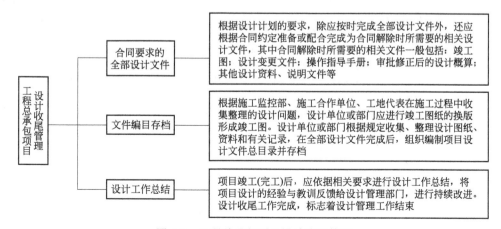

图 5-2　工程总承包项目设计收尾管理

▶▶ 5.5 项目工程总承包模式下 BIM 技术的设计

项目工程总承包模式下 BIM 技术的设计，见表 5-3。

表 5-3 项目工程总承包模式下 BIM 技术的设计

类别	内容
平台搭建	BIM 技术中最常用的 Revit 软件提供了一个可以进行多专业拆分的协同平台,让不同专业的设计师和工程师运用同一平台充分交流并利用该平台分别构建自己的模型进行整合,然后运用 BIM 的三维碰撞技术,可以对土建、机电设备等进行管线综合碰撞检查,各专业根据出现的问题进行协调、修改,减少在施工过程中由于管线碰撞问题的设计变更 选取 BIM 技术中最常用的 Revit 软件建立项目的 BIM 模型,实现业主、设计单位、施工单位协同、实时管理,同时利用 Tekla、BIM5D、BIM 模板脚手架等软件建立对应专业模型进行辅助管理;运用 BIM 数据整合平台达到软件数据之间的双向实时无缝对接,数据共享互动。基于 BIM 的信息平台,建立三维模型,可以直观地看到建筑的立体效果,利用 iPad、手机、笔记本电脑等移动设备,可以随时随地方便快捷地了解项目设计进展的情况,实现业主、设计、采购、施工等不同专业之间的信息准确传递,实现工程总承包项目各参与方之间数据访问与共享,方便采购工作、施工工作在设计阶段提前开展工作,有利于设计深度优化、工期进度优化等
施工图出图	施工阶段是完全按照设计图纸施工的,设计质量有问题,工程质量必然无法得到保证。同样,设计进度无法满足计划运营要求,则会影响设备、材料的采购进度和施工进度,给工程品质造成不利影响 工程总承包模式下 BIM 技术的施工图设计初期,可以通过 BIM 技术优化工程节点。例如,陕西某个工程总承包项目中,原有设计地下室结构外轮廓线距离建筑红线为 6.6m,运用 BIM 平台进行模型综合分析之后,项目部认为通过采用"深基坑高精度无肥槽开挖综合技术"可实现地下室结构外轮廓线整体向外扩移 1.6m,此举增大了地下建筑面积 1848m²,实现了地下空间的最大化应用,从而合理高效地利用了土地资源 BIM 构建 3D 模型是基于协同平台呈现的,利用该平台可以导出针对不同需要的平面图形,任何时候需要都可以及时打印。相对于 CAD 呈现的二维图形,三维模型更加准确、直观。首先,由 BIM 建筑工程师建立 BIM 模型;然后,导出立面、剖面、楼梯大样、门窗大样、墙身大样等细部图纸,交给结构工程师进行结构设计;接着,结构工程师在协同平台上进行 BIM 结构模型构建;最后,会在 BIM 建筑工程师的详图上生成真正的梁截面,直至导出真正的细部构造图。应用 BIM 技术进行综合管线布置的流程为:安装工程师利用协同平台随时可以看到土建专业的 BIM 模型,安装工程师首先要理清铺设管线与土建结构的关系,水、电、暖等各专业协商好各自管线的走向;再在具体设计情况的工程中调整好细节,确保各专业之间没有较大碰撞之后,在 Revit 中进行定位,并且标记好管线的尺寸与标高;然后导出每个专业的管线平面图与剖面图(仅管线、尺寸、标高、轴网),再按出图标准对不同专业的管线进行标注的修改。利用这样的方式,不同专业的管线在设计中避免了碰撞,不用后期再翻模进行碰撞检测 施工图出图前,由工程总承包商牵头组织建筑、结构、电、暖、水、施工等专业进行图纸校核,各单位进行讨论并将图纸中出现的错、缺、碰、漏等问题提前解决。同时,项目部将机电 BIM 模型中的机房、泵房的布置,管线的排布、喷淋头的定位、预留洞口的尺寸、套管的安装进行深化设计,并形成书面文件移交给设计单位。业主随时可以通过协同平台下载数据文件,查看各个阶段 BIM 模型的深化程度及效果。工程总承包模式下 BIM 技术的施工图设计提前规避了后期施工阶段中可能出现的设计变更,同时安装专业 BIM 深化图纸,较快确定减少传统设计模式下后期烦琐的会审和沟通,有利于节约成本、缩短工期

续表

类别	内容
设计信息自动调整变更	建筑设计的环节复杂,各个环节与施工环节环环相扣、联系紧密,一旦某个环节出现变更情况,则可能会出现重点调整甚至重新设计的情况。工程总承包模式下的BIM技术设计中,二维图纸信息将以三维模型的方式呈现,各个专业的设计师通过平台可以快速发现问题,并在此平台基础上进行修改。由于BIM的协同平台中数据是共存状态,当某项设计信息发生改变时,其他相关数据会自动进行修正,无须对所有数据进行计算,避免了传统变更情况烦琐的重复操作
建筑功能性分析	当代社会是大数据与云计算的信息化时代,可以将BIM数据系统与其他相关数据系统有机整合,实现不同功能的模拟实验与分析。将GIS系统和3DS数据导入BIM协同平台进行日照分析,调整光线与阴影的位置,不仅仅是一天中的某几个时间点,也可以是一周甚至是一年中的任何时间段,让业主与施工方在任何时候都可以准确了解不同光线对建筑的影响。同时,导入GoogleGIS数据进行工具匹配后,日照分析变得更加强大。或者对项目的位置、空间结构进行研究判断其合理性;对建筑物室内空气状况进行研究,探索其流通效果情况;针对建筑物隔声隔热效果进行研究;针对供水、供气等问题进行模拟研究,杜绝安全问题产生;针对建筑是否符合特殊要求的模拟研究等。通过多方面、多角度模拟分析,将得出的数据进行整合,用来判断建设项目交付后的实际使用情况,对出现的问题及时优化,避免后期业主投诉等负面情况
进度控制	工程总承包模式下的合同与传统设计结束后再开始招标的建设模式不同,在主体设计方案确定之后,施工部门就可以根据设计方案开始对完成设计的部分开始施工,并准备相应的设备采购工作。这种设计与施工同时进行的快速跟进的模式下,施工部门需要充分利用项目各个阶段的合理搭接时间,从而大大缩短项目从设计到工程竣工的周期。另外,工程周期缩短也有利于节约建设投资和减少投资风险:一方面整个项目可以提前投产获利;另一方面还能减少由于金融政策等因素造成的影响 　　工程总承包模式对设计、采购、施工实行总承包管理,项目的初期设计阶段就会分析采购阶段与施工阶段可能产生的影响,从而尽最大可能减少设计、采购、施工三方的矛盾,降低因为设计错误和疏忽引起的变更概率,最终减少项目成本,缩短工期

▶▶ 5.6　项目工程总承包项目设计管理要点及缺陷

5.6.1　设计管理要求

　　常规的设计管理会注重细节,做到精细化调整,如会留意业主方对设计的说明和设计使用者的需求,对于这些方面设计都可在方案中加以满足,可以说,设计是一个比较广泛的、比一般想象更为复杂的专业活动,不可以被简单视为仅仅只是输入建造构件和部位的"黑盒子"。要想处理好、明确定义设计及其管理中的相关工作问题,需要先进性分析和研讨,然后评估。实际上,在设计过程中,许多事宜应是相关联的,因此,那些从事设计与设计管理的工作人员必须具有创造力、分析力、组合能力及沟通能力,另外,随着现今的技术发展及未来设计发展趋势,很多具体模式的项目情况会并不局限于只需单一方法,如构建一系列典型模型也常是需要的。又如,在业主要求设计要素必须利用单位识别系统去加以整合及系统化的情形下,编制有针对性的设计手册和标准设计格式是非常有必要的,要认知单位识别的重要性以及所有相关设计的特定领域是设计管理成功的关键，如此经过内外整合的高品质的设计方可是提供给业主方较高层次的有力保证。

工程总承包项目设计管理要点如图5-3所示。

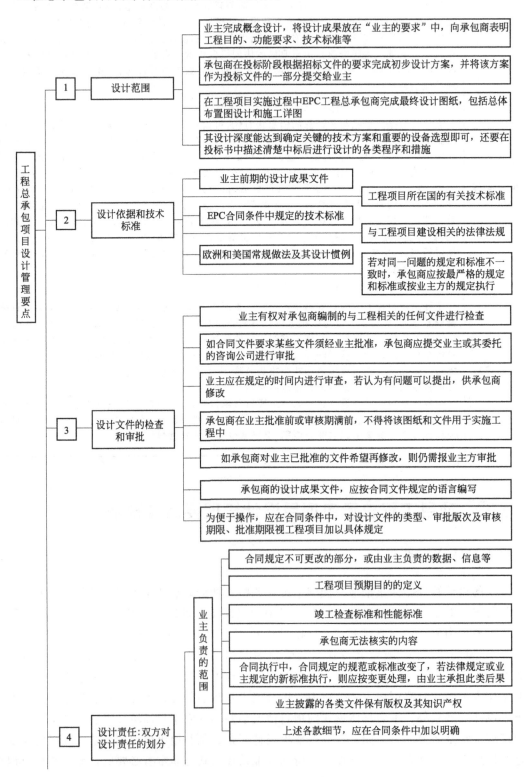

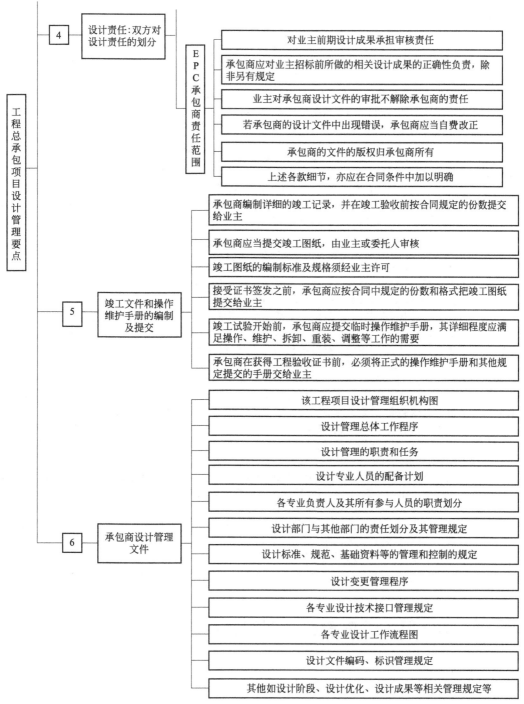

图 5-3 工程总承包项目设计管理要点

5.6.2 项目工程总承包设计管理缺陷

我国工程总承包企业或联合体对于设计管理阶段存在的主要问题表现在三个方面，见表 5-4。

表 5-4　项目工程总承包设计管理缺陷

类别	内容
管理意识淡薄	我国建筑企业大规模开展工程总承包时间较短,市场体制尚不完善,企业管理经验不足,有经验的管理人才紧缺。因此,对于一个大型的工程总承包项目而言,无论是工程总承包企业还是总承包联合体,对于设计管理的认识依旧不足,具体表现在:设计单位对于设计阶段的自身主导地位认识不明确,无法充分发挥主观能动性,不能带动业主和施工单位实现自身的设计诉求;总承包企业或联合体在设计阶段管控能力有限或管控力度不足,使得其他相关方对设计工作的参与度较低,设计-施工一体化貌合神离
管理手段单一	目前,工程总承包在项目施工、采购、运维等阶段对于 BIM、信息化平台、大数据等现代化管理手段、管理技术应用较为广泛,但在设计管理阶段,现代化的管理手段仅限于设计单位内部。设计单位各专业部门间利用 BIM 技术协同合作完成设计任务,而业主单位专业性技术不足,管控能力有限,其他相关单位参与积极性低,习惯于传统的组织实施模式。因此,对于工程总承包项目的实际设计管理手段仍旧十分单一
管理体系不健全	无论是以工程施工单位为主体联合设计而整合的,还是以设计单位为主体通过组建改制的工程总承包企业,都尚未形成全面、完整、健全的工程总承包管理体系、服务体系、组织结构体系、人才布局体系。目前国内的总承包工程公司,很多都是在设计院的基础上转型而成的,总承包模式的采购、前期设计介入管理方式和现场施工组织管理等方面,在设计单位转型前并没有具体的实施机构,大多都是为了适应市场需要而仓促成立的,其管理组织结构和管理方式尚处于试行阶段。同样,以施工单位为主体的工程总承包企业,也有待进一步完善。所以,目前国内的工程总承包商在管理、服务等多方面体系建设仍不完善,针对 BOT、CM、EPC 等全面适应市场需求是滞后的 另外,由于工程总承包项目中相关方众多,项目管理团队或项目经理不容易及时了解和调度各需求。对于设计阶段来说,设计人员作为项目产品的描述者,其主要任务是围绕产品展开总体进度、成本方面策划的优势,通过建立标准化的设计管理文件,涵盖设计、施工、采购等方面的信息。加强现场设计人员的利用,通过现场各专业设计对各个单位进行协同管理,及时解决现场施工问题,从而提高施工质量,加快进度,进而降低施工成本。但目前来说,工程总承包管理团队或项目经理在设计阶段并未充分发挥工程总承包集成管理优势,对设计管理及相关方的协调配合未形成标准化的管理体系,设计阶段管理方面的松懈或疏漏对于后期施工质量、进度、成本等各个方面会造成极大影响,这也是目前中国市场上工程总承包项目经常出现项目最终成本远高于合同价格的主要原因之一。另外,采用先进的信息化技术,提高设计向施工、采购阶段的信息传递,降低信息孤岛的负面影响,整体调度设计、施工、采购之间的管理程序,设定信息流向,进而实现多方之间协同,也是工程总承包企业在设计阶段完善体系建设的重要手段

▶▶ 5.7　某项目工程总承包管理案例及分析

5.7.1　项目概况

本工程为技改工程总承包项目,该工程为新装 2 台 435T/H 超高压自然循环再热汽包炉,配 2 台 125MW 超高压再热抽凝式汽轮机和 2 台 125MW 空冷式发电机。

合同范围:除了灰场、厂外公路、点火煤气、送出系统以外,厂区围墙以内的所有主体及辅助附属设施的设计、设备采购、土建、安装及调试。

合同工期:29.3 月。

合同目标:单项工程和单位工程合格率 100%、土建优良率≥85%、安装优良率

≥95%。

合同总额：63986 万元。

该技改工程（2×125MW）总承包管理的情况介绍如下。

5.7.2　管理体系

完整的管理体系是成功实施 EPC 项目质量控制的制度保证。山东××工程咨询院 2001 年 9 月完成了符合 GB/T 19001—2000、ISO 9001：2000 标准的工程总承包质量管理体系文件的编制工作，并开始试运行。2002 年 3 月通过了长城（天津）质量保证中心质量体系认证。认证范围包括：工程设计、采购、建设总承包（EPC）、设计采购（EP）承包、设计（E）承包、采购（P）服务、施工管理（C）、调试服务等工作。质量体系文件包括质量手册、24 个程序文件、27 个作业程序文件。

5.7.3　项目组织机构

本项目采取矩阵式项目组织结构（图 5-4）。

项目部对项目的安全、进度、质量、费用等全面负责管理和考核；咨询院职能部门负责对项目部宏观控制、指导、监督检查和总体考核。这种矩阵式的管理模式，体现了"以项目管理为核心"的组织原则。项目经理全面负责该工程的实施和管理，是该项目各项工作的第一责任人。这样在保证项目经理绝对权威的同时，也保证了资源的最优化配置，达到了高效的目的。

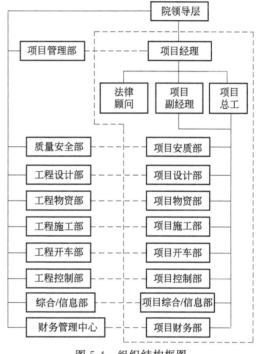

图 5-4　组织结构框图

5.7.4　管理技术在项目管理中的应用

5.7.4.1　设计控制

设计管理体现在投标、合同签订、设计、优化、分包、施工、服务和结算的全过程。充分发挥设计在 EPC 项目中的作用，对项目的成功实施至关重要。

（1）单纯设计与 EPC 总承包设计的主要区别

① 总体建设参与程度差别很大。

② 单纯设计对施工过程中施工方案、工序、安全、质量、工程环境、资源了解不深，关注不够。

③ 单纯设计对工程费用管理关注不够。

④ 单纯设计对物资性能价格比关注不够。

⑤ 单纯设计对调试、运行不了解，对运行的合理、方便关注不够。

⑥ 单纯设计优化不深。

⑦ 单纯设计对设计进度关注不够。

（2）本工程设计对总承包的作用

① 由于 EPC 总承包设计和纯设计的不同，故建立了设计费用考核管理程序，设立基本设计费，增加进度、质量、费用控制考核奖，对工程设计进度、质量、费用等方面提出具体量化目标，明确责任，层层分解，压力到位。采用项目部考核占 70％＋咨询院经营部考核占 30％的方式，奖励最高到单纯设计的 1.6 倍，处罚最低到单纯设计的 80％，以激励和约束机制满足设计进度、质量要求。

② 建立设计服务管理程序，明确设计对工程 EPC 全过程提供技术支持的重点工作。

a. 工程投标和合同签订阶段：负责工作范围接口、技术条件、报价费用。协助制定施工组织方案，制定施工、设备、设计进度等。

b. 实施阶段：负责设计优化、控制概算、工程量的分解、设计进度的落实。参加施工方案和措施、调试方案、运行系统图、运行规程等的审查。

c. 参加竣工结算。

d. 参加工程性能考核、安全、质量、进度目标的制定。

（3）设计还需自身重点做好的工作

a. 从初步设计开始制定工程优化设计方案、目标，并组织实施。例如本工程在主厂房长度方面，通过优化管道布置及选用高效率、占地小的冷却水设备，主厂房长度比传统设计纵向减少 8m。

b. 加强设计管理，减少设计变更，严把设计质量审核关，特别是二级以上的图纸，必须经过设计评审，减少设计变更数量。

（4）设计效果

a. 工程总投资比同期、同类工程减少 1 亿元左右。

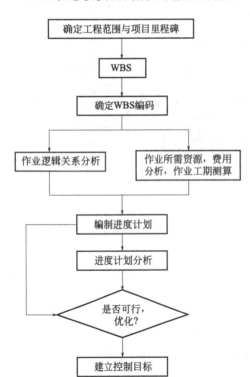

图 5-5 目标计划编制流程

b. 设计进度大大提高。

c. 工艺系统合理，更符合施工、运行要求。

设计质量大大提高，以往工程中，由于设计原因引起的费用变更约占工程预备费的 30％，本工程不足 10％。

5.7.4.2 计划管理

（1）以 P3 软件为平台，以合同计划为目标

项目部应用 P3 软件管理技术作为计划管理平台，科学地做好项目总体组织及工程全过程施工的各方面、各层次协调工作。做到上级计划控制下级计划、下级计划支持上级计划；计划由上到下细化，由底向上跟踪。保证计划管理体系既贯穿畅通，又分工负责，从而确保项目有关各方、各单位的工作协调、有序进行。目标计划编制流程如图 5-5 所示。

（2）计划管理程序

项目部针对本项目的具体进度要求制定了完备的进度计划管理程序，工程进度计划分为四级管理：第一级项目计划为业主控制的工程里程碑

计划；第二级（及以下）计划为总承包商编制的总体控制计划；第三级计划为设计分进度计划、采购分进度计划、施工分进度计划；第四级计划为月度计划，如图 5-6 所示。

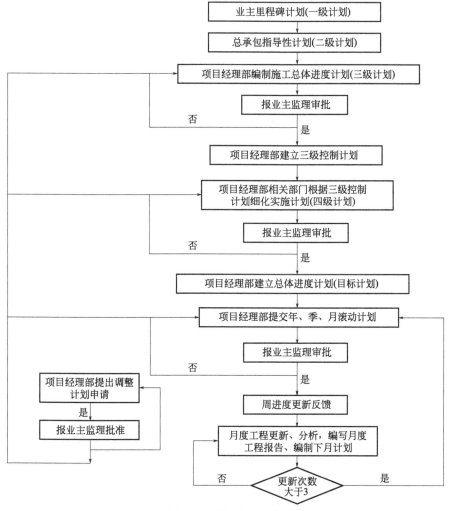

图 5-6　计划管理程序

（3）计划控制流程

计划控制流程如图 5-7 所示。

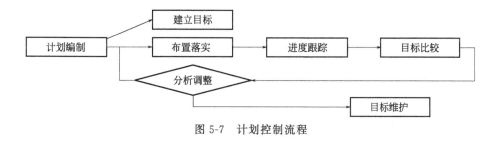

图 5-7　计划控制流程

（4）本项目计划或进度管理的特点

进度计划必须与费用结合，即以工程量完成情况反映进度计划和完成情况。

对于目标计划和工程合同总工期的偏差，要分析原因，在设计、施工方案、施工工序、交叉、设备交货的合理优化的基础上解决。例如：除氧器水箱和煤斗在土建框架施工到除氧层时设备吊装，以免框架到顶从两端拖入，增加费用和工期。

认真研究环境对工程进度的影响，采取措施提前解决。例如：冬期施工，在2001年年底实现主厂房封闭，并考虑采暖措施，保证了安装工期；另外遇材料涨价等情况，采取了费用提前投入，提前供货，大大减少了对工程的影响。

在卖方市场下，采取了7人催交小组催交、催运，保证主要设备交货。

在通过P3软件管理手段下，建设过程中的偏差，还需要及时、果断进行原因分析，进行纠偏措施的制定。例如：由于汽机到货原因，汽机扣缸拖期15天，油循环需25～30天，此时离汽机启动不足20天，采取了汽机油系统分步循环，即油管路20天前先循环，汽机口缸后进入轴承循环，保证了总启动。

加大重点施工方案、施工工序、交叉点的研究，本工程炉后交叉作业、烟囱、电除尘、风机、地下设施同时开工，通过方案、措施、现场指挥等确保安全和进度。

5.7.4.3 项目合同管理

(1) 费用计划管理流程

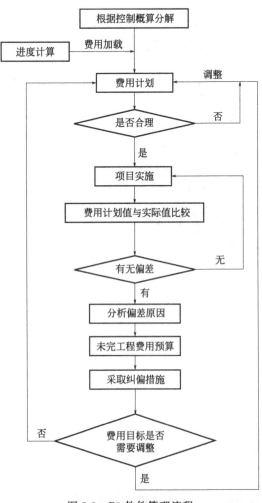

图 5-8　P3 软件管理流程

运用P3软件的费用管理功能并结合合同管理软件、概预算管理软件，进行合同的管理和工程费用的控制，其流程如图5-8所示。

① 组织项目部依据总承包、施工分包、设备采购、调试分包合同编制工程实施控制概算，并输入自行开发的合同管理软件。

② 项目部通过P3软件进行管理。

(2) 合同管理和费用控制的几个重要环节

① 要抓好控制概算的编制和合同风险的预测，充分解读合同和分析合同，确定费用的计划控制点。

② 要确保实时工程量采录的准确性和及时性，对施工单位采录的数据加强审核。

③ 对资金流的偏差原因要及时分析，处理和沟通是非常重要的，因为其不仅影响到费用的控制，对工程进度、安全、质量也会产生重要影响。

④ 索赔与反索赔要及时，程序要规范，办事方法要灵活、适合国情。

⑤ 正确处理费用和安全、质量、进度的关系。费用服从安全；质量在满足合同和规范基础上，根据情况追求价格性能比最佳；在合同和计划内降低费用。

⑥ 限额设计、设计优化、施工方案、

施工组织、采购控制对费用控制具有重要意义，但任何方案的优化都不应降低合同规定的建设标准。

⑦ 制定项目管理程序，落实费用控制职责分工、工作程序和接口。涉及工程价格的变动与调整均使用文件签证制度，实现费用控制的程序化、制度化。

（3）实施效果

本工程实际费用实现了控制概算确定的费用控制目标，资金流计划调整率低于 4%。

5.7.4.4　项目安全管理

在项目的安全管理上，坚决贯彻"安全第一，预防为主"的方针，坚持"以人为本、目标管理"的原则，坚持用系统控制、过程控制的方法实施安全管理。项目初始阶段首先对项目安全管理进行了策划，并努力使项目安全管理按计划实施，具体做法如下。

（1）建立健全安全管理体系

识别安全管理的依据，建立项目安全管理相关的法律、法规、规程、规范、标准等有效版本清单，并依据合同的要求，建立项目的安全管理体系。建立安全管理网络机构；配置人力资源；落实安全责任制。本项目共建立包括安全管理手册、安全生产岗位责任制、安全奖惩管理制度、交通安全管理办法、消防安全管理程序等在内的规章制度 36 项，并根据实施情况持续改进，保持安全管理体系有效运行。

（2）项目安全管理目标

根据相关法律、法规、规程、规范、标准和合同的要求，按照《危险源辨识及风险评价控制程序》进行项目危险源辨识，确定《项目危险源清单》，确立项目的安全管理目标如下：

① 不发生重大工程设计事故；

② 不发生人身死亡事故；

③ 不发生重大施工机械设备损坏事故；

④ 不发生重大火灾事故；

⑤ 不发生负主要责任的重大交通事故；

⑥ 不发生环境污染事故和重大垮（坍）塌事故；

⑦ 不发生群体职业中毒和食物中毒伤害事故。

⑧ 严格执行《无违章施工管理项目考评程序》的规定，争创无违章项目工地；执行××省《建筑工程文明工地标准》的规定，争创××省建筑工程"文明工地"。

（3）制定安全管理程序，严格过程控制

按照确定的目标，针对《危险源清单》制定《安全管理运行控制程序》《应急准备和响应程序》《事故、事件、不符合的处理程序》《安全监视和测量控制程序》及《纠正和预防措施控制程序》，并严格实施。形成严格的日检、周检、月检和季检制度和周例会、月例会、专题会制度，以及周报、月报、季报和年报制度，并留有记录。对出现的违章现象进行曝光栏曝光、整改通知、安全通报等，并严格执行《安全生产奖惩规定》。

（4）坚持安全培训，提高安全意识

根据《培训程序》制订详细的项目安全培训计划，同时督促分包商严格执行培训计划。坚持日交底、周学习、月培训、半年一考试制度，坚持培训合格上岗。项目建设过程中，安全培训 39 次，参加培训达 1.5 万人次（含分包商），合格率 100%。

（5）各阶段的安全控制

按照安全管理体系文件《安全生产责任制》的规定，明确责任，压力到位。将分包商安全人员纳入安全机构一体化管理。各阶段安全控制的主要内容如下。

① 设计阶段安全控制

a. 监督、检查设计安全管理审查计划的实施。

b. 对防火、防爆、防尘、防毒、防化学伤害、防暑、防寒、防震动、防雷击的设计方案的审查 79 项。

c. 进行结构和设备的稳定性、构件强度、预埋件承载力和管道支吊架、电缆托架、管道保温审核 67 项。

② 采购阶段安全管理。重点审查易爆、易燃、易漏等设备的安全管理技术要求，如制粉系统设备、燃油系统设备、水处理系统设备等 25 项。

安全管理专业人员参加施工、调试分包商的采购、评标工作，负责审查分包商的安全管理资质，并负责签订安全管理协议书。

③ 施工（调试）阶段安全管理。

a. 建立、动态审核分包商的资质档案、工程管理、安全管理的技术资料、安全机构的设置，人员配备，用于安全管理的工器具配备等。

b. 建立、动态审核分包商的安全培训，着重特种作业人员的培训，特种作业人员名册，证件获取应符合有关规定。

c. 审查分包商执行总承包商发布的有效版本和项目安全管理体系文件。

d. 审查起重机械工器具的产品合格证、准用证、安装与拆除许可证、检测报告、试验记录等。

e. 审查安全防护设施的产品合格证、检验合格证、标识、试验记录。

f. 按危险源清单逐个做好辨识。

g. 风险控制：分包商针对作业环境、工况，按可容忍风险、一般风险、很大风险、不可容忍风险编制适用的风险控制措施。

h. 重大危险工程施工，必须现场验证，确认处于"可容忍风险"状态，施工作业处于安全可控制状态。

④ 安全管理效果。项目安全管理实现了项目安全管理目标；2002 年 6 月获得市"安全生产月"活动优秀组织奖；2002 年年底通过了院级"无违章项目工地"的评审；2002 年年底获得"××省建筑工程文明工地"称号。

5.7.4.5 项目质量管理

(1) 质量计划

重点项目是前期质量策划，即质量计划和过程控制。项目质量计划以总承包质量管理体系为基础，结合合同确定的项目质量目标，过程控制依据质量计划开展。

① 项目质量计划依据质量管理手册、针对项目的具体情况编制，并依此建立了一套以 ISO 9001 国际质量标准为平台的适于本项目的质量管理体系文件 40 余个。

② 项目质量计划的主要内容过程质量控制。

项目质量计划在管理手册的基础上主要补充下列内容。

a. 工程工作范围、主要技术方案、主要工艺过程。

b. 项目质量控制组织机构、人员组成、工作范围及其岗位职责等。

c. 确定项目的质量目标，目标要符合合同、国家法律法规的规定并满足顾客对产品总体质量要求。本项目的质量目标是：

Ⅰ. 质量管理体系持续有效进行；

Ⅱ. 合同履约率 100％；

Ⅲ. 设计成品合格率 100％；

Ⅳ. 采购产品合格率 100％；

Ⅴ. 建筑安装单项工程和单位工程合格率 100％；

Ⅵ. 建筑工程单位工程优良率在 85％以上；

Ⅶ. 安装工程单位工程优良率在 95％以上；

Ⅷ. 工程质量总评为优良；

Ⅸ. 受检焊口无损探伤一次性合格率在 96％以上；

Ⅹ. 关键工序一次成功。

指出工程主要质量控制的重点、难点和对产品质量有特殊影响的环节或工序，并制定相应的技术措施。本工程共制定技术措施近 400 份。

根据工程的总体进度计划，制订项目各阶段、重点是施工阶段的单位、分部、分项工程的质量检验计划，其中要明确 W、H、R 控制点，确定实施班组、施工队、分包商、总承包和业主/监理的四级验收项目（划分不低于国家或行业标准），并经业主批准。

（2）质量控制

工程的质量控制贯穿于 EPC 全过程。设计阶段质量控制重点抓好以下过程。

① EPC 合同的质量、国家有关法律法规、技术标准、设计规范、图纸的设计深度的要求。

② 合理优化设计方案，按照"技术先进、安全适用、限额设计"的原则，对设计成品设计接口、设计输入、设计输出、设计评审、设计变更、设计技术交底等进行严格的程序化管理。

③ 控制施工图纸的质量通病（常见病、多发病），重点如下。

a. 专业间和施工图卷册间的衔接。

b. 各专业的设备遗留问题和暂定资料的封闭。

c. 与安全、施工和设计功能关系重大的设计特性是否已标注。

d. 容易引起振动的设备是否有防振措施。

在本阶段，重点解决控制对业主、设计监理、图纸会审、施工分包商等提出的设计质量问题，实施闭环管理，使设计问题在施工前发现并消除，做设计变更管理。

（3）采购阶段质量控制

① 严格按设计的技术规范选型和采购。

② 严格采购程序和审批制度，选择合格的制造商或供应商。

③ 控制设备监造、工厂验收，保证出厂设备符合技术规范要求。

④ 控制开箱验收程序管理。

⑤ 控制对分包商采购的管理，确保装材和建材质量满足设计要求。

（4）施工（调试）阶段质量控制

① 施工图纸质量控制：设计交底、图纸会审是施工图纸质量控制的常见形式。

② 施工质量控制。

a. 控制施工组织设计、施工技术方案、施工质量计划、施工质量保证措施、安全文明施工措施等。

b. 控制重要项目施工方案和施工措施的讨论及制定，组织技术交底并监督实施。

c. 控制分包商单位工程、分部工程开工条件，着重审查施工技术方案和施工作业指导书。

d. 控制施工原材料，合格后方能正式投入使用。

e. 控制半成品，严格检验施工过程中的试样，通过了解半成品的质量，对成品的质量进行控制。

f. 控制成品，局部工程施工完成以后，要注意各种养护工作，并注意成品的保护，确保成品质量的最终合格。

g. 控制各类资质、试验设备、试验人员、测量人员、特殊工种、大型机具的准用证等在规定的有效期内。

h. 控制施工过程接口，严格签证程序和制度，避免出了质量问题责任不清。

i. 控制质量检验，按照施工质量检验计划划分的分项、分部、单位工程及 W、H、R 点进行质量检验。组织政府职能部门、业主/监理和施工供方有关人员对分项、分部、单位工程进行四级验收。

j. 控制竣工资料的编制及时和移交。

（5）质量控制效果

本项目全部实现了项目质量目标，项目质量管理体系持续有效运行，工程项目管理体系通过了质量安全部内部审核，并通过了长城（天津）质量保证中心的外部审核。工程于 2003 年 12 月 26 日顺利通过了由业主组织的工程竣工验收，受检焊口无损探伤一次合格率达 98.2%，关键工序均一次成功。本工程交付时，锅炉、汽轮发电机组和所有辅机均达到额定出力，本工程的施工、安装和开车（试运行）均满足总承包合同和国家验收规范的相关要求。质量验收结果见表 5-5 和表 5-6。

表 5-5　建筑工程部分质量验收结果

项目名称	分项工程数量/项	合格率/%	优良品率/%
1 号主厂房	22	100	85
2 号主厂房	22	100	85
1 号冷却塔	7	100	86
2 号冷却塔	7	100	87.3
BOP(辅助设备)建筑工程	124	100	88.2
烟囱	6	100	86.7
输煤专业	11	100	100
化水专业	39	100%	100
水工专业	21	100	100
保温油漆	21	100	100
循环水及一级热力站	14	100	100%
建筑工程分项优良品率			91.9

表 5-6　安装工程部分质量验收结果

项目名称	分项工程数量/项	合格率/%	优良品率/%
BOP 安装	105	100	100
1 号机组锅炉	162	100	100
1 号机组汽机	335	100	100
1 号机组电气	78	100	100
1 号机组热工	138	100	100
2 号机组锅炉	143	100	100
2 号机组汽机	335	100	98.5
2 号机组电气	118	100	100
2 号机组热工	128	100	97.7

目前本工程运行稳定、安全、经济；年利用时间达到 7000h（设计年利用时间为 5500h），为业主创造了良好的经济效益。

5.7.4.6　项目物资管理

在物资采购、催交、监造、运输、验收、储存、提取、缺陷处理等方面都建立了规范的体系，体系文件 7 个，项目部文件 11 个。其采购管理主要分为两个阶段：

① 采购采用物资部组织集中和项目部零星采购相结合，采购程序见图 5-9；

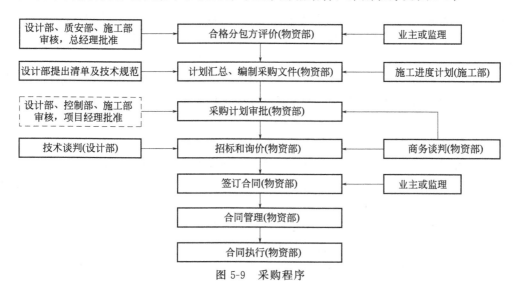

图 5-9　采购程序

② 现场物资管理流程见图 5-10。

本工程的物资管理有以下特点。

依靠自主开发的采购管理软件，建立了合格供应商合格清单和信誉等级，并进行一年一次的动态评定，利于控制设备价格、交货进度、质量。

通过规范的采购和现场管理程序，实现内外多部门的参与，有效地形成制约机制，选用信誉等级高、质量好的产品。

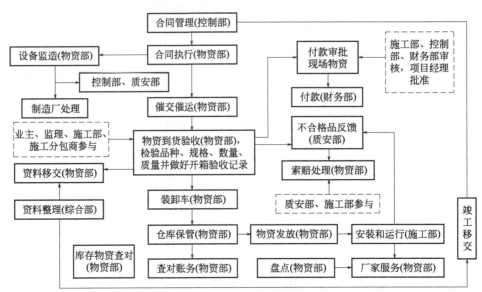

图 5-10　现场物资管理流程

　　面对买方市场，评价并建立重点监造设备 15 项，催交清单 8 项，有效地控制了质量和进度。

　　严格执行了厂内验收 21 项、全部的现场验收和缺陷反馈及处理，采购和加工物资共计 1200 余种。累计签订 190 余个成套物资买卖合同和 210 多个零星采购合同。开箱合格率 99%，设备到货及时率 98%，返厂率 0.4%，确保设备提供安装合格率 100%。

　　采取了多个 EPC 工程集中采购的方式，有力地降低了设备价格、催交催运、监造的管理成本，大大提高了效率。

　　建立了设备合同、市场风险预测和对策体系，借助设计优势和长期合作的供应链，及时调整设计、采购、供货计划，规避了工程建设期间市场涨价等风险，保证了设备供应。

　　很好地与铁路、业主运输部门进行沟通协调，累计接收铁路运输 600 余车，质量 2200 多吨，零担及铁路快件运输 400 多车次，公路运输 700 余辆次。

　　确立设备厂家的售后服务程序和清单，提前沟通和安排，并为厂家代表的生活和工作提供便利条件，保证了设备安装、缺陷处理、开车服务，根据现场进度和施工要求，累计邀请厂家代表服务人员到现场 300 余人（次）。

　　建立了合格供应商、设备监造、催交动态库，有效地实现了物资采购的全过程信息管理和动态跟踪控制，并探索出一套符合合同要求的物资采购管理办法。电站工程的设备和材料费用占工程费用的 50%～60%，对工程的造价影响很大，因此物资采购费用的控制对本工程的成败关系重大。工程建设期间恰逢市场涨价，物资部克服困难，借助设计优势和长期合作的供应链，及时调整设计和采购计划，规避市场风险。

5.7.4.7　沟通协调及信息管理

　　工程建设项目涉及面广、环节多，参与项目建设的单位多。各参建单位之间、和外部建立良好信息沟通机制及渠道是做好项目管理的重要工作之一。项目部从信息管理策划、沟通手段到日常的信息沟通管理的实施均给予了高度重视，加强了与各方面的信息沟通协调管理。

（1）协调管理

建立项目沟通及协调程序，明确接口。

对各沟通环节均明确主要沟通人员、协助人员、沟通目标和职责明确。

建立了项目定期周会、月会、重大问题和日常协商制度。主动、及时地沟通与各方面的关系。

利用项目管理软件 P3、项目 MIS（管理信息系统）、OA（办公自动化）、合同管理软件、视频系统实现信息共享。

编制了项目信息资料分配和传递程序。规定了项目设计资料、设备资料、管理文件、来往函件的分发和传递程序，实现了信息传递的程序化和标准化。

对于项目建设的重大决策与合同环境的变化问题要及时有效地和业主沟通，对业主关注的问题及重大决策问题，项目部也要提出合理的建议，为业主做好参谋，比如业主自营项目的技术、工序等，从而保证了工程建设的顺利进行。

（2）信息管理

① 工程管理信息网络管理制度。

② 建立网络端口授权制度。

③ 建立限时信息录入传递的规定。

④ 建立工程反馈信息问题制度。对各类信息反映的问题分类处理并整理建档。

⑤ 编制项目信息资料分配和传递程序，并形成记录。

信息管理系统如图 5-11 所示，信息管理程序如图 5-12 所示。

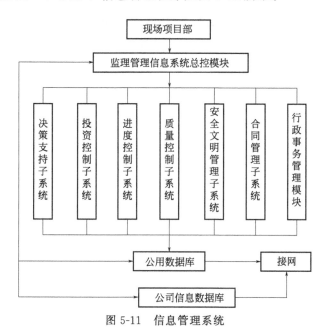

图 5-11 信息管理系统

5.7.5 解析

本例列举了设计、采购、施工（EPC）工程总承包企业运营管理特点，即 EPC 业务领域非常宽泛化；EPC 的组织架构大都采用事业部制；体现了 EPC 的人员构成以设计工程师

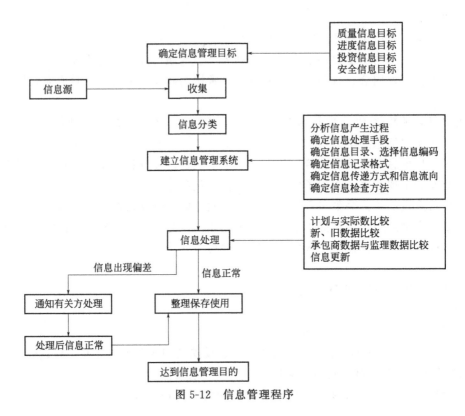

图 5-12　信息管理程序

为主体化的特点；工程项目管理多采用矩阵型模式集成化；工程项目管理技术、手段、方法等的程序化、标准化；工程总承包公司（企业）的竞争力强势化。

第6章

项目工程总承包采购管理

▶▶ 6.1 项目工程总承包采购管理基本要求

6.1.1 一般规定

① 项目采购管理应由采购经理负责，并适时组建项目采购组。在项目实施过程中，采购经理应接受项目经理和工程总承包企业采购管理部门的管理。

② 采购工作应按项目的技术、质量、安全、进度和费用要求，获得所需的设备、材料及有关服务。

③ 工程总承包企业宜对供应商进行资格预审。

6.1.2 采购工作程序

① 采购工作应按下列程序实施：

a. 根据项目采购策划，编制项目采购执行计划；

b. 采买；

c. 对所订购的设备、材料及其图纸、资料进行催交；

d. 依据合同约定进行检验；

e. 运输与交付；

f. 仓储管理；

g. 现场服务管理；

h. 采购收尾。

② 采购组可根据采购工作的需要对采购工作程序及其内容进行调整，并应符合项目合同要求。

6.1.3 采购执行计划

① 采购执行计划应由采购经理负责组织编制，并经项目经理批准后实施。

② 采购执行计划编制的依据应包括下列主要内容：

a. 项目合同；

b. 项目管理计划和项目实施计划；

c. 项目进度计划；

d. 工程总承包企业有关采购管理程序和规定。

③ 采购执行计划应包括下列主要内容：

a. 编制依据；

b. 项目概况；

c. 采购原则包括标包划分策略及管理原则，技术、质量、安全、费用和进度控制原则，设备、材料分交原则等；

d. 采购工作范围和内容；

e. 采购岗位设置及其主要职责；

f. 采购进度的主要控制目标和要求，长周期设备和特殊材料专项采购执行计划；

g. 催交、检验、运输和材料控制计划；

h. 采购费用控制的主要目标、要求和措施；

i. 采购质量控制的主要目标、要求和措施；

j. 采购协调程序；

k. 特殊采购事项的处理原则；

l. 现场采购管理要求。

④ 采购组应按采购执行计划开展工作。采购经理应对采购执行计划的实施进行管理和监控。

6.1.4　采买

① 采买工作应包括接收请购文件、确定采买方式、实施采买和签订采购合同或订单等内容。

② 采购组应按批准的请购文件组织采买。

③ 项目合格供应商应同时符合下列基本条件：

a. 满足相应的资质要求；

b. 有能力满足产品设计技术要求；

c. 有能力满足产品质量要求；

d. 符合质量、职业健康安全和环境管理体系要求；

e. 有良好的信誉和财务状况；

f. 有能力保证按合同要求准时交货；

g. 有良好的售后服务体系。

④ 采买工程师应根据采购执行计划确定的采买方式实施采买。

⑤ 根据工程总承包企业授权，可由项目经理或采购经理按规定与供应商签订采购合同或订单。采购合同或订单应完整、准确、严密、合法，宜包括下列主要内容：

a. 采购合同或订单正文及其附件；

b. 技术要求及其补充文件；

c. 报价文件；

d. 会议纪要；

e. 涉及商务和技术内容变更所形成的书面文件。

6.1.5　催交与检验

① 采购经理应组织相关人员，根据设备、材料的重要性划分催交与检验等级，确定催交与检验方式和频度，制订催交与检验计划并组织实施。

② 催交方式应包括驻厂催交、办公室催交和会议催交等。

③ 催交工作宜包括下列主要内容：

a. 熟悉采购合同及附件；

b. 根据设备、材料的催交等级，制订催交计划，明确主要检查内容和控制点；

c. 要求供应商按时提供制造进度计划，并定期提供进度报告；

d. 检查设备和材料制造、供应商提交图纸和资料的进度，应符合采购合同要求；

e. 督促供应商按计划提交有效的图纸和资料供设计审查及确认，并确保经确认的图纸、资料按时返回供应商；

f. 检查运输计划和货运文件的准备情况，催交合同约定的最终资料；

g. 按规定编制催交状态报告。

④ 依据采购合同约定，采购组应按检验计划，组织具备相应资格的检验人员，根据设计文件和标准规范的要求确定其检验方式，并进行设备、材料制造过程中以及出厂前的检验。重要、关键设备应驻厂监造。

⑤ 对于有特殊要求的设备、材料，可与有相应资格和能力的第三方检验单位签订检验合同，委托其进行检验。采购组检验人员应依据合同约定对第三方的检验工作实施监督和控制。合同有约定时，应安排项目发包人参加相关的检验。

⑥ 检验人员应按规定编制驻厂监造及出厂检验报告。检验报告宜包括下列主要内容：

a. 合同号、受检设备、材料的名称、规格和数量；

b. 供应商的名称、检验场所和起止时间；

c. 各方参加人员；

d. 供应商使用的检验、测量和试验设备的控制状态并应附有关记录；

e. 检验记录；

f. 供应商出具的质量检验报告；

g. 检验结论。

6.1.6　运输与交付

① 采购组应依据采购合同约定的交货条件制订设备、材料运输计划并实施。计划内容宜包括运输前的准备工作、运输时间、运输方式、运输路线、人员安排和费用计划等。

② 采购组应依据采购合同约定，对包装和运输过程进行监督管理。

③ 对超限和有特殊要求设备的运输，采购组应制定专项运输方案，可委托专门运输机构承担。

④ 对国际运输，应依据采购合同约定、国际公约和惯例进行，做好办理报关、商检及保险等手续。

⑤ 采购组应落实接货条件，编制卸货方案，做好现场接货工作。

⑥ 设备、材料运至指定地点后，接收人员应对照送货单清点、签收，注明设备和材料

到货状态及其完整性，并填写接收报告并归档。

6.1.7 采购变更管理

① 项目部应按合同变更程序进行采购变更管理。

② 根据合同变更的内容和对采购的要求，采购组应预测相关费用和进度，并应配合项目部实施和控制。

6.1.8 仓储管理

① 项目部应在施工现场设置仓储管理人员，负责仓储管理工作。

② 设备、材料正式入库前，依据合同约定应组织开箱检验。

③ 开箱检验合格的设备、材料，具备规定的入库条件，应提出入库申请，办理入库手续。

④ 仓储管理工作应包括物资接收、保管、盘库和发放，以及技术档案、单据、账目和仓储安全管理等。仓储管理应建立物资动态明细台账，所有物资都应注明货位、档案编号和标识码等。仓储管理员应登账并定期核对，使账物相符。

⑤ 采购组应制定并执行物资发放制度，根据批准的领料申请单发放设备、材料，办理物资出库交接手续。

▶▶ 6.2 项目采购计划

6.2.1 制定采购预算与估计成本

制定采购预算的行为就是对组织内部各种工作进行稀缺资源的配置。预算不仅仅是计划活动的一个方面，同时也是组织政策的一种延伸，它还是一种控制机制，起着标底的作用。

制定采购预算是在具体实施项目采购行为发生之前对项目采购成本的估计和预测，是对整个项目资金的理性规划。采购预算可以从工程总预算中划拨，但实际应对各项采购业务时，需要重新核准。

项目采购预算通常问题有以下几方面。

① 采购预算与施工总预算不匹配。采购预算源自施工预算，但现实情况，很多企业操作时采购预算与施工预算之间关系脱离，无法匹配，这对整体项目成本管理留下难题。

② 采购预算过度依赖施工预算。由于 EPC 工程施工预算中，包含范围广泛，加之物资费用、人工费用价格变化较大，单一地套用施工总承包预算自然会脱离实际。

③ 采购预算量和预算价与实际偏离过大。采购预算量来自施工总图（或信息化模型）和整体预算清单，但一般工程均存在或多或少的变更情况，这使得预算量和实际竣工结算量难免有所偏差，前期尽量细化清单有利于进行招标采购以及竣工结算。预算价的问题核心与市场脱轨的情况，缺乏更好的询价手段。

项目采购预算通常需要做好如下几方面。

① 做好采购预算对于施工总预算的分析，包括物资类、工程类、服务类采购均需要进行工作拆解。

② 企业做好供应商管理，不仅可以为企业采购进行有力的支撑，同时可以通过询价方式为企业预算提供帮助。

③ 应用更多的询价工具和手段，比如目前互联网上的专业性工程物资价格网站，可以作为采购预算参考。

④ 建立基于本地企业的部品部件数据库，为新项目进行询价服务。

6.2.2 采购标的物分析

采购计划的制订离不开采购标的物的分析，计划阶段的重点在于选择什么样的处理方式和企业情况分析。

物资类采购：物资类采购可以说是整个项目采购中最为繁杂、变化最多的采购类型，分析维度主要考虑项目需求量、企业库存情况、整体预算情况。可以根据企业管理制度进行相应采购模式选择和流程确认。

工程类采购：本章中所指工程类采购，特指分包工程类采购，受招标法约束，建筑工程分包一般采用招标的形式，工程量由招标人确认，价格目前采用工程量清单报价体系。

服务类采购：服务类采购范围比较广泛，包括劳务分包、工程监理咨询服务等一系列服务采购。采用的方法也很多，招标、询价均有应用，特殊专业服务需应用单一来源采购模式。

6.2.3 项目采购管理主要内容

项目采购管理主要内容，见表 6-1。

表 6-1 项目采购管理主要内容

类别	主要内容
项目采购计划的编制依据	(1)项目承包合同及有关附件 (2)《项目开工报告》《项目采购开工报告》 (3)项目实施规划 (4)《项目总进度计划》《项目统筹网络计划》 (5)企业项目管理其他要求
编制过程应注意事项	(1)编制采购计划过程的第一步是要确定项目的某些产品、服务和成果是项目团队自己提供还是通过采购来满足,然后确定采购的方法和流程以及找出潜在的卖方,确定采购量,确定采购时间,并把这些结果都写到项目采购计划中 (2)编制采购计划过程也包括考虑潜在的供应商情况,了解采购部品的特性,定义采购方式和方法 (3)在编制采购计划过程期间,项目进度计划对采购计划有很大的影响。制订项目采购管理计划过程中做出的决策也影响项目进度计划。根据项目进度计划和相关部门提交的设备需求计划,编制项目物资采购计划或招标计划,此计划要求采购部门和各相关部门共同协商编制,做到合理、具有可操作性。这也是项目采购进度的指导依据 (4)编制采购计划过程应考虑"项目自采"和"公司集采"关系密切的风险,优先考虑进行"公司集采",降低采购风险,更有利于控制项目采购成本
采购工作的原则	(1)经济原则:在规定的费用范围内,投资和操作费用综合考虑,以最佳效益为采购目标 (2)质量保证原则 ①技术先进、可靠,关键设备要考虑专利商的推荐意见

续表

类别	主要内容
采购工作的原则	②严格审查并评定供货厂商的能力,选择合格的厂商 ③对分包方实施有效控制,确保其严格执行质量保证程序 ④严格执行产品检验、试验标准和程序 ⑤在经济性和质量保证方面出现矛盾时,质量优先、安全第一
进度控制	项目采购的进度控制目标应服从整个项目的进度控制目标。在项目采购计划中应明确规定项目采购进度控制的主要要求和目标。做好周期长时设备采购的初步安排
项目采购组织规划	主要包括:采购组人员安排初步意见,与项目其他工作组的分工和衔接的补充说明
采购规划的审批	项目采购规划编制完成后提交部门审核,采购部组织有关人员对《项目采购规划》进行全面评审,形成评审会议纪要,提出评审意见,由项目经理负责组织修订和改进。修订经确认后由公司签发执行

▶▶ 6.3 供应商的选择与评价体系

6.3.1 供应商的选择

采购工作离不开供应商,供应商是项目采购管理中的一个重要组成部分,项目采购时应该本着"公开、公正、公平"的原则。2019年国家推行招投标法修改意见中明确指出取消资格预审招标公告环节,主要是体现公平竞争。

供应商的选择是项目采购管理的重要部分,也是核心问题。给所有符合条件的供应商提供均等的机会,除按公司原则外,还应注重厂商的供货能力、业绩,对于关键设备材料不承诺最低价中标、适时制定报价脱标规则,一方面体现市场经济的规则;另一方面也能对采购成本有所控制,提高项目实施的质量。在供应商的选择方面,有以下两个问题值得关注。

首先是选择合适的供应商。选择合适的供应商一般应通过招标采购进行。常见的招标采购方法主要包括:公开竞争性招标采购、邀请性招标采购、询价采购和单一来源采购,四种不同的采购方式按其特点来说分为招标采购和非招标采购。笔者认为,在项目采购中采取公开招标的方式可以利用供应商之间的竞争来压低物资价格,帮助采购方以最低价格取得符合要求的工程或货物;并且多种招标方式的合理组合使用,也将有助于提高采购效率和质量,从而有利于控制采购成本。

其次是确定供应商的参与数量。供应商数量的选择问题,实际上也就是供应商份额的分担问题。从采购方来说,只向一家询价厂家发询价会增加项目资源供应的风险,也不利于对供应商进行压价,缺乏采购成本控制的力度。而从供应商来说,批量供货由于数量上的优势,可以给采购方以商业折扣,减少货款的支付和采购附加费用,有利于减少现金流出,降低采购成本。因而,在进行供应商数量的选择时既要避免单一货源(特种情况的单一来源采购除外),寻求多家供应,又要保证所选供应商承担的供应份额充足,以获取供应商的优惠政策,降低物资的价格和采购成本。这样既能保证采购物资供应的质量,又能有力地控制采购支出。一般来说，供应商的数量以不超过 3~5 家为宜。

在项目采购中采取公开招标的方式可以利用供应商之间的竞争来压低物资价格，帮助采购方以最低价格取得符合要求的工程或货物；并且多种招标方式的合理组合使用，也将有助于提高采购效率和质量，从而有利于控制采购成本。

还有一种就是企业建立自己的供应商库，在采购时进行邀请。供应商的入库流程如图 6-1 所示。

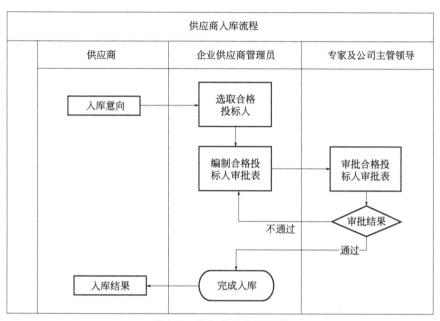

图 6-1　供应商的入库流程

其中，入库的标准与选择标准一样，但需更注重合作持续性及供货（用工）能力。

6.3.2　供应商的评价体系

基于长期降低采购成本的理念出发，在项目的采购管理中应该重视供应商评价体系的建立，把对供应商的评价管理纳入项目采购管理的一个部分。这样既可通过长期的合作来获得可靠的货源供应和质量保证，又可在时间长短和购买批量上获得采购价格的优势，对降低项目采购中的成本有很大的好处，具体流程如图 6-2 所示。

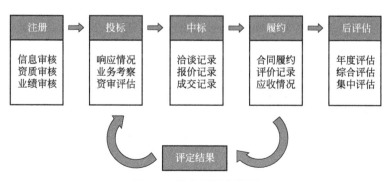

图 6-2　供应商评价流程

供应商的评价体系是贯彻采购全生命期的，因此在每一个采购环节，均应做到以下几点。

① 注册：即供应商入库的注册，重点考察资质和信息真实性。

可以要求供应商进行资质文件的送达，文件加盖企业公章。通常来说，供应商的入库审核需要的核心资质清单，如表 6-2 所列。

表 6-2　供应商入库审核需要的核心资质清单

评定项目	评定内容	证书情况	有效期	结果
基本资质	统一社会信用代码/身份证号/营业执照编号			
	纳税人证明			
	组织机构代码/统一信用代码			
	税务登记证			
	营业执照			
	资质证书			
	安全生产许可证			
	制造(生产)许可资质			
	管理体系认证			
	产品质量(性能)强制认证			
	安全、环保、节能产品认证			
	法人授权代理证			
	授权委托销售(代理)资格			
	荣誉证书			
	诚信合规			
	其他证书			

② 投标：即供应商的投标报价，重点参考业务配合及实际能力。

投标过程中，更注重供应商的履约能力和本次所投标的标的物技术能力，一般采用的评定方法是利用现场的考察，并完成《供应商考察报告》。

③ 中标：即供应商的中标响应，重点记录相关谈判文件。

中标过程的评价是对供应商合同签署过程的记录性文件，比如《开标签到》《谈判记录》《中标通知书确认函》等。

④ 履约：即供应商的合同响应，重点记录合同履行情况和问题。

合同履约过程更多的是记录合同履约情况的文件，如果是物资类采购，文件如《收货记录单》《对账单》《结算单》《产品检测报告》。工程类更多的是从《施工组织设计》到《竣工文件》的一系列工程操作文件。服务类所涉及的文件多是服务过程的交付文件，根据提供服务的不同文件也更为多样。

⑤ 后评估：即供应商的复审，可以按照一定周期给予供应商评价。

供应商后评估是供应商评估的另一个重心，每个企业的评估流程都要根据自身企业情况进行选择，评估项以合同履约行为为出发点进行设计。建议企业应用打分制来进行评定，如表 6-3 所示。

表 6-3　供应商后评估

考评内容	分值/分	得分	备注
资质资料是否齐全有效	15		
近两年合作项目数量	5		
近两年质量投诉	30		
近两年服务投诉	25		
近两年商务投诉	25		

6.4　项目工程总承包采购招标管理

6.4.1　采购招标方式和制度

通常来说，采购招标的方式包括：招标采购、非招标采购（包括：竞争性谈判采购、询价采购和直接采购）。

通常情况，对于适合进行招标采购项目（物资、分包、服务等），项目采购流程如图 6-3 所示。

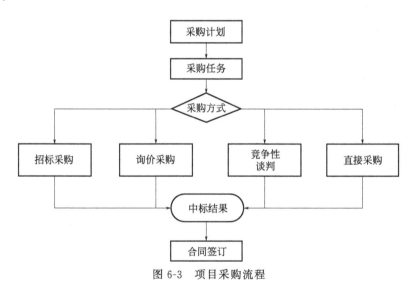

图 6-3　项目采购流程

采购招标应参照《中华人民共和国招标投标法》和《中华人民共和国招标投标法实施条例（2019 年修订）》相关规定实施，在中华人民共和国境内进行下列工程建设项目包括项目的勘察、设计、施工、监理以及与工程建设有关的重要设备、材料等的采购，必须进行招标：

① 大型基础设施、公用事业等关系社会公共利益、公众安全的项目；

② 全部或者部分使用国有资金投资或者国家融资的项目；

③ 使用国际组织或者外国政府贷款、援助资金的项目。

在此基础上，各地方政府又下发了相关管理办法，明确了各类采购的限制资金。

6.4.2　采购招标作业流程

招标在众多采购方式中应用最为广泛、流程最为复杂，也是最能够体现"公开、公平、公正"的采购原则。

以物资采购举例说明，最为常见的公开招标业务流程见图 6-4。

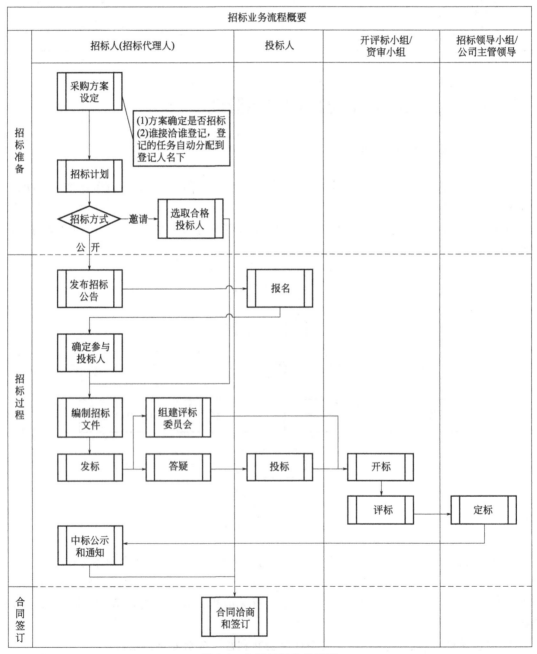

图 6-4　公开招标业务流程

6.4.3　招标过程

① 招标人采用公开招标方式的，应当进行招标公告的公布。根据《中华人民共和国招标投标法实施条例（2019 年修订）》规定，取消招标中的资格预审环节，且在招标公告中，应不含有特意排挤和故意刁难的约束要求。投标人按要求报名，招标人按规定进行确认。

② 发售招标文件：招标人采用邀请招标方式的，应当向三个以上具备承担招标项目并且能力、资信良好的特定的法人或者其他组织发出投标邀请书。

③ 招标人根据招标项目的具体情况，可以组织潜在投标人踏勘项目现场。

④ 投标人投标：供应商针对招标要求进行投标报价。

⑤ 开标：招标（采购）人在招标文件约定时间和地点进行公开开标，即开标应当在招标文件确定的提交投标文件截止时间的同一时间公开进行；开标地点应当为招标文件中预先确定的地点。

招标过程主要内容，见表 6-4。

表 6-4　招标过程主要内容

类别	主要内容
发售招标文件	招标文件的发售期应不少于 5 日,重要项目在企业指定媒介公开招标文件的关键内容 投标文件编制的时间从招标文件发出之日起距投标截止时间应不少于 7 日 潜在投标人持单位委托书和经办人身份证购买招标文件,采用电子采购平台的项目应通过互联网购买 招标文件的售价为制作招标文件的工本费
招标文件的澄清和修改(如有)	招标人可以对已经发售的招标文件进行澄清或修改,并通知所有获取招标文件的潜在投标人;可能影响投标人编制投标文件的,招标人应合理顺延提交投标文件的截止时间 潜在投标人对招标文件有异议的,应在投标截止前 2 日内提出,采购人应在收到异议后 1 日内答复,采购人针对潜在投标人的异议修改招标文件后可能影响投标文件编制的项目,投标截止时间应依法适当顺延
踏勘现场和预备会(如有)	需要时,采购人应组织潜在投标人集体踏勘项目现场 如召开投标预备会,采购人应在投标人须知中载明预备会召开的时间、地址
递交投标文件	投标人应在招标文件约定的投标截止时间、地点向采购人或代理机构递交投标文件 投标文件应按照招标文件要求的密封条件密封,采用电子交易方式的项目应加密在网上进行投标 招标文件要求缴纳投标保证金,投标人应按照招标文件要求缴纳。招标人收到投标人递交的投标文件后应出具回执
开标会议	采购人或代理机构主持开标会议。开标应在招标文件中约定的投标截止时间和地点进行。开标记录应妥善保存 若投标人不足 3 人,则招投标活动中止。投标文件封存或退还给投标人;经企业主管部门批准,该采购项目可转入其他采购方式采购 投标人对开标活动有异议时应当场提出,采购人应及时答复

类别	主要内容
组建评标委员会	采购人应负责组建评标委员会,评标委员会成员应为5人以上单数 评标委员会组成人员的构成、专家资格等应由企业制度规定。采购人认为项目技术复杂或随机抽取不能满足评审需要时可直接指定部分专家或全部专家,指定的范围不限于企业咨询专家委员会的名单;指定专家的理由应在中标结果公示中或在报告中说明
评标委员会依法评标	评标委员会应依照法律和招标文件规定的评标办法进行评审 评标委员会应撰写评标报告并向采购人推荐合格的中标候选人,在电子采购平台自动生成评审报告的,评标委员成员应审核并在线签字或签章 公告中标候选人应不超过3家(进行资格招标的中标候选人按实际数量公告),中标候选人是否排序由招标文件约定
确定中标人	采购人在评标委员会推荐的候选人中确定中标人。如有排序,采购人认为第一名不能满足采购需要,可以在推荐名单中确定其他候选人,但应在招投标情况书面报告中说明理由

6.4.4 非招标采购作业内容

询价采购、谈判采购、直接采购的流程相对比招标要简单许多,标准作业要求如下。

(1) 询价采购作业内容及要求

询价采购有的企业又称为竞价采购,其操作内容及要求如表6-5所示。

表6-5 询价采购作业内容及要求

类别	内容
编制并发出邀请函或公告	采购人编制并向3家以上供应商发出询(竞)价邀请函或告知邀请函或公告,应包括以下内容 (1)每一个参与的供应商是否需要把采购"标的"本身费用之外的其他任何要素计入价格之内,包括任何适用的运费、保险费、关税和其他税项 (2)参与的供应商数量要求,以及数量不足时的处理办法 (3)供应商竞价规则,如报价方式、起始价格、报价梯度、是否设有最高限价、最高限价金额、竞价时长、延时方式等 (4)是否需要缴纳保证金、保证金金额等 (5)确定成交供应商的标准 (6)提交报价的形式,如信函、电子文件等
组建评审小组(如需要)	采购人可依据项目的复杂程度和技术要求组建评审小组,是否需要从企业咨询专家委员会聘请专家参加评审小组由采购人决定 从邀请函或公告发出之日起至供应商提交响应文件截止之日止不得少于3日 允许每个供应商以规定的方式和时间内一次报价或多次报价,并在规定截止时间后报出不可更改的价格
成交结果	中选报价应当是满足竞价邀请函或公告中列明的采购人需要的最低报价
成交通知	发布公开通知给供应商

（2）谈判采购作业流程及要求（表 6-6）

表 6-6　谈判采购作业内容及要求

类别	内容
组建谈判团队	依据谈判项目的特点组建谈判团队,团队的结构包括本企业项目相关部门的主要负责人和技术专家,必要时可聘请企业外部专家参加谈判;在国际谈判中还要注意语言人才的配备
确定谈判目标	确定本次谈判目标:短期或长期 寻找谈判问题和焦点:归纳阻碍实现目标的问题;熟悉谈判对手,包括决策者、对方、第三方 风险预判:包括交易失败的应对预案,最糟糕的情形预判
确定谈判预案	了解双方各自利益所在,在现有方案的基础上寻求更佳方案 确定无法按照本企业计划达成协议时的其他最优方案
确定决策规则	确定本企业内部决策的程序,如投票制、协商制等
谈判准备	分析双方需求或利益,包括理性的、情感的、共同的、相互冲突的、价格诉求等需求;了解谈判各方的想法,通过角色转换,针对文化和矛盾冲突,研究取得对方信任的"钥匙" 注意对方的沟通风格、习惯和关系 确定谈判准则:了解对方谈判的准则和规范 再次检查谈判目标:就双方而言为什么同意? 为什么拒绝? 集思广益:研究可以实现目标、满足需求的方案,交易条件及其关联条件 循序渐进策略:确定在循序渐进谈判中降低风险的具体步骤 注意第三方:分析共同的竞争对手且对有影响的人制定风险防范预案 表达方式:为对方勾画蓝图、提出问题 备选方案:如有必要对谈判适当调整或施加影响
谈判过程及结果	依照预案,团队谈判主发言人陈述己方意见,辅助发言人补充预案;依照谈判议程、注意谈判截止时间以及需要改善谈判环境的安排 分析破坏谈判的因素、谈判中的欺诈因素;调整最佳方案或优先方案 在谈判过程中不断评价各项发生的事情,提醒己方适时调整目标和策略;针对对方的承诺,企业做出有余地的答复 最终公布谈判结果

（3）直接采购作业内容及要求（表 6-7）

表 6-7　直接采购作业内容及要求

类别	内容
确定邀请方式	采购人采用订单方式直接采购由生产计划部门提出 采购人决定采用邀请函方式直接采购的设备、物资应符合条件并应由企业有关部门批准或属企业单源采购清单目录内项目
采购准备	采购人应根据需求对采购标的物的市场价格、质量、供货能力以及税率等重要信息进行充分调查摸底

续表

类别	内容
发出采购订单或单源采购邀请书	采购人向特定供应商发出采购订单或单源采购邀请书 采购订单内容应包括:采购人全称地址、供应商全称地址、订单号码、采购日期、品名、规格、数量、币种、单价、总价、交货条件、付款条件、税别、单位、交货地点、交货时间、包装方式、检验、交易模式等 单源采购邀请书内容应包括 (1)采购人名称和地址 (2)采购货物或者服务的使用范围和条件说明 (3)提交响应文件的截止时间 (4)拟协商的时间、地点 (5)采购人(采购代理机构)的联系地址、联系人和电话
采购小组	采用订单直接单源采购的采购机构和程序由企业制度规定 采用邀请书方式单源直接采购的采购小组由采购人依据企业制度规定组建,采购人可根据需要决定是否聘请有经验的咨询专家参加采购小组
采购协商	采用订单方式单源直接采购的采购小组与供应商协商的主要内容如下 (1)适价:价格是否合适 (2)适质:质量是否满足要求 (3)适时:交付时间是否满足要求 (4)适量:交付量是否满足要求 (5)适地:交付地点是否满足要求 采用邀请书方式单源直接采购的采购小组应编写协商情况记录 记录签字:协商情况记录应由采购小组参加谈判的全体人员签字认可。对记录有异议的采购人员,应签署不同意见并说明理由。采购人员拒绝在记录上签字又不书面说明其不同意见和理由的视为同意

▶▶ 6.5 项目工程总承包采购合同管理

工程总承包采购合同管理主要内容,见表6-8。

表6-8 工程总承包采购合同管理主要内容

类别	内容
采购合同管理目的	合同管理能否做好做细也是采购的一个重点,确保合同文档的完整性、有效性和可追溯性,使合同管理在采购工作中充分发挥指导、协调和快速查寻作用,对提高采购整体工作效率、降低成本有很深远的影响。通过规范管理,确保合同发挥其自身的潜力,对所做的不同阶段的大量采购任务起到推进作用。对于采购文控人员来说,除了应在理论上对项目做更深层次的了解外,在实践工作当中,也应该更积极地参与配合本部门及外部门工作,为部门及整个项目高效运作做好基础保障。采购合同管理的主要目的主要有两点 (1)保证合同的有效执行。项目执行组织在采购合同签订后,应该定时监督和控制供应商的产品供货及相关的服务情况。要督促供应商按时提供产品和服务,保证项目的工期 (2)保证采购产品及服务质量的控制。为了保证这个项目所使用的各项物力、人力资源是符合预计的质量要求和标准的,项目执行组织应该对来自供应商的产品和服务进行严格的检查及验收工作,可以在项目组织中设立质量小组或质量工程师,完成质量的控制工作
采购合同签订过程中的管理要点	(1)合同管理过程是买卖双方都需要的。合同管理过程确保卖方的执行符合合同需求,确保买方可以按合同条款去执行 (2)对于使用来自多个供应商提供的产品、服务或成果的大型项目来说,合同管理的关键是管理买方卖方间的接口问题,以及多个卖方间的接口

类别	内容
采购合同签订过程中的管理要点	(3)基于法律上的考虑,许多组织都将合同管理从项目中分离出来作为一项管理职能。即使一个合同由项目团队管理,他们也常常需要向执行组织内的其他职能部门汇报 (4)应用的项目管理过程包括但不限于如下方面 ①定义时间,授权承包商在适当时机开工 ②定义考核条件,以监控承包商的成本、进度和技术绩效 ③整体变更控制,以保证变更能得到适当的批准,所有相关人员得到变更通知 ④风险监控,确保风险能得到规避或缓解
采购合同订立形式	关于采购合同的订立的管理维度很多,如下所示 (1)合同管理模式分类 通常来说,基于 EPC 项目采购的合同管理模式通常有:固定单价合同和固定总价合同两种,鉴于不同项目灵活进行应用。固定单价合同利于核算与变更,固定总价合同利于小规模采购风险控制 (2)合同文本架构 对于合同文本架构,国内基本基于《中华人民共和国合同法》,应用《建设工程施工合同(示范文本)》为基础进行 (3)合同文件形式 合同体系形式通常有:普通文本合同和电子合同,目前电子合同更为简便高效,更有利于项目存档
采购合同订立流程	(1)合同签订前的谈判 成交(中标)通知书发出后,采购人应协助企业合同管理部门根据采购结果需针对合同非实质性内容进一步补充或细化的,编写拟补充、细化的条款;采购人应对合同双方提出的相关补充、细化条款的合法性和合理性进行分析,发现可能损害采购人的合法利益、增加了采购人的义务、背离了采购文件和成交供应商或承包商响应文件的实质性内容的,采购人应及时告知企业合同管理部门并提出预防风险的建议 (2)签订合同 采购人和中标人应在双方约定的期限内(一般应在发出中标通知书 30 日内)签订合同。由于中标人拒绝签订合同,未按照采购文件规定的形式、金额、递交时间等要求提交履约保证金或其他原因导致在规定期限内合同无法签订的,采购人应及时采取补救措施 (3)退还投标保证金(如有) 采购文件要求缴纳保证金的,采购人应尽快退还供应商或承包商的投标保证金,产生的利息一并退还。发生违反法律和采购文件约定的事项,投标保证金可不予退还。保证金额度以及管理办法参照招投标法规的规定执行。对信用良好的供应商或承包商宜采取信用保函的方式提供投标担保(适宜的项目) (4)提交履约保证金 中标人应依照采购文件要求缴纳合同履约保证金(适宜的项目)

▶▶ **6.6** **项目工程总承包项目采购管理要点及现存问题**

6.6.1　项目工程总承包项目采购管理要点

　　合同中采购的一般规定涉及的文件,包括合同条件、工作范围以及各类附件等。EPC工程总承包项目采购管理要点,见图 6-5。

承包商应负责采购完成工程所需的一切物资，包括材料、设备、备件和其他消耗品，除非合同另有规定

在某些EPC工程总承包项目中业主可能提供某些设备或材料，作为"甲方供材"

承包商为采购工作提供组织保障，在项目组组织结构中，设置采购部专司物资采购的具体工作和相关部门的协调

承包商负责物资采购运输路线的选择，合理配发运输车辆

如货物运输导致其他方提出索赔，承包商应保证业主不会因此受到损失，承包商自行与索赔方谈判并支付索赔款

承包商应根据合同的要求，编制完善的项目采购程序文件，报送业主作为监控承包商采购工作的依据

在EPC合同中，关于业主的检查权、运至现场的设备和材料的所有权等，应做出细化的规定

若发生了不可抗力，对此类物资造成了损害，除非承包商违反保险义务，否则不应由承包商承担损失

由于采购涉及许多法律程序，EPC工程总承包合同常常规定业主给予这些方面的帮助和支持

采购主体责任

承包商应编制总体采购进度计划并报业主，对关键设备给予特别关注

承包商应将起运的主设备情况及时通报业主，包括设备名称、起运地、装货港、卸货港、内陆运输、现场接收地

对于约定的主材和主要设备，承包商采购来源应仅限于按合同确定的供货商及业主批准的供货商

承包商应针对采购过程的各个环节，对供货商/厂家进行监管，包括供货商/厂家选择、制造、催交、检验、装运、清关和现场接收等

对关键设备，承包商应采用驻厂监制方式控制质量和进度

业主有权对现场、制造地的设备和材料进行检查，承包商应予合理的配合

业主有权要求承包商向其提供无标价的供货合同供其查阅

合同可以约定，对采购的重要设备制造过程进行各类检查和检验，并向业主提供一份检查和检验报告

有关上述细节，可在EPC合同条件中进一步明确

采购过程监控

EPC工程总承包项目采购管理要点

业主免费向承包商提供的材料，业主自费费用、自担风险，并按规定将此类材料提供到指定地点

承包商在接收此类材料前应进行检查数量和质量，发现不足或质量缺陷应通知驻地工程师以便补足或更换

承包商在接收此类材料后，即业主将材料移交给了承包商，承包商应开始履行看管责任

即使材料移交给承包商看管后，如发现数量不足或质量缺陷，目测不能发现时，业主仍有责任补足或更换

当设备制造标准与EPC合同规定的制造标准不一致时，如承包商选择了业主指定的厂家，但该厂家无法采用合同规定的制造标准，对此，承包商应事先向业主提醒并经业主确认

对工程建设周期短的EPC合同，业主在EPC合同签订前自行签订了供货合同，承包商对业主提供的材料和设备情况，应在EPC合同条件中约定各方的责任

甲方供材，即FIDIC合同条件的EPC工程总承包中"业主免费提供的材料"

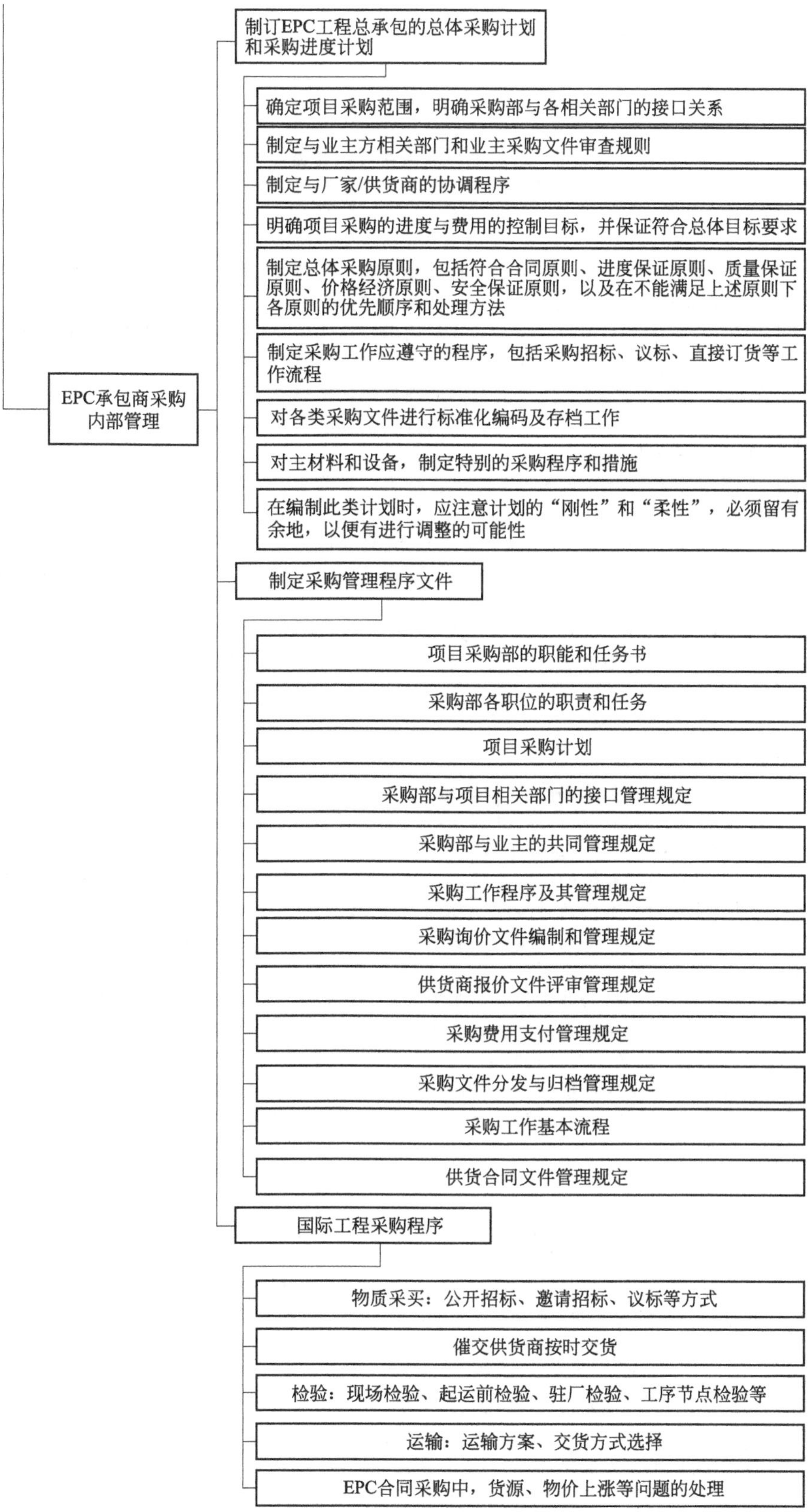

```
制订EPC工程总承包的总体采购计划
和采购进度计划
    ┌─ 确定项目采购范围，明确采购部与各相关部门的接口关系
    ├─ 制定与业主方相关部门和业主采购文件审查规则
    ├─ 制定与厂家/供货商的协调程序
    ├─ 明确项目采购的进度与费用的控制目标，并保证符合总体目标要求
    ├─ 制定总体采购原则，包括符合合同原则、进度保证原则、质量保证
    │  原则、价格经济原则、安全保证原则，以及在不能满足上述原则下
    │  各原则的优先顺序和处理方法
    ├─ 制定采购工作应遵守的程序，包括采购招标、议标、直接订货等工
    │  作流程
    ├─ 对各类采购文件进行标准化编码及存档工作
    ├─ 对主材料和设备，制定特别的采购程序和措施
    └─ 在编制此类计划时，应注意计划的"刚性"和"柔性"，必须留有
       余地，以便有进行调整的可能性

EPC承包商采购    制定采购管理程序文件
内部管理
    ┌─ 项目采购部的职能和任务书
    ├─ 采购部各职位的职责和任务
    ├─ 项目采购计划
    ├─ 采购部与项目相关部门的接口管理规定
    ├─ 采购部与业主的共同管理规定
    ├─ 采购工作程序及其管理规定
    ├─ 采购询价文件编制和管理规定
    ├─ 供货商报价文件评审管理规定
    ├─ 采购费用支付管理规定
    ├─ 采购文件分发与归档管理规定
    ├─ 采购工作基本流程
    └─ 供货合同文件管理规定

国际工程采购程序
    ┌─ 物质采买：公开招标、邀请招标、议标等方式
    ├─ 催交供货商按时交货
    ├─ 检验：现场检验、起运前检验、驻厂检验、工序节点检验等
    ├─ 运输：运输方案、交货方式选择
    └─ EPC合同采购中，货源、物价上涨等问题的处理
```

图 6-5　EPC工程总承包项目采购管理要点

6.6.2 项目工程总承包采购管理现存问题

项目工程总承包采购管理现存问题，见表6-9。

表 6-9 项目工程总承包采购管理现存问题

类别	内容
采购过程管控——手段落后、管控乏力	(1)采购战略模糊甚至根本没有采购战略。企业决策层虽然重视采购工作，但目前主要将采购定位为保障现场供应，并未上升到战略层次 (2)政策解读不及时。对于近几年的招投标法的变化改版解读不够、落实不到位 (3)采购执行走样。一些企业采购虽有流程制度，但缺乏实际工作标准和具体要求，导致在执行过程中发生偏差，出现漏洞的现象比较常见 (4)材料设备采购与工程劳务分包分别隶属于不同管理部门，采购职能相互独立、缺乏整合，信息和经验共享不足 (5)采、管、控体系设置不太合理。在企业采购中，未能真正将三个职能进行独立、相互制约、相互监督 (6)采购需求标准不一、缺乏有效整合，规模优势无法发挥，采购成本居高不下 (7)采购招标流于形式。在实际过程中，存在不少的围标、串标，或者在招标前提前内定中标人等现象 (8)开标、评标、定标程序不规范，评标方法与标准不合理，定性指标多、弹性大、主观性强 (9)采购绩效管理意识薄弱。对采购组织与人员考核困难，或者流于形式甚至完全没有考核
采购基础管理——重视不够、基础薄弱	(1)针对物资类采购而言，缺乏统一、规范的物料编码库。很多企业至今未能建立一套企业内部统一的物料编码库，并实现归口管理与维护，而是由各下属单位进行独立维护，进而造成日后企业内部信息共享难度加大 (2)缺乏真正有效的供应商管理。针对供应商，供应商准入、跟踪、考核、分级奖惩制度不落地，导致供应商信息不准确、供应商评估基本未开展、优质供应商资源匮乏。与供应商纯粹是买卖关系，未能持续做到优胜劣汰，逐步建立长期合作伙伴关系 (3)缺乏有效的专家管理。目前，很多企业的评委均由本项目部、公司的内部人员组成，从未选用外部专家，导致内部评委意见的独立性较差、专业性不足，影响评标质量和结果 (4)缺乏对价格数据库管理和应用的重视。企业领导在做采购决策时均需要价格参考，但实际企业平时疏于对价格数据库积累和应用的重视，包括对主材市场价格行情变化的情报收集，对各地区采购价格、合同价格、结算价格等数据的全面采集，对内部采购指导价体系的建立等。影响总包成本控制，为日后工程建设留下隐患
采购日常管理——工作繁重、效率低下	(1)采购招标人员少，工作压力大，日常事务缠身，缺乏或疏于知识与技能培训，知识贫乏，专业技能不足，没有升职通道 (2)采购管理粗放，技术手段落后。与外部沟通以电话、传真联系为主，邮件为辅；内部沟通则以口头汇报为主，辅以纸面汇报 (3)采购审批流程冗长，工作效率低下。导致审批效率低下的原因很多，主要有审批环节过多、领导出差、人员异动等 (4)采购计划编制申报不及时、不准确，导致采购备货仓促、采购返工等现象 (5)采购过程文件缺乏标准化。各项目采用的招标文件、合同文件等千差万别，文件既不规范，又影响文件编制效率 (6)投标文件的阅读和澄清、清标和评标工作量繁杂

续表

类别	内容
采购难关痛点——迫在眉睫、势在必改	建筑施工企业采购管理存在方方面面的问题,头绪很多,无从下手。对于企业领导层而言,主要关注问题如下 (1)采购过程不透明、不规范、串标围标。有些项目部和下属单位故意逃避招标采购和集中采购,暗箱操作 (2)采购过程效率低下,尤其审批效率严重低下,影响项目工程进度 (3)采购远程监控困难甚至失控 (4)采购成本过高,企业利润流失 通过对国内上百家建筑施工企业深入走访和调研,对于采购人员而言,主要关注的问题如下 (1)采购工作的难点和重点在于供应商拓展、开发、谈判与沟通协调 (2)供应商资源缺乏有效的管理,大部分没有数据库系统支持;供应商资源不足,难以满足日常采购的需求;供应商沟通技术手段落后,高效的现代网络通信技术(电子邮箱、即时通信、自动短信)使用不足而且不规范 (3)市场价格信息和采购价格信息资源不足,没有有效管理,大部分没有数据库系统支持,难以满足日常采购的需求 (4)2/3 的采购人员实际工作经验不到 5 年,采购人员日趋年轻化,采购经验积累不够、知识传承问题日益突出 如何做好项目采购管理是项目成功的关键要素,每个项目必须做好采购管理才有可能使得工程项目盈利

▶▶ 6.7　BIM 技术在采购阶段的集成管理

工程总承包模式与传统的建设模式相比,较好地避免了不同参与方共同进行项目管理而产生的协调与索赔问题,总承包商利用其自身技术能力、融资能力及管理能力的优势来提高工作效率,从而缩短项目工期,最终实现利润最大化。设计、采购、施工整合是工程总承包模式的核心,如果想要发挥这种模式的最大优势,就必须注重三者之间的协同程度,特别是采购在设计与施工之间的关键性作用。项目的质量、进度、成本与工程中所需材料的采购工作息息相关,采购工作的质量和效率直接影响项目的整体发展。

采购工作在工程总承包模式中起着承上启下的作用,采购工作结合 BIM 信息协同平台能够更好地发挥其作用。如图 6-6 所示,基于 BIM 技术信息设计、采购、施工协同平台能够形成更加合理的交叉运行,方便采购工作在设计阶段更好地进行材料、机械设备及供货周

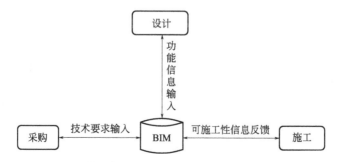

图 6-6　BIM 技术信息协同平台下设计、采购、施工的关系

期的调研分析，为设计阶段中后期采购工作介入最大限度地节约时间，从而降低采购成本。设计工作完成时，采购的大部分工作也相应结束。施工阶段，管理者根据设计与采购工作对施工可行性进行充分研究，并将研究结果反馈给设计、采购工作者，有利于施工前的设计优化，极大地减少了施工开始后的设计变更，更好地降低了工程成本。

将 BIM 技术应用于工程总承包模式，能够将采购工作更好地纳入设计阶段。一方面，设计工作与采购工作同时进行，减少工期；另一方面，在设计阶段就确定了大宗材料和大型机械设备，为采购工作与施工顺利开展奠定了良好基础，并且在成本方面也能在设计完成后更加具体。如此一来，工程总承包模式虽然以设计牵头，但是采购工作才是设计方案与设计理念的实现途径，采购过程中采购的材料、机械设备所产生的成本都对设计的实现完整性产生影响。

采购阶段与施工阶段往往是成本产生的主要阶段。项目成本中施工阶段的占比应该是最大的，但是这个阶段的输入主要来自采购工作，也就是施工阶段需要的材料、机械设备都需要采购阶段来完成，采购阶段是否能顺利进行将直接影响工程施工的质量和成本。将 BIM技术应用于工程总承包项目能真正实现设计、采购、施工的合理交叉，采购材料、机械设备的及时性为施工阶段顺利进行奠定基础，进而确保设计方案与设计理念贯穿整个项目，保证最终实现项目的质量目标、成本目标和进度目标。

▶▶ 6.8 项目工程总承包管理采购案例及分析

6.8.1 项目概况

××一期工程 EPC 项目位于××省××市江阳区康城路二段，于 2015 年 11 月 19 日正式开工建设，2019 年 12 月 20 日竣工验收，同年 12 月 28 日开业运营。项目合同额 7.75 亿元，工程建筑面积为 183832m²，其中地上 159988m²，地下 23844m²，含门诊医技、住院综合楼，设置开放病床数 1000 张，其中门诊医技部分，地下一层，地上七层，建筑高度 40.9m；住院部分地下一层，地上十八层（含设备层），建筑高度 79.6m。

工程为钢筋混凝土框架剪力墙结构，机电系统包括暖通空调、给水排水、电气、智能化、医用气体、电梯及洁净系统等。工程总承包单位为××公司，建设方为××医院。

6.8.2 总承包管理部署

（1）总承包管理体系（图 6-7）

（2）总承包管理制度文件体系（图 6-8）

（3）项目管理组织

① 作为公司级项目，管理体系分为三个层级：公司级管理层由主管公司副总经理、各职能部门及生产部门领导组成；项目级管理层由项目经理、项目技术负责人、施工经理、设计部、采购部、工程部、安全部、后勤部、资料室、财务室等组成；作业管理层由专业分包及劳务分包项目部成员组成。

② 项目经理职业化管理。项目经理应接受过正规化培训和实践，具有项目经理岗位资格。

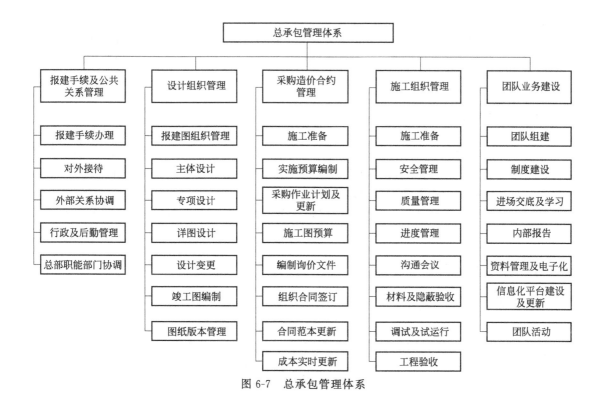

图 6-7　总承包管理体系

骨干成员：设计经理、采购经理、施工经理、技术负责人等重要岗位，应具有匹配的职业道德和业务素质。

6.8.3　设计管理

现场设计的管理工作，不是简单地按图施工，尤其是医院的 EPC 工程，其主要特点是流程要求严格、系统构造复杂，很多现场条件需要落实，设计管理工作要结合医院顶层规划和科室工艺流程进行逐层细部设计。

（1）设计沟通

设计输入为有效书面确认版本：如设计联系单包含业主确认的公开文件。

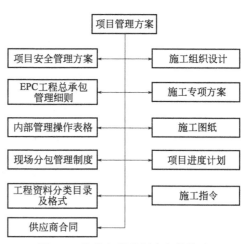

图 6-8　总承包管理制度文件体系

（2）设计过程管理

设置专人建立、更新、管理设计图纸，尤其是图纸版本管理。

① 方案完善设计、初步设计（报批）、施工图设计等管理。

② 专项详细设计管理（施工图设计同步）。

③ 现场详细设计。

（3）设计成果管理

① 施工图纸及设计变更。成果管理分为报建手续：规划、消防、电力、气象的审图等成果图；最终版施工图图纸管理，以盖审图章为准；变更图纸管理，需要实时跟进更新，建

立有效指令传递，落实责任追查制度，确保变更指令得到有效顺畅执行。

② 实时更新竣工图。项目执行过程中，由于各种变更、签证、业主对现场施工图纸进行调整的情况频繁发生，对此设置专门的制图组，将变更及时反映到实时更新的竣工图中，以月为周期，实施汇总调整。

6.8.4 采购管理

项目采购模式采用专业平行分包＋主要设备材料采购方式。工程发包及采购工作由总承包单位采购部负责：应编制项目实施预算、合同体系策划、各分包段控制标价设置。分包和大宗设备材料采购由企业采购部组织询价和评选；材料由现场项目部组织询价和评选；所有标段都要编制询价文件和进行三家以上的报价比选，比选过程文件留存归档；合同原则上都采用公司示范文本。

6.8.5 项目其他管理

项目其他管理，见表 6-10。

表 6-10　项目其他管理

类别	内容
工程 HSE 管理	(1)安全管理目标 伤亡控制指标：零死亡事故；零 10 万元以上火灾和交通责任事故；轻伤频率不超过 4‰ 施工安全目标：安全隐患整改率必须保证在时限内达到 100％；工人进场三级安全教育达到 100％，特种作业人员持证率 100％；安全检查评分大于 90 分 文明施工目标：零严重污染事故；危险废弃物 100％回收；创建市级文明工地 (2)完善 EHS 保证体系框图，织密安全网，横向到边，竖向到底 (3)项目组全员上下强化安全意识 (4)重在日常新进场人员及分包单位三级安全教育 (5)分包单位日常班前安全教育，竖向到底，注重实效 (6)特种设备管理，例如塔吊、施工电梯等设备必须严管严查 (7)安全管理应急演练，具有教育意义和实战意义 (8)处罚教育多样化，违规违纪有成本，严禁跨越红线 (9)安全管理重在实效，以问题为导向，落地生根，而非痕迹工作 (10)特殊工种作业，持证上岗率保证 100％ (11)危险性较大的分部分项工程，编制专项方案，进行专家论证指导安全施工 (12)安全管理资料体系
工程质量管理	树立严格质量观：品牌意识、民生工程 (1)医院建筑一般为某一地段地标性建筑，因此合同质量目标要求获得所在地的质量奖项。项目组全员上下应树立精品意识，工程质量关乎科室使用、当地民众的就医环境，是当地政府的民生工作，有别于其他商业工程 (2)医院建筑实施质量管理更强调以业主及科室固定使用人群要求为中心，项目质量管理不仅要关注过程，更关注结果(目标)。对材料设备及分包工程的质量管理，应以目标管理的方式。将目标融入阶段过程中，在过程中实现目标。不仅要满足常规建筑质量要求，还要满足医疗建筑流程使用及院方的要求 (3)医院建筑科室门类齐全、系统工艺复杂，经过累积总结，形成该类型建筑的质量管理标准化体系 ①按质量管理方案落实管理

类别	内容
工程质量管理	②实施过程,严格执行交接检制度,严禁上道工序质量问题累积到下道工序,杜绝质量问题量变引起质变 ③建立周检查制度,每周进行质量检查,并召开质量问题通报会 ④各工序有效的施工技术交底,确保交底能够到作业层面 ⑤编制专项施工方案,指导施工 ⑥每月有针对性地对现场施工已发生的质量问题进行总结,积累实战经验 ⑦正确处理质量管理与进度、成本对立与统一的关系 ⑧质量综合检测(室内空气质量检测、防雷、公共场所卫生指标检测、洁净用房环境检测、消防、室内放射防护检测、电梯检测等)
工程进度管理	进度是医院客户非常关心的工程指标,三甲医院工程一般为当地政府重点工程,对于形象进度,政府主管领导关注度高 (1)工程进度管理目标,按合同完成,因医院一般功能调整比较大,做好及时有效索赔与延期。总原则是:及时索赔、节省使用、杜绝浪费、奖先惩后 (2)EPC项目实施中进度管理涉及因素较多,上述的设计、采购管理,均含在实施工期内,有别于传统施工项目 (3)项目管理中,前期施工具体方案要与业主基建部门,会同各使用科室充分论证 (4)施工前,先完成样板段或样板间,业主及使用科室确认后,再大面积展开施工。应避免返工,一次成活可最大限度地节约工期 (5)同一作业面上工序尽早穿插施工。加强动态检查,加快进度的最有效方法就是缩短进度检查的事件间隔,项目进度在不断变化,只有动态的检查,才能更有效地控制进度,满足业主方的需求 (6)后期业主一般功能布局调整更多,针对现状及时进行工期索赔 (7)EPC项目工期是最直观的要素,总承包单位在制订计划时,必须整体协调,不能专注于某一项,集中运作包括时间上、空间上、与其他各施工单位的事项协调,倡导分包单位节约工期就是节约执行成本理念,紧紧抓住这个总分包契合点 (8)以顾客为中心,领导关注与推动,全员集成与参与,系统思维与观点,注重过程方法与灵活处理,持续不断地跟进与改进提升,基于事实的务实决策,实现工期目标 (9)项目管理中应按照天数计算,合情合理,管理要量化与清单化,进行分解,定岗到人,规定完成时间及交付成果
工程成本管理	(1)严格按照总承包单位审核完成的实施预算进行采购与分包,确保不出现亏损、能够控制住 (2)对于业主增加的签证变更,及时与各部门协调,设计组出具设计变更、预算完成核价、现场完成签证 (3)财务部门及时进行成本核算;对分包及采购合同按期结算。
项目沟通及资料管理	(1)项目沟通 采用信息化手段,设置必要数量的微信群、QQ群及项目专用邮箱。此外,应坚持以下会议制度 ①双周召开一次监理例会 ②每周周报(报公司和报院方) ③每周安全检查会/每两周质量检查会 ④每天早上晨会/每天下午生产会 ⑤每周采购落实会 (2)资料管理 ①质量管理资料(质监站和档案馆要求) ②安全管理资料(质监站要求) ③总承包管理资料(工程总承包企业内部管理体系) ④文件实行电子化

类别	内容
风险管理	针对工程医疗项目工期长、复杂度高等特点,总承包项目部签约当地律师事务所,进行法律咨询指导,保驾护航 (1)设计风险:作为 EPC 项目,设计缺陷由总承包单位承担,总承包单位承担设计图纸缺陷风险,所以要仔细核对招标文件设计要求、技术标准,严禁建筑装饰超标设计,安装系统与清单要求不符,出现超标或配置不够。质量风险管理程序:明确项目质量目标;编制项目质量计划;实施项目质量计划;监督检查项目质量计划的执行情况;收集、分析、反馈质量信息并制定预防和改进措施 (2)安全风险:项目实施的安全风险管理控制点。安全管理是一个系统性、综合性的管理,其管理的内容涉及建筑生产的各个环节,必须坚持"安全第一,预防为主,综合治理"的安全方针 ①制定针对本工程的安全管理方案,明确目标,实时更新危险源辨识清单 ②建立健全安全管理组织体系 ③安全生产管理计划和实施:计划和实施的重点明确风险与规避风险的目标以及应该采取的步骤,建立各种操作规程 ④安全风险管理业绩考核:采用切实有效的自我监控技术及体系,用于预判控制风险 ⑤安全风险管理总结:要通过对已有资料和数据进行系统的分析总结,用于今后工作借鉴指导 ⑥拆除、爆破、建筑幕墙安装、钢结构等高危工程,以及超过一定规模的危险性较大的分部分项工程,须组织专家进行方案论证,屏蔽技术风险 (3)资金风险:实施过程中,做好资金风险控制,对供应商和分包单位及时结算,避免恶意索赔合同款项,一旦发生类似事件,及时通知律师事务所,发出律师函,协商或仲裁解决。提高合同法律意识,防止经济风险事件发生 (4)调试风险:项目竣工验收阶段,提高合同意识,要求厂家和专业厂家技术人员到场配合调试,防止大型复杂、价格高昂设备及系统误操作的技术与管理风险,避免造成损失。例如:核磁设备的价格为约 5000 万人民币 (5)政策风险:项目所在地××市委在工程执行期间,创建全国文明卫生城市,对材料供应和现场施工进展造成很大影响。及时进行工期索赔,并采取工程防护、积极采购备料备货等措施,保证项目运行
项目调试	(1)调试机构 总承包项目部成立专门组织机构,配备相应资质人员进行调试工作 (2)编制调试方案 (3)项目调试的现场条件 ①项目施工工作已经结束,记录完整,验收合格,调试运行必需的临时设施完备。分系统调试应按系统对设备、电气、仪控等全部项目进行检查验收合格 ②具体分部调试方案、措施、专用记录表格准备齐全 ③现场环境满足安全工作需要 ④调试仪器、设备准备完毕,能满足调试要求 ⑤备品备件等准备到位 ⑥消防保卫措施落实到位 (4)项目调试工作程序 ①设备及系统检查 ②单体设备的空载试验 ③单体设备试运行 ④单体设备试运行验收签证 ⑤分系统试运行 ⑥联动调试试运行 ⑦项目试运行 ⑧调试试运行验收签证 ⑨移交建设单位

类别	内容
项目竣工验收	(1)专项验收 医院项目涉及门类专业齐全,各特殊专业、系统、区域进行专项检测验收 (2)初步验收 项目因工程面积大、系统较多,在正式竣工验收前进行初步验收,由业主方组织总承包单位、设计、施工、监理单位,邀请政府相关部门参加,充分暴露施工实体与资料问题。以便在正式验收前,有的放矢地解决各类矛盾问题。工程在各分部、分项工程均已验收合格的基础上,于2018年11月23日进行初步验收 (3)竣工验收 2018年12月20日工程项目建设指挥长主持验收会议。参加验收人员:××市质监站等相关部门、建设单位、总承包单位、勘察单位、设计单位、监理单位、施工单位项目负责人及相关人员等
项目移交及运行维护	(1)实体移交业主 分区域、分系统对业主医护人员及后勤人员进行培训移交。采用主动运维巡检和接收科室使用人员报修的双重措施,使项目工程达到安全性、适用性、耐久性 (2)资料移交 按照××市档案馆资料目录要求,整理归档汇总,项目备案后归档,移交档案馆

6.8.6　项目总结

本案例通过 EPC 项目管理模式,结合医院工程要求严格、结构复杂的特点,优化组织,完善设计,分类比选材料,精心挑选商家,量化分解任务,控制进度,系统梳理。在质量方面,强调医院使用人群具体要求,对质量进行针对性管理;在风险方面,咨询当地律师,为项目保驾护航,将项目本身存在的棘手问题加以解决,化干戈为玉帛,把可复制、可推广、可操作的项目经验应用于工程当中,使项目得以顺利完工。

第**7**章

项目工程总承包合同管理

▶▶ 7.1 项目工程总承包合同管理基本要求

7.1.1 一般规定

① 项目工程总承包企业的合同管理部门应负责项目合同的订立，对合同的履行进行监督，并负责合同的补充、修改和（或）变更、终止或结束等有关事宜的协调与处理。

② 项目工程总承包合同管理应包括工程总承包合同管理和分包合同管理。

③ 项目部应根据工程总承包企业合同管理规定，负责组织对工程总承包合同的履行，并对分包合同的履行实施监督和控制。

④ 项目部应根据工程总承包企业合同管理要求和合同约定，制定项目合同变更程序，把影响合同要约条件的变更纳入项目合同管理范围。

⑤ 项目工程总承包合同和分包合同以及项目实施过程的合同变更和协议，应以书面形式订立，并成为合同的组成部分。

7.1.2 项目工程总承包合同管理

① 项目部应根据工程总承包企业相关规定建立工程总承包合同管理程序。

② 项目工程总承包合同管理宜包括下列主要内容：

a. 接收合同文本并检查、确认其完整性和有效性；

b. 熟悉和研究合同文本，了解和明确项目发包人的要求；

c. 确定项目合同控制目标，制定实施计划和保证措施；

d. 检查、跟踪合同履行情况；

e. 对项目合同变更进行管理；

f. 对合同履行中发生的违约、索赔和争议处理等事宜进行处理；

g. 对合同文件进行管理；

h. 进行合同收尾。

③ 项目部合同管理人员应全过程跟踪检查合同履行情况，收集和整理合同信息和管理绩效评价，并应按规定报告项目经理。

④ 项目合同变更应按下列程序进行：

a. 提出合同变更申请；

b. 控制经理组织相关人员开展合同变更评审并提出实施和控制计划；

c. 报项目经理审查和批准，重大合同变更应报工程总承包企业负责人签认；

d. 经项目发包人签认，形成书面文件；

e. 组织实施。

⑤ 提出合同变更申请时应填写合同变更单。合同变更单宜包括下列主要内容：

a. 变更的内容；

b. 变更的理由和处理措施；

c. 变更的性质和责任承担方；

d. 对项目质量、安全、费用和进度等的影响。

⑥ 合同争议处理应按下列程序进行：

a. 准备并提供合同争议事件的证据和详细报告；

b. 通过和解或调解达成协议，解决争议；

c. 和解或调解无效时，按合同约定提交仲裁或诉讼处理。

⑦ 项目部应依据合同约定，对合同的违约责任进行处理。

⑧ 合同索赔处理应符合下列规定：

a. 应执行合同约定的索赔程序和规定；

b. 应在规定时限内向对方发出索赔通知，并提出书面索赔报告和证据；

c. 应对索赔费用和工期的真实性、合理性及准确性进行核定；

d. 应按最终商定或裁定的索赔结果进行处理。索赔金额可作为合同总价的增补款或扣减款。

⑨ 项目合同文件管理应符合下列规定：

a. 应明确合同管理人员在合同文件管理中的职责，并依据合同约定的程序和规定进行合同文件管理；

b. 合同管理人员应对合同文件定义范围内的信息、记录、函件、证据、报告、合同变更、协议、会议纪要、签证单据、图纸资料、标准规范及相关法规等进行收集、整理和归档。

⑩ 合同收尾工作应符合下列规定：

a. 合同收尾工作应依据合同约定的程序、方法和要求进行；

b. 合同管理人员应建立合同文件索引目录；

c. 合同管理人员确认合同约定的保修期或缺陷责任期已满并完成了缺陷修补工作时，应向项目发包人发出书面通知，要求项目发包人组织核定工程最终结算及签发合同项目履约证书或验收证书，合同解除。

⑪ 项目竣工后，项目部应对合同履行情况进行总结和评价。

▶▶ 7.2　项目工程总承包合同管理原则、类型及特点

7.2.1　项目工程总承包合同管理原则

项目工程总承包管理原则，如图 7-1 所示。

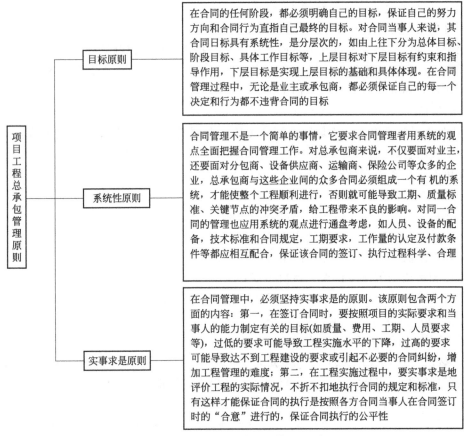

图 7-1 项目工程总承包管理原则

7.2.2 项目工程总承包合同类型

项目工程总承包合同类型，见表 7-1。

表 7-1 项目工程总承包合同类型

类别	内容
总价合同	建设项目的总价合同,就是按商定的总价承包工程,其含义是承包商同意按签订合同时确定的总价,负责按期、保质、保量完成合同规定的全部内容承包工程建设。总价合同具有价格固定、工期不变的特点,业主较喜欢采用。实施管理比较简单,工程师不必随时量方算价,可以集中精力抓进度和质量。对于承包商也如此,可以专心抓工程建设,减少施工工期中付款的计量算价工作,同时也减少为支付产生的许多矛盾。其缺点是风险偏于承包商,对业主有利 　　(1)总价合同的种类 　　以固定总价签约的合同都称为总价合同,具体又可以分为几种,每一种都有自己的特点和相关条件,在合同条款中有明确规定。承包商应认真研究这些特点,以便在合同谈判时多争取有利条件,降低总价合同带来的风险 　　①固定总价合同。固定总价合同是一次"包死",不随环境和工程量变化而变化。承包商在投标(或议价)报价时,以详细的设计图纸和说明、技术规程和其他招标文件,进行标价计算,在此基础上,考虑费用上涨和不可预见的风险,增加一笔费用。同时在签约时,双方必须约定:图纸和工程要求不变,工期不变,则总价不变;如果相反,则相应亦变。此类合同一般适用于工程要求明确,有详细的设计(包括图纸和技术要求),工期较短,施工难度较小且条件变化不大的项目。这种合同风险大部分由承包商承担,业主较省心

类别	内容
总价合同	②调价总价合同。按招标文件要求规定报价时的物价计算的总价合同,同时在合同中约定,由于通货膨胀引起工料成本增加达到某一限度时,合同价应按约定方法调整。业主承担通货膨胀风险,承包商承担其他风险。从风险分配的角度看,这种总价合同较上述的合同形式更合理些。调价总价合同形式,对施工工期长,全球或地区经济风暴时期执行的合同更合适,是降低承包商风险的途径之一 　　③固定工程量的总价合同。投标人根据单价合同办法按工程量清单表填报分项工程单价,从而计算出工程总价,据之报价和签订合同。施工中如改变设计或增加工程量,仍按原相应单价计算调总价。适用于工程量变化不大的项目 　　④管理费总价合同。业主聘请某公司(一般为咨询公司)的管理专家对工程项目进行管理和协调,业主与该公司签一份合同,并附一笔管理费给公司,称管理费总价合同 　　⑤"设计-施工"合同(一般皆为总价合同)。这种合同形式是业主把工程设计与施工任务交给承包商,形成以业主为一方,承包商为另一方的单纯合同管理形式。开始时没有标准合同条件,1995 年出现了 FIDIC 标准"设计-施工/交钥匙"的合同标准条款。1999 年新版 FIDIC 系列条款中,又有了"工程设备和设计-建造合同条件"和"设计-采购-施工(EPC)/交钥匙工程合同条件"。一般情况下,这类合同都是总价合同 　　(2)采用总价合同的注意事项 　　对于总价合向,业主愿意采用,其目的是想省心,对项目投资和工期一目了然,但无疑把风险加在了总承包商身上,也就是说目前的工程承包市场由买方市场所决定。总承包商务必正视总价合同,在规避风险方面狠下功夫,努力争取好的效果。从过去的案例中,大型地下、水下工程很少采用总价合同,其原因在于工程性质和施工条件复杂,工程量难以准确计算,施工时地质、风浪等自然条件变化大,难以准确掌握,相对而言属于承包商应该担负的风险多,对待总价合同要慎重,多注意 　　①为了降低风险,总承包商要详细研究合同文件,应特别注意设计图纸及说明与技术规程之间的差异,如工程范围、内容、施工顺序、施工技术和工程量等方面的差异。如果业主以设计资料和"造价"(概算和估算)邀请承包商投标,在投标中对"造价"包括的内容一定要弄清楚,如资源费、场地使用费,施工大型临时建筑设施是否满足、税收、保险、防风险的不可预见费,编制价格时间及当时物价指数、施工期调价等。对文件不清、模糊和模棱两可的事要及时澄清。了解当地法律,清楚法律大于合同。现场实地考察,使报价与编制的施工方案接近实际 　　②在总价合同中一定要注意到可能发生的工程变更、施工现场条件变化和工程量增加等诸多因素,增列一笔不可预见费或工程总承包风险费用,而且在合同中明确此费用归总承包商掌握使用,不同于监理工程师或业主握的"暂定金额" 　　③在合同谈判中,千方百计增列增价条款,如工程变更、调价与索赔等有利条款。一般情况下,总价合同除了价格方面争取有利条款外,在工期延长方面也应积极争取 　　④调整合同价的问题。一般情况下,对于固定总价合同,所有新增工程都不存在给承包商补充支付的问题。通常合同价是不能调整的。在采用固定总价承包时,双方应对项目的工程范围、工程性质及工程量等均应取得明确一致的共识;同时,在合同的总价中应考虑到可能发生的工程变更、施工条件变化等风险。方法一,承包商在报价时增加不可预见费;方法二,利用合同条款,当工程量超过一定比例时,尽量在合同谈判中争得调整合同价格的有利条款 　　⑤总价合同的工期,业主和工程师是很看重的,往往把拖期罚款数额定得较高,以此鞭策承包商,而工期提前一般不予奖励,即使有也是象征性的。承包商在合同谈判中应争取奖励条款
单价合同	所谓单价合同,通常指固定单价合同,亦称工程量清单合同。单价合同是以工程量清单为基础,清单中按分部、分项列出工程项目的各种工作的名称、单位和工程量,工程量清单一般由设计(或咨询)单位及业主工程管理部门编制,是标书文件中的重要文件。承包商在签承包协议时,中标后的工程量清单表(BOQ 表)是重要的合同文件,表中的工程量是估算的,仅供投标竞价时各方计算的参考基础,而实际结算时以实际完成的工程量计价结算。表中承包商填报的每项单价,通常情况是固定的。其中付款和最终结算时,都是以不变单价计算。可见单价的风险由承包商承担,而数量的风险则由业主承担

类别	内容
单价合同	**1. 单价合同的种类** 当工程的内容、设计指标不十分确定,或工程量可能出入较大时,宜采用单价合同。单价合同常分三种形式 (1)估计工程量单价合同。招标文件提供估计的工程量清单表,承包商填报单价,据之计算总价作为投标报价。施工时以每月实际完成的工程量计算,完工时以竣工图工程量结算工程总价。当工程量的实际变化很大时,承包商风险大,FIDIC《施工合同条件》第12.3款规定了当工程量变化超出10%,或超出中标合同金额的0.01%,或导致该项工作的单位成本超过1%时允许商量调整单价 (2)纯单价合同。当某些工程无法给出工程量(如地质不好的基础工程)时,招标文件可给出各分项工程一览表、工程范围及必要说明,而不提供工程量表,投标人只报单价,施工时按实际工程量计算 (3)单价与包干混合式合同。以估计工程量单价合同为基础,但对其中某些不易计算工程量的分项工程则采用包干的办法,施工时按实际完成的工程量及工程量表中单价和包干费结算。很多大、中型土木工程采用这种合同 **2. 成本加补偿合同** 对工程内容不太确定而又急于开工的工程(如灾后修复工程),可采用按成本实报实销,另加一笔酬金作为管理费及利润的方式支付工程费用,即成本加补偿合同,具体有以下几种方式 (1)成本加固定费用合同。这类合同根据双方讨论同意的工程规模、估计工期、技术要求、工作性质及复杂性、所涉及的风险等来考虑,确定一笔固定数目的报酬金额作为管理费及利润。对人工、材料、机械台班费等直接成本则实报实销。如果设计变更或增加新项目,当直接费用超过原定估算成本的10%时,固定的报酬费也要增加。在工程总成本一开始估计不准,可能变化较大的情况下,可采用此合同形式,有时可分几个阶段谈判付给固定报酬。这种方式虽不能鼓励承包商关心降低成本,但为了尽快得到酬金,承包商会关心缩短工期。有时也可在固定费用之外根据工程质量、工期和节约成本等因素,给承包商另加奖金,以鼓励承包商积极工作 (2)成本加定比费用合同。工程成本中的直接费加一定比例的报酬费,报酬部分的比例在签订合同时由双方确定。采用这种方式,报酬费随着成本增加而增加,不利于缩短工期和降低成本。一般在工程初期很难描述工作范围和性质,或工期急迫、无法按常规编制招标文件招标时采用。在国外,除特殊情况外,一般公共项目不采用此形式 (3)成本加奖金合同。奖金是根据报价书中成本概算指标制定的。合同中对这个概算指标规定了一个"底点"(为工程成本概算的60%~75%)和一个"顶点"(为工程成本概算的110%~135%)。承包商在概算指标的"顶点"之下完成工程则可得到奖金,超过"顶点"则要对超出部分支付罚款。如果成本控制在"底点"之下,则可加大酬金值或酬金比例。采用这种方式,通常规定当实际成本超过"顶点"对承包商罚款时,最大罚款限额不超过原先议定的最高酬金值。当招标前设计图纸、规范等准备不充分,不能据此确定合同价格,而仅能制定一个概算指标时,可采用这种形式 (4)成本加保证最大酬金合同(成本加固定奖金合同)。签订合同时,双方协商一个保证最大酬金额,施工过程中及完工后,业主偿付给承包商花费在工程中的直接成本(包含人工、材料等)、管理费及利润,但最大限度不得超过成本加保证最大酬金。例如,实施过程中工程范围或设计有较大变更,双方可协商新的保证最大酬金。这种合同适用于设计已达到一定深度,工作范围已明确的工程 (5)最大成本加费用合同。这是在工程成本总价合同基础上加上固定酬金费用的方式,即设计深度已达到可以报总价的深度,投标人报一个工程成本总价,再报一个固定的酬金(包括各项管理费、风险费和利润)。合同规定,若实际成本超过合同中的工程成本总价,由承包商承担所有的额外费用;若承包商在实际施工中节约了工程成本,节约的部分由雇主和承包商分享(其比例可以是雇主75%,承包商25%;或各50%等),在签订合同时要确定节约分成比例 (6)工时及材料补偿合同。用一个综合的工时费率(包括基本工资、保险、纳税、工具、监督管理、现场和办公室各项开支及利润等),来计算支付人员费用,材料则以实际支付材料费为准支付费用。签订工时及材料补偿合同时应注意:业主应明确如何向承包商支付补偿酬金的

续表

类别	内容
单价合同	条款,包括支付时间、金额比例、发生工程变更时补偿酬金调整办法;明确成本的统计方法、数据记录要求等,避免事后发生成本支出的纠纷;业主与承包商之间应相互信任,承包商应尽力节约成本,为业主节约费用

7.2.3　项目工程总承包合同的特点

工程总承包合同具有以下特点。

① 一般情况下,合同的价格是总价包死,合同工期是固定不变的。

② 工程总承包商承担的工作范围变大,合同约定的承包内容包括设计、设备采购、施工、物资供应、设备安装、保修等。若业主根据需要可将部分工作委托给指定分包商,但仍由总承包商负责协调管理。

③ 业主对拟建项目的建设意图通过合同条件中"业主要求"条款,写明项目设计要求、功能要求等,并在规范中明确质量标准。

④ 主要适用于大型基础设施工程,一般除土木建筑工程外,还包括机械及电气设备的采购和安装工作;而且机电设备的造价往往在整个合同额中占相当大的比例。

⑤ 合同实施往往涉及某些专业的技术专利或技术秘密;承包商在完成工程项目建设的同时,还须将其专业技术的专利知识产权传授给业主方的运行管理人员。

⑥ 技术培训是 EPC 合同工作内容的重要组成部分;承包商要承担业主人员的技术培训和操作指导,直至业主的运行人员能够独立地进行生产设备的运行管理。

⑦ EPC 合同往往涉及承包商的投资问题,包括延期付款,这就要求承包商有一定的融资能力。

⑧ EPC 合同以交钥匙的形式向业主提供了一个完整的、设备精良的工厂或工程项目,业主乐享其成;而承包商在实施合同的过程中却承担了不少风险,因此 EPC 合同受到业主的普遍欢迎。

7.2.4　项目工程总承包合同商谈及注意事项

EPC 工程总承包合同,是总承包商执行工程过程中控制成本、质量、进度三大目标的主要依据,用来指导总承包商顺利完成所承包的工程。做好工程总承包合同的谈判工作,是总承包商保护自我、维护正当权利、减少损失、增加利润、提高经济效益及增强市场竞争力的必然需要。

国际工程中,根据 EPC 合同实施的实践,合同商谈时遵循《设计采购施工(EPC)/交钥匙工程合同条件》。

7.2.4.1　项目工程总承包合同商谈要点

项目工程总承包合同商谈要点如图 7-2 所示。

7.2.4.2　项目工程总承包合同商谈注意事项

合同及其合同条件谈判需要机智和勇气、原则性和灵活性。或拐弯抹角探测虚实,或单刀直入干脆利落,或吊以胃口正中下怀,或"口蜜腹剑"为我所用等一切战术,都是为了一个目标。除谈判理论中涉及的一些事宜外,还应注意如图 7-3 所示对工程项目有影响的几个方面。

总承包项目合同商谈要点
1 工程项目融资方案及其渠道
2 总承包服务范围具体界定
3 技术标准及其要求的澄清
4 工程项目风险分担与责任限度
5 工程项目组织及其各类管理规定和程序
6 合同条款的构成(不限于)
7 索赔条款
8 工程保险问题
9 争端解决的程序
10 不可预见的条款
11 业主终止承包商工作的条款
12 对于现场未可预见自然条件的规定
(1) 价格与支付条款
(2) 违约责任
(3) 免责条款
(4) 仲裁条款
(5) 双方保证条款
(6) 设备和材料供应条款
(7) 合同生效条件
(8) 贷款及垫资条件
(9) 不可抗力发生条款
(10) 承诺条款
(11) 其他比较重要的条件

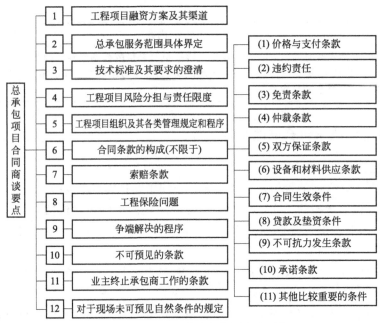

图 7-2 项目工程总承包合同商谈要点

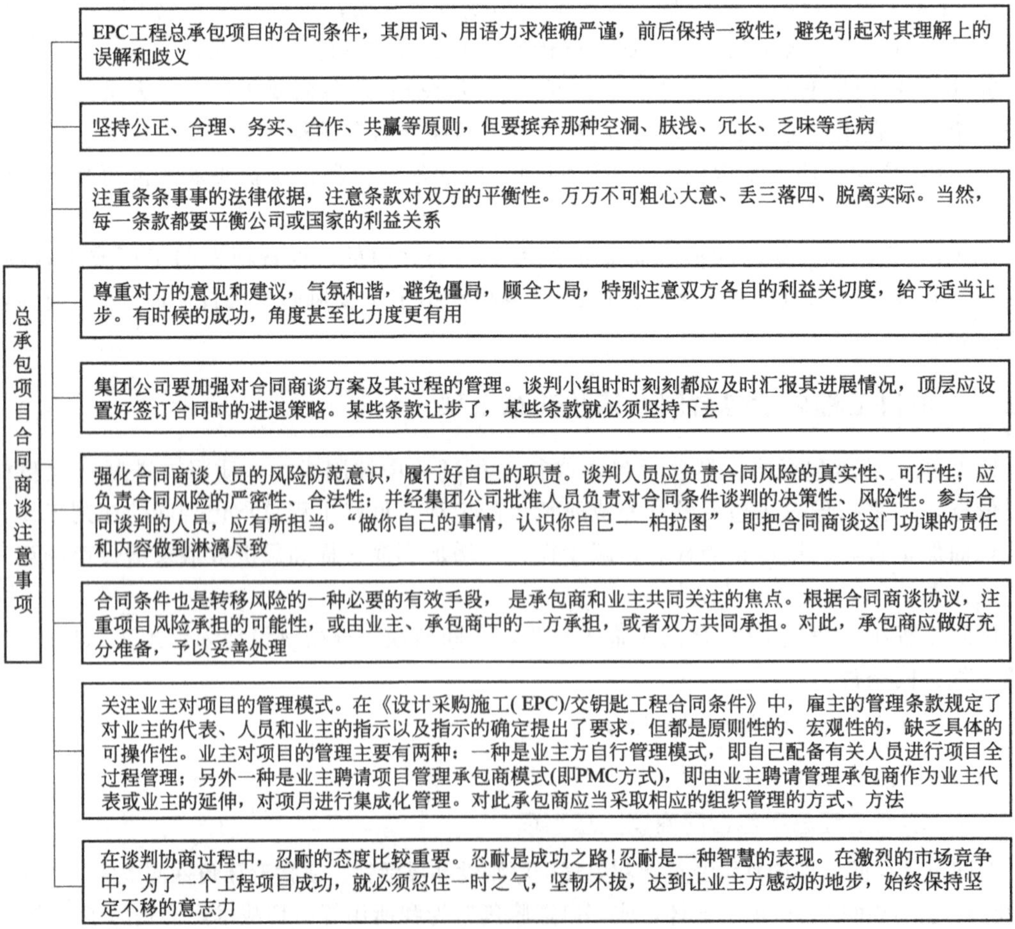

总承包项目合同商谈注意事项
EPC工程总承包项目的合同条件，其用词、用语力求准确严谨，前后保持一致性，避免引起对其理解上的误解和歧义
坚持公正、合理、务实、合作、共赢等原则，但要摈弃那种空洞、肤浅、冗长、乏味等毛病
注重条条事事的法律依据，注意条款对双方的平衡性。万万不可粗心大意、丢三落四、脱离实际。当然，每一条款都要平衡公司或国家的利益关系
尊重对方的意见和建议，气氛和谐，避免僵局，顾全大局，特别注意双方各自的利益关切度，给予适当让步。有时候的成功，角度甚至比力度更有用
集团公司要加强对合同商谈方案及其过程的管理。谈判小组时时刻刻都应及时汇报其进展情况，顶层应设置好签订合同时的进退策略。某些条款让步了，某些条款就必须坚持下去
强化合同商谈人员的风险防范意识，履行好自己的职责。谈判人员应负责合同风险的真实性、可行性；应负责合同风险的严密性、合法性；并经集团公司批准人员负责对合同条件谈判的决策性、风险性。参与合同谈判的人员，应有所担当。“做你自己的事情，认识你自己——柏拉图”，即把合同商谈这门功课的责任和内容做到淋漓尽致
合同条件也是转移风险的一种必要的有效手段，是承包商和业主共同关注的焦点。根据合同商谈协议，注重项目风险承担的可能性，或由业主、承包商中的一方承担，或者双方共同承担。对此，承包商应做好充分准备，予以妥善处理
关注业主对项目的管理模式。在《设计采购施工(EPC)/交钥匙工程合同条件》中，雇主的管理条款规定了对业主的代表、人员和业主的指示以及指示的确定提出了要求，但都是原则性的、宏观性的，缺乏具体的可操作性。业主对项目的管理主要有两种：一种是业主方自行管理模式，即自己配备有关人员进行项目全过程管理；另外一种是业主聘请项目管理承包商模式(即PMC方式)，即由业主聘请管理承包商作为业主代表或业主的延伸，对项月进行集成化管理。对此承包商应当采取相应的组织管理的方式、方法
在谈判协商过程中，忍耐的态度比较重要。忍耐是成功之路!忍耐是一种智慧的表现。在激烈的市场竞争中，为了一个工程项目成功，就必须忍住一时之气，坚韧不拔，达到让业主方感动的地步，始终保持坚定不移的意志力

图 7-3 项目工程总承包合同商谈注意事项

7.2.5　项目工程总承包合同管理的主要内容

项目工程总承包合同管理的主要内容,见表 7-2。

表 7-2　项目工程总承包合同管理的主要内容

类别	内容
合同策划管理	建设工程项目合同策划有宏观和微观两个层面。宏观层面的合同策划是指为了合理、高效地实现项目建设目标,根据工程项目的实际条件、特点及管理水平,设计并确定最适合的合同架构体系。微观层面的合同策划是指工程项目建设中具体的某一合同内容的确定,及工程项目合同所做的具体性策划工作。关于合同的总体策划目标实现的手段是合同的发包任务,目的就是确保整体工程项目顺利完成。该目标既要反映该工程的项目战略及其企业的战略,又要反映其指导方针与利益 (1)建设工程合同策划的内容。建设工程合同策划实质上就是为了顺利实现工程目标,在合同双方当事人之间公平合理地分配权利义务。建设工程合同策划的主要内容有以下几项 ①工程项目承包方式选择。当前主要是指采用设计与施工相结合的项目总承包方式,还是采用设计与施工相分离的分别承包方式 ②工程项目分包方案的选择。一项复杂的建设工程,在工程建设过程中经常会遇到专业性质差异非常大的施工内容,例如机电设备安装和土建施工,需要选择是进行总承包还是分别承包。线性工程由于工期要求的差异,一般要分成几个工段进行施工,这样有利于工期目标的实现,例如高速公路、输水管道等工程的建设都是分段进行的 ③合同类型的选择。一般是指以计价方式对于合同的类型进行划分。依照计价方式的差异分为单价合同、总价合同及成本加酬金的合同三种类型,应根据实际情况合理选择 ④合同主要条款的确定。合同主要条款是指根据工程项目建设目标,为保证工程项目顺利实施和完成,对工程合同签订主体在其权利及义务上做明确规定。工程合同应当确定的权利及义务非常庞杂,政府管理部门和专业人士专门拟订了合同示范文本来确定合同的基本内容。实际工作中进行合同策划时可根据需要在合同示范文本的基础上,选择和拟订能够满足特殊要求的专用条款 ⑤各合同之间的界面管理约定。一项建设工程,每个合同都是为了完成工程项目服务的,它们的内容、时间、组织、技术等方面可能存在衔接、交叉,有时还存在矛盾,进行合同策划时要对这些情况综合考虑,制定相应的协调解决方案 ⑥工程招标问题的解决,如招标方式的选择、招标文件的编制、评标原则的确定、潜在投标人的甄别等 (2)合同在策划时的过程 ①第一点要做的就是分析工作,分析的对象分为两个内容:一是企业的资质情况;二是所要开展的项目的具体情况,通过分析,确定实施战略,在合同中都要做出明确的规定 ②对于合同上的总体原则及目标进行确定,做到对于合同管理体系的全面建立 ③对于合同中出现的较大的问题应当分层次予以分析,通过分析得出解决问题的方案 ④合同出现的重大问题应当迅速做出相应的决策并加以安排,通过分析提出切实可行的措施。这就要求,在对合同进行策划时就要预测到各种问题
合同招标管理	合同完成前期的策划与拟定相应的合同条件之后,通常合同的签订都是采用招投标的方式来实现的,之后便是对于合同所规定的各项条件的逐步落实 (1)招标文件的准备工作。一般情况下,招标工作的第一个环节就是招标文件的起草。招标文件一般都是委托咨询机构来进行起草的,招标文件是整个工程最为重要的文件。招标文件的内容根据工程性质或规模、合同的种类及招标方式的不同而有所差别,以下是招标文件的构成 ①投标人须知。也就是我们经常看到的投标须知,它是指在招标过程中,投标人进行投标时具有规定性的文件。评标及合同授予的标准都会在投标人须知中公布,同时相关适用的法律法规也会在须知中体现,以保证合法性。投标须知具体内容有:关于所要进行招标的工程总的说明,包含概况、招标范围及条件等;招标工作的具体安排,如招标的具体要求、发包方具体的联系方式、标书投递的时间和地点等相关信息,评标的标准及规定,以及对于投标者的相关规定等。

类别	内容
合同招标管理	②投标书及附件。其实就是发包方对于标书的格式上的约定 ③协议书。即相关合同的协议书,这个协议书是发包方拟定的,协议书所体现的是业主对该合同的期望及要求 ④相关合同的条件。这也是发包方提出的,主要分为两种:专用条件、通用条件 ⑤相关技术性的资料文件,是指与合同相关的图纸或是建筑的技术性规范等 ⑥其他文件。主要指发包方所提供的关于整个工程开展的文件及资料,如地质状况资料、场地的水文条件或是勘探记录等业主可以获得的场地环境、其周围环境及可以公开的参考资料等 发包方在提供招标文件时应当遵守诚信的基本原则,对于涉及工程建设的相关资料或文件都应当如实、详细、透彻地说明;工程规范和相关的建筑图纸及水文资料也都要做到准确、全面地出具;发包方应当使承包方能够准确及时地理解相关招标文件或是能够清楚地了解工程规范及建筑图纸,做到准确无误。通常情况下,发包方对于招标文件中正确的条文承担相应的责任,在文件或资料出现问题的情况下应当由发包方来负责 (2)招标及投标的程序。一般招标要求公开进行,通常来说,招标单位的性质及招标的操作方式决定了邀请招标及议标的对象;并且中标合理造价确立的主要依据是在决标原则下,能够确保工程如期交付且质量达标,从而在获得经济效益的同时得到很好的社会信誉 开标后对投标文件进行的分析性工作意义非常,因为正确授标的重要前提是对所投标的文件进行的准确分析,对于标后谈判或澄清会议而言这项流程也是其重要的理论依据,对所有的投标文件或资料进行详细谨慎的分析,可以很好地实现工程实施策略的最优化,规避那些不利于工程建设的文件,避免由于自身的疏忽所导致的合同风险,同时还可以在一定程度上降低在合同履行过程中所出现的不必要的争端,保证合同能够有效实现。通常,对报价文件所进行的分析是多方面的,主要涉及文件是否完整,内容是否确切可信、合理,这种分析主要是通过相互对比进行的,且在分析之后要有必要的分析报告阐述分析结果。常用的评标办法包括合理低价中标、专家评议及对于投标文件进行打分等 (3)合同的签订。通常,在承包方接收中标通知书前,发包方对于该工程项目最终所要确定的价格及其他关键性的问题,应与所要确定的承包方进行深层次的谈判。对于投标最高限价与投标价、相同类别的其他工程的造价,或者资料等各方面进行综合考虑,来确定合同的最终价格。同时,对于初步确定的价格往往要经过权威专业的部门或机构认定之后才能够真正得以执行。中标通知书发出之后,承包商必须对工程中将要涉及的技术、经济及材料等问题订立一份周详的承包合同;而发包方则需要对工程的具体实施进度及状况进行检查监督,所依据的就是工程合同里列举的各项条款,并且会根据工程施工过程中的某些具体情况相应调整合同的某些条款
合同控制管理	(1)合同在实施过程中的控制程序 ①监督检测。对于工程活动具体实施的监督检测是对目标的控制,具体内容有工程的质量检查表、材料耗用表、分项工程的整体进度表及对于工程整体成本进行核算的凭证等 ②跟踪。跟踪是对所采集的工程数据及相关的文件资料进行系统整理之后加以归纳总结,进而得出关于工程具体实施状况的相关信息,如各种质量报告、各种实际进度表、各种成本和费用收支报表以及分析报告。将总结得到的新的信息与制定的工程目标对比,发现不同,找出偏差,偏差的程度即工程实施偏离目标的大小,差别小或没有差别的,可以按原计划继续实施 ③诊断。诊断是指分析差别形成的原因,这就说明正是因为工程施工偏离了最初的目标才会导致差异的出现,必须对其加以分析并找出原因及其产生的影响,分析工程实施的发展趋势 ④调整。一般情况下,工程实施与目标的差别会随着积累不断加大,最终导致工程实施离目标越来越远,甚至导致全部工程项目的失败。因此,在工程实施过程中要不断采取相应的措施予以调整,保证工程实施始终依据合同目标进行

类别	内容
合同控制管理	（2）合同实施控制管理体系。由于工程建设的特点，工程实施过程中的合同管理十分复杂、困难，日常事务性工作非常多。为了使工程实施按计划、有序地进行，必须建立工程承包合同实施控制管理体系 ①进行合同交底，确保相关合同在责任上的落实，切实保障目标管理的实行。分析完合同之后，便是合同交底的流程，目标对象是该合同的管理人员，把合同责任落实到各责任人和合同实施的具体环节上 所谓合同交底，实际上是组织所有的人员对于分析的结果及合同本身进行共同的学习研究，对于合同所涉及的主要内容进行说明和解释，使大家掌握合同的主旨及各项条款和其在工程项目管理上的程序。对于承包商的合同责任、工作范围甚至是其行为所产生的各种法律上的后果，都要充分了解，促进大家从工程建设目标出发，相互协调，避免发生违约行为 对于工程的具体实施，往往首先对整体工程进行分解，将工作职责充分落实到工程施工的各项环节及分包商，使其了解合同实施的必要文件资料，如施工工作表、设备的安装图纸及建筑施工图纸，甚至比较详细的具体施工说明等。对于施工上的技术问题及法律问题都要进行详细的解释与说明，具体如相关工程的技术及质量上的要求、对于工程工期上的要求、对于建筑耗材的基本标准等 工程具体施工之前要切实做好与合作方如监理方、承包方的沟通工作，可以召开相关的协调会议，贯彻工程的各项安排 合同责任的完成必须通过其他经济手段来保证。与分包商主要通过分包合同来明确双方的权利和义务关系，保证分包商及时、完全地履行合同义务。对其违约行为，可依据合同约定进行处罚和索赔。对内部的各工作单元可以通过内部的经济责任制来保证，要建立经济奖罚制度，以保证工程目标的实现 ②建立合同管理工作程序。在工程实施过程中，为了协调各方工作，应订立以下工作程序。 a. 定期或不定期的协商、会办制度。在工程建设过程中，参加工程建设的各方之间，以及他们的项目管理部门和各个施工单元之间，都应建立定期的协商、会办制度，重大议题和决议应用会议纪要的形式予以记载，各方签署的会议纪要是合同的有机组成部分；通过不定期地召开商讨性的会议来解决在具体的施工过程中所出现的一些特殊情况及特殊的问题 b. 有必要建立工程合同具体实施的工作程序。特别是对于那些经常性的工作而言，工作程序的建立显得尤为重要。这样做的好处就是程序的建立使大家都能有章可循，具体包括：对于工程变更的程序、工程账单进行审查的程序或是工程图纸的审批程序、已完成工程的检查验收程序等。虽然这些程序在合同条款中都有约定，但是必须进行详细、具体的规定 ③建立文档系统。工程项目各阶段的合同管理工作中要注重建立完整的文档系统 在合同实施过程中，参加工程建设的各方之间，以及它们内部的项目管理部门和各工作单元之间，都有大量的信息交流。作为合同责任，承包商必须向发包方提交各种信息、报告、请示。这些都是承包商说明其工程实施状况，并作为继续进行工程实施、请求付款、获得赔偿及工程竣工的条件 在招投标阶段和合同实施过程中，承包商做好现场记录并进行保存有着重要的现实意义。在实践中，任何工程都会存在或大或小的风险，产生争议时，就需要证据。一些承包商不重视文档工作，妨碍了造成争议的解决和索赔工作，最终使自身的利益受到损害 各项工程资料及相关的合同资料的采集、整理及存档工作都是由专门的合同管理人员来负责的。工程具体实施的过程中会产生工程的原始资料，这就要求相关的职能人员、工作单元、分包商必须提供相应资料，将责任明确落实 ④工程实施过程中实行严格的检查验收制度。承包商要对材料和设备质量承担责任，应根据合同中约定的规范、设计图纸和有关标准采购材料及设备，并提供产品合格证明，以符合质量标准的要求。合同管理人员应积极做好工程质量工作，建立能够满足工作要求的质量检查和验收制度 ⑤建立报告和行文制度。工程建设各参与方之间的沟通、协调都应采用书面形式，这既符合法律、合同的要求，也是工程建设管理的需要。报告和行文主要包括：对于工程的实施情况的定期报告；对于具体施工过程中的特殊问题及情况所做的书面性文件；涉及合同双方一切工程的相应的手续和签收证明

类别	内容
合同控制管理	(3)合同实施控制管理内容 ①合同管理人员与项目的其他职能人员共同落实合同实施计划,为各工作单元、分包商提供必要的保证 ②在合同约定范围内协调工程建设各参与人及其职能人员、工作单元之间的工作关系,解决合同履行过程中出现的问题 ③对工作单元和分包商进行工作指导,负责合同解释,对工程实施过程发现的问题提出意见、建议或警告 ④会同项目管理其他职能人员检查、监督各工作单元和分包商合同履行情况,保证合同得到全面履行 ⑤会同造价管理人员对工程款账单及收款账单进行审查、确认 ⑥由合同管理人员专门负责合同的变更,以及与工程实施相关的答复、请示的记录工作 ⑦对工程实施的环境进行监控
合同变更管理	(1)工程变更的概念和分类。工程变更是指合同实施过程中,当合同状态改变时,为保证工程实施顺利所采取的对原有的合同内容所进行的部分修改或补充的措施,其中包括相关工程项目的变更、施工条件及计划进度上的变更等,在合同的补充上即在原有的工程量清单里所新增的相关工程等。一般对于工程的变更可分为工程范围变更和工程量变更两大类,每一类中又分若干小类 ①工程范围变更。包括额外工程、附加工程、工程某个部分的删减、配套的公共设施、道路连接和场地平整的执行方与范围、内容等的变更 ②工程量变更。包括工程量增加、技术条件改变、质量要求改变、施工顺序的改变,设备和材料供货范围、地点标准的改变,服务范围和内容的改变,加快或减缓进度 (2)工程变更的程序。工程变更的处理程序应该在合同执行的初期确定,并要保持连续。工程变更一般应按照以下程序进行 ①工程变更的提出。发包方、监理单位、设计单位、承包商认为原设计图纸或技术规范不能适用工程建设实际情况的,都有权向监理工程师提出变更要求或建议,并提交工程变更建议书 ②工程变更建议的审查。监理单位负责对工程变更建议书进行审查,在审查时要充分与工程建设其他参与方进行协商,对变更项目的单价和总价进行估算,分析由变更导致的工程费用的变化数额 ③工程变更的批准与设计。承包商提出的工程变更,经监理单位审查,由建设方批准;设计单位提出的工程变更应与建设方协商后由建设方审查、批准;建设方提出的工程变更,涉及设计修改的,与设计单位协商;监理单位提出的工程变更,如果属于合同约定的监理职责内的,监理单位可决定,不属于合同约定的监理职责内的,由建设方决定 (3)工程变更的管理 ①由工程变更所引起的责任分析。在合同履行的过程中,工程变更是最为复杂也是为数相当多的,这就使得工程变更所引起的索赔数额也是最大的。工程变更所进行的责任分析主要包括两方面内容:什么原因导致了工程的变更?如何对于该工程的变更进行处理?通过对工程变更这两方面的分析直接关系到合同的赔偿问题,是赔偿的重要参考。通过分析,工程变更的类型有两种 一是关于工程变更上的设计变更。工程在这个方面的变更对于工程量的增减及工程质量上或是具体实施方案上的变化都有影响。工程的发包方在工程变更上所享有的权利是由施工合同所赋予的,这样发包方可以根据工程的实际需要直接下达相关工程设计变更的指令,从而实现在设计上的变更 二是工程施工上的方案变更。对于方案变更在其责任的分析上是相对复杂的。首先,承包商会在投标过程中对于工程的具体施工提出相对完备的方案,但是文件中的施工组织设计往往不具针对性。其次,在施工关键性环节所做的变更会直接影响整个工程的进展,往往会导致整个施工方案的变化,而此时施工方案的责任人与工程设计变更的责任人是一致的。

续表

类别	内容
合同变更管理	也就是说,如果设计变更的责任人是发包方,那么所引起的方案变更的责任人也应当是发包方。再次,一般由于地质原因所引发的工程上的变更责任是由发包方来承担的,因为地质问题对于承包商来说是无法预测的。另外,相关的地质报告等都是由发包方所提供的,那么发包方完全有责任对于其所提供地质报告的准确性承担相应的责任。最后,在工程变更中对于施工进度所进行的变更是相当频繁的,通常业主会在工程的招标文件中确立工程的工期,这样承包商往往会在标书中体现出该项工程在具体实施上的总计划,并且在承包商的标书中标之后,应当制订一份更为详细透彻的施工计划及安排,然而在该计划具体的实施过程中,每个月都会有工程进度上新的调整和计划,这都是需要由发包方或是工程师批准之后施行的 　　②对于工程变更的合同条款进行分析。这方面应当引起承包方及发包方的共同注意,特别是对于承包商而言,分析合同中相应的条款变更是很重要的。当然,合同的变更也是在合同的规定范围内开展的,一旦对工程所做的变更超越了合同所规定的范围,那么承包商对于这些条款有权不予执行。对于项目工程师或业主对工程变更是否认可的内容必须进行相应的限制。对于工程建设材料的认可往往都是由工程发包方所委托的工程师进行专业的检测来确定的,就是为了保证工程建筑材料良好的质量,但是对于承包商而言无疑是一种高要求,在合同中在相关约定的条款上含糊其辞往往会出现争议及纠纷。对于材料的认可方面,若明显不符合所签订的合同规定范围,而且如果工程的承包商同时具有发包方或相应的工程师对其的书面确认,那么发包方则往往会落入合同索赔的陷阱之中。所以,这就要求所有的合同性文件都要有专业的合同管理人员对其进行法律及专业技术上的分析审查,才会避免合同问题的出现

7.2.6　项目工程总承包合同风险管理

7.2.6.1　项目工程总承包合同风险的简况

项目工程总承包合同风险及规避要点如图7-4所示。

（1）项目工程总承包合同的简况

由于项目是由工程总承包企业按照合同双方约定,承担工程项目的设计、采购、施工、试运行服务等工作,并对承包工程的质量、安全、工期、造价全面承担责任。该合同格式主要适用于那些专业性强、技术含量高、结构、工艺较为复杂、一次性投资较大或特大型的建设项目。在实践中,对于此类项目,业主宁可支付相对较高的费用,也期望在合同中固定价格、固定工期,并保证项目成功地实施建设,从而使工程的成本和自己分担的风险具有更大的确定性。合同正是FIDIC在理解、承认并尊重业主的这种愿望和需求的基础上制定的。

（2）项目工程总承包合同的风险管理

EPC工程项目风险管理,的的确确是一项非常重要的问题。EPC指业主选择一家总承包商或总承包联营体负责整个工程项目的设计、设备和材料的采购、施工以及试运行的全过程、全方位的总承包任务。此类项目建设规模大、工期跨度长、各系统繁杂、涉及的专业技术面广,导致EPC项目的合同风险更为重要。

合同风险包括:合同条款内风险、合同条件外风险和总承包商合同管理风险。合同条款应本着平等、公平、诚实信用、遵守法律和社会公德的原则。每一条款都应仔细斟酌,避免出现不平等条款、定义和用词含混不清、意思表达不明的情况,还应注意合同条款的遗漏,合同类型选择不当。

合同管理是承包商获利的关键手段。不善于管理合同的承包商是绝对不可能获得理想的经济效益的。它主要是利用合同条款保护自己的合法利益,扩大受益,这就要求承包商具有渊博

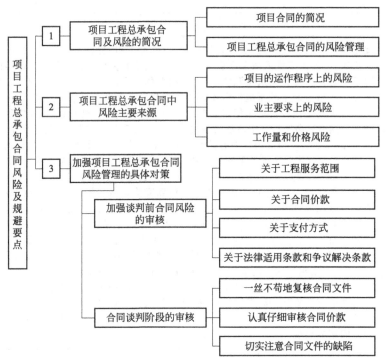

图 7-4　项目工程总承包合同风险及规避要点

的知识和娴熟的技巧，要善于开展索赔，否则，只能自己承担损失。因此要注意合同中的工程范围、合同价格及其款项支付方式、保函条件和违约条款等合同内容，并加强合同条款的审核。

7.2.6.2　项目工程总承包合同中风险主要来源

（1）项目运作程序上的风险

项目总承包合同通常都是总价合同，总承包商承担工作量和报价风险。承包商按照合同条件和业主要求确定的工程范围、工作量和质量要求报价。但业主要求主要是面对功能的，没有明确的工作量，总承包合同规定：工程的范围应包括为满足业主要求或合同隐含要求的任何工作，以及合同中虽未提及但是为了工程的安全和稳定、工程的顺利完成及有效运行所需的所有工作。因此总承包商在投标报价时工作量和质量的细节是不确定的。

（2）业主要求上的风险

合同规定：承包商应被视为在基准日期前已仔细审查了业主要求。承包商应负责工程的设计，并且在除业主应负责的部分外对业主要求的正确性负责。承包商必须按照合同条件和业主要求报价，但业主对原合同内的业主要求中的任何错误、不准确、遗漏不承担责任，业主要求中的任何数据和资料并不应被认为是准确性的和完备性的表示。承包商从业主处得到的任何数据或资料不应解除承包商对工程的设计和施工责任。

（3）工作量和价格风险

项目工程总承包合同通常采用总价合同形式，除了业主要求和工程有重大变更外，一般不允许调整合同价格。除此之外，EPC 总承包合同还规定：承包商应支付根据合同要求应由其支付的各项税费。除合同明确规定的情况外，合同价格不应因任何税费进行调整；另外当合同价格要根据劳动力、货物以及工程的其他投入的成本的升降进行调整时，应按照专用条件的规定进行计算等。

7.2.6.3 项目工程总承包合同风险管理流程

项目工程总承包合同风险管理流程如图 7-5 所示。

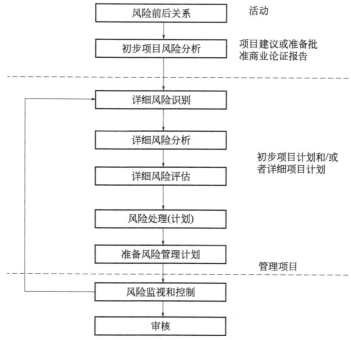

图 7-5 项目工程总承包合同风险管理流程

7.2.6.4 项目工程总承包合同的履约管理

在项目工程总承包合同的履约管理中，其工作内容广泛，内涵非常丰富，其要点（不少于）如图 7-6 所示。

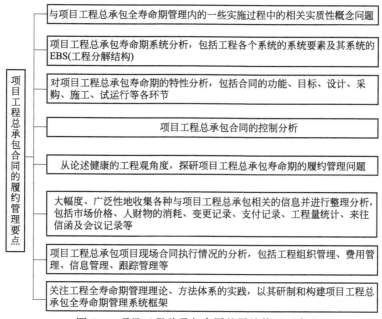

图 7-6 项目工程总承包合同的履约管理要点

7.2.6.5 EPC项目工程总承包合同变更管理要点

项目工程总承包项目实施过程中，由于项目规模、施工跨度、合同理解、自然条件、资金到位等种种原因，造成工程变更的情况是习以为常的事，有经验的承包商已有思想和心理准备。现将要点列出，如图7-7所示。

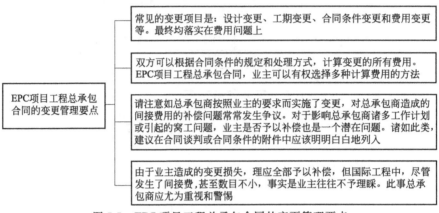

图 7-7 EPC 项目工程总承包合同的变更管理要点

7.2.6.6 项目工程总承包合同索赔管理要点

索赔是指在实施合同过程中，一方违约而导致另一方遭受损失时，无违约方向违约方提出的费用或工期补偿要求。这是大型、特大型工程总承包项目常常发生的事宜，业主方和承包商对此都很重视，都有思想准备、心理准备和应对准备，也是 EPC 项目工程总承包合同的一个敏感点之一，如图7-8所示。

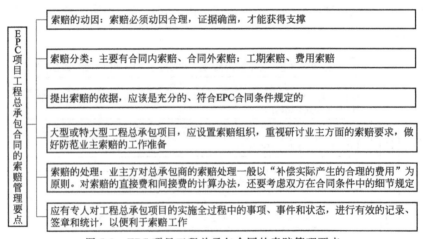

图 7-8 EPC 项目工程总承包合同的索赔管理要点

▶▶ 7.3 项目工程总承包合同争议解决模式要点及工程项目争端解决途径

参照国际工程的争议调解机制一般有4种解决方式：和解、调解、仲裁与诉讼。现重点介绍工程实施过程中的各调解机制要点（图7-9）。

图 7-9 国际工程的争议调解机制要点

7.3.1 国际咨询工程师联合会"红皮书"中的调解

以《土木工程施工合同条件》("红皮书")为代表,一直沿用首先将争议提交给工程师,由工程师进行调解并向合同双方提出解决争议的复审决定。如任一方不同意,或开始时双方均同意但事后又有一方不执行,则只有走向仲裁。在合同双方得到工程师的决定后如果一方不同意并要求仲裁,还应经过一个 56 天的"友好解决"期,如不能和解或调解,则走向仲裁。但对于由工程师来处理争议的方式,人们提出了质疑和批评,理由如下。

① 虽然在合同条件中规定工程师应在管理合同中行为公正,但由于工程师是受雇于业主,相当于业主的雇员,因而很难保证其公正性。

② 因为承包商向工程师提交的争议,大多数是工程师在工程实施过程中已做出的决定,当承包商有异议并提议工程师要求复审时,实际上就是要求工程师推翻或修改其原来的决定,因此,从心理学的观点来看,这种解决争议做法的成功率也不高,这一点在实践中得到了证明。FIDIC 的这种办法,也是英国的一些合同条件(如 ICE)一直沿用的方法。

7.3.2 美国建筑师学会合同条件中的调解

美国的工程项目大多采用美国建筑师学会(AIA)编制的合同条件。AIA 编制的部分合同条件也得到美国总承包商会的认可,在美国及美洲广泛采用。AIA 系列文件的 A201 文件"工程承包合同通用条款"中规定,凡对索赔有争议时,都要首先提交建筑师做决定,如双方对建筑师的决定均同意,则应执行,否则任一方可要求仲裁或由其他司法程序解决,但此前必须先通过调解。第 4.5 款(调解)规定:除非双方另有协议,否则争议双方必须先到"美国仲裁协会"进行书面登记,也可同时提出仲裁要求,但必须在仲裁之前先进行调解。调解需根据《美国仲裁协会建筑业调解规则》进行,如果登记后 60 天的调解期内还未能解决问题,则开始仲裁或诉讼。经调解达成的协议具有法律效力。

7.3.3 建立"争议评审委员会"的调解

该方式是 20 世纪 70 年代首先在美国发展起来的。美国科罗拉多州的艾森豪威尔隧道工程包含价值 1.28 亿美元的土建、电气和装修 3 个合同,4 年工程实施中发生了 28 起争议,均通过 DRB 的调解得到了解决，并得到双方的尊重和执行。这种调解方式的成功引起了美国工程界的广泛关注。之后在许多工程中推广了 DRB 方式。可采用 3 种方式中的任一种来调解争议：DRB（三人）；DRE（一位争议评审专家）；"红皮书"中的工程师。

7.3.4 建立争议裁决委员会的调解

在《工程合同条件》（新红皮书）、《工程设备与设计——建造合同条件》（新黄皮书）、《EPC 交钥匙项目合同条件》（银皮书）中，均统一采用 DAB，并且附有"争议裁决协议书的通用条件"和"程序规则"等文件。由于 DRB 和 DAB 都借鉴在美国采用 DRB 的经验，因此两者的规定大同小异。

7.3.4.1 DAB 委员的选聘

DAB 的委员一般有 3 人，小型工程可只有 1 人。委员的聘任是由业主方和承包商方在投标函附录规定的时间内各提名一位委员并经对方批准。然后由合同双方与这两位委员共同商定第三名成员作为 DAB 的主席。如果组成 DAB 有困难，则采用专用条件中指定的机构（如 FIDIC）或官方提名任命 DAB 成员，该任命是最终的和具有决定性的。DAB 委员的酬金由业主和承包商双方各支付一半。每个委员与合同双方应签订一份争议裁决协议书，其范本格式附在合同条件的文本中。

7.3.4.2 DAB 方式解决争议的程序

合同任一方均可将项目实施过程中产生的争议直接提交给每一位 DAB 委员，同时将副本提交给对方和工程师。合同双方均应尽快向 DAB 提交自己的立场报告以及 DAB 可能要求的进一步的资料。DAB 在收到提交的材料后的 84 天内应就争议事宜做出书面决定。如果合同双方同意则应执行本决定。如果合同双方同意 DAB 的决定，但事后任一方又不执行，则另一方可直接要求仲裁。如果任一方对 DAB 的决定不满意，可在收到决定后 28 天内将其不满通知对方（或在 DAB 收到合同任一方的通知后 84 天内未能做出决定，合同任一方也可在此后 28 天内将其不满通知对方），并可就争议提出要求仲裁。但在发出不满通知后，双方仍应努力友好解决，如未能在 56 天内友好解决争议，则可开始仲裁（DRB 没有"友好解决"这一步骤）。

争议应在合同中规定的国际仲裁机构裁决。除非另有规定，应采用国际商会的仲裁规则。在仲裁过程中，合同双方及工程师均可提交新的证据，DAB 的决定也可作为一项证据。DAB 解决争议的程序如图 7-10 所

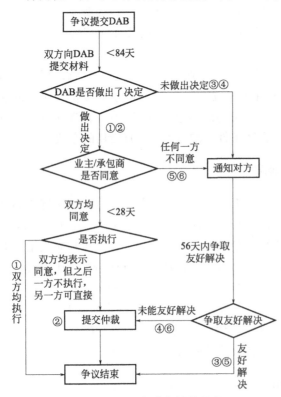

图 7-10 DAB 解决争议的程序
①双方执行 DAB 的决定解决争议；②④⑥依靠
仲裁解决争端；③⑤通过协商友好解决

示。工程项目争端解决途径比较如表 7-3 所示。

表 7-3　工程项目争端解决途径比较

解决途径	争端形成	解决速度	所需费用	保密程度	对协作影响
协商解决（Negotiation）	在合同实施过程中随时发生	发生时，双方立即协商，达成一致	无须花费	纯属合同双方讨论，完全保密	据理协商，不影响协作关系
中间调解（Mediation）	邀请调解者，需时数周	调解者分头探讨，一般需要 1 个月	费用较少	可以做到完全保密	对协作影响不大
调停和解（Conciliation）	双方提出和解方案，需时约 1 个月	双方主动调解，1 个月内可解决	费用甚少	可以做到完全保密	和解后可恢复协作关系
评判（Adjudication）	双方邀请评判员，组成 DAB	DAB 提出评判决定，需 1 个月左右	请评判员，费用甚少	系内部评判，可以保密	有对立情绪，影响协作
仲裁（Arbitration）	申请仲裁，组成仲裁庭，需 1~2 个月	仲裁庭审，一般 4~6 个月	请仲裁员，费用较高	仲裁庭审，可以保密	对立情绪较大，影响协作关系
诉讼（Litigation）	向法院申请立案，需时 1 年，甚至更久	法院庭审，需时很长	请律师等，费用较高	一般属公开审判，不能保密	敌对情绪，协作关系破坏

7.3.5　ECC 合同中的调解

英国土木工程师学会（ICE）《工程施工合同》（ECC），充分体现了相互合作防范风险和通过调解在工程实施过程中解决争议的理念，主要体现如下几点。

① 合同核心条款规定：工作原则是合同参与各方在工作中应相互信任、相互合作。

② 风险由合同双方合理分担，并鼓励双方以共同预测的方式降低风险发生率。

③ 在工作程序中引入"早期警告程序"，以防范风险。合同中除共用的核心条款外，还提供了 6 种主要选项（即 6 种管理和支付方式）与 10 种次要选项，明确业主的 6 大类风险和承包商的风险以及可补偿事件的处理方法。任一方觉察到有影响工期、成本和质量的问题时，均有权要求对方参加"早期警告"会议，以共同采取措施，努力避免或减少损失。

④ 引入了裁决人（Adjudicator）制度，裁决人类似前面介绍的 DAB 委员，也是由合同双方推选并相互批准，费用由双方平均分摊。裁决人的工作一般是当合同一方将争端提交给他之后才去现场听取双方意见，并在 4 周内提出调解性质的裁决意见及理由，如合同任一方不同意该裁决意见，仍可将争端事件提交仲裁庭。待工程完工后才可开始仲裁。

7.3.6　"伙伴关系"合同文本中的调解

"伙伴关系"的概念首先源自日本、美国和澳大利亚，并于 20 世纪 90 年代开始在英国、中国香港等地盛行。在"伙伴关系"模式下，项目各方通过相互的理解和承诺，着眼于各方利益和共同目标，建立完善的协调和沟通机制，以实现风险的合理分担和矛盾的友好解决。

2000 年英国咨询建筑师协会（ACA）起草了"PPC2000 ACA 项目伙伴关系合同"，其中规定要任命一名伙伴关系团队成员均同意的"调解人"，在将争议提交诉讼或仲裁之前，先提交调解人按照 ACA 的调解程序调解。如调解成功，项目团队各方签署的书面协议对各方均有约束力，如一方不遵守，其他任一方均可要求进入裁决程序，即选定一个裁决人对争端进行裁决。如对裁决结果仍不同意，即可进入仲裁或诉讼。中国香港房屋署和交通署的"伙伴关系"项目管理文件中也设有"解决争议顾问"，以调解争议。

▶▶ 7.4 某 EPC 工程总承包项目管理及解析

7.4.1 跨域资源共享项目概况

×国国家石油公司是该国最大的国有公司，主营石油开采及石油炼制。×国炼厂改造项目工程于 1998 年开始进行国际招标，当时有英国、德国、西班牙、韩国、沙特阿拉伯等国家十余家工程公司参与竞标。本案例工程总承包公司经几轮激烈竞标，于 2000 年 3 月与该国国家石油公司签署总承包合同。合同总额 1.5 亿美元，其中 EPC 工程合同额 1.43 亿美元，其余部分为计划安排的两年备品备件采购额 0.07 亿美元。

合同工作范围分为两大部分，即新建××油库工程和××炼厂改造工程。

油库工程包括在现有的三个码头泊位上安装 6 台输油臂及其配套设施，新建 9 台，总容积为 26 万立方米的原油贮罐及相关机泵输送和调适设施。具体工作范围包括按该国国家石油公司及国际通行的标准规范进行基础设计，安排全部设备材料的国际采购，以招标方式安排该国当地队伍施工安装，本案例工程总承包公司工程技术人员负责工程管理及监理。此外，油库工程的单机试运、联运等全部预投料试车工作，油库的全部接油入库、原油调和及外输等试车任务，均由本案例工程总承包公司派出的开工队负责。从 2001 年 1 月合同生效开始，直至 2003 年 3 月油库开始接卸原油，我们用了 26 个月的时间完成了大型油库 EPC 交钥匙工程。

炼厂改造工程的情况相对要复杂许多。业主在招标前进行相应的方案可行性研究，确立了几项改造原则，即装置改造后要适于加工四种组分各异的调和原油（即四种不同工况），并保持炼厂的原油加工能力不变，产品必须符合该国国家石油公司质量标准，产品回收率可以依据原油性质做合理的调整等。根据上述改造原则，本案例工程总承包公司工作范围被延伸到前期的方案比选、方案设计及基础设计（该内容非通常 EPC 项目的工作内容），即首先要对既有炼油装置进行全面调查摸底，收集全部工艺及设备相关资料及实际生产数据，在此基础上提出改造方案并进行基础设计。在完成这些前期工作并得到业主确认后，方可进入详细设计、设备材料采购、施工等 EPC 工程的工作。此外，要协助业主进行重新投油试车，直至生产出合格产品。由于改造后装置要加工的中亚原油组分变轻，含盐量剧增，蒸馏装置需要增设脱盐器、加热炉，更换常减压蒸馏塔绝大部分塔盘，更换和调整相当数量的换热器、机泵及相关管道、仪表。此外还需要对减黏、LPG 回收、硫黄回收等装置进行大规模改造。针对原油中硫醇含量偏高，还需新建 LPG 及直馏石脑油脱硫醇装置。

7.4.2 合同类型

① 本合同类型为固定总价的 EPC 总承包合同，采用 FIDIC 的 EPC/交钥匙工程合同条

件。中国××工程建设公司（SEI）负责合同项目的设计、采购、施工和试车服务。

② 该项目由×国国家石油公司提供信用担保，由承包商负责从国际相关银行获取贷款作为项目资金（项目的融资工作由 SEI 的合作伙伴分工负责）。业主承诺按贷款合同规定的时间表无条件按期偿还银行贷款，并以其自有的原油长输管线承输的中亚原油所收取的管输费作为基本还款资金来源。

7.4.3 合同费用

本项目工程总承包合同额为 1.43 亿美元，在合同执行过程中工作范围有一定的增减变化，至本项目 2004 年初与业主结算时，合同变更增减金额基本持平，总合同额仍维持在 1.43 亿美元。业主原计划安排的 700 万美元备品备件的采购改由业主自行安排，不再计入本合同总价范围内。

到目前为止，本项目应收 1.43 亿美元工程款已全部进入本案例工程总承包公司账户。扣除本案例工程总承包公司全部采购、施工费用支出及公司管理与设计成本，并扣除合作伙伴融资业务取费以外，本项目成功实现了合理数额的盈余。

7.4.4 合同工期

本项目 2000 年 3 月签署总承包合同，因国际环境以及合同生效条件如融资、输油协议及其他因素的影响，合同于 2001 年 1 月正式生效启动。按合同规定油库及三个炼厂应分别于合同生效后的 26 个月、30 个月、32 个月、34 个月内竣工投产。SEI 按合同工期要求完成了全部工作。

7.4.5 合同合作方式

本项目承包商为中国××工程建设公司（SEI）-VITOL（×国的原油贸易公司）-亚联（FEDERAL ASIA）（中国香港的商贸公司）三方联合体。在联合体内部协议及 CROS 项目总合同书中明确界定了三方责任与义务，即 SEI 作为本联合体首脑，负责本项目 EPC 的全部工作并承担相应责任与义务；VITOL 与亚联联合负责项目融资并向该国国家石油公司提供一定数额的中亚原油用于串换，同时承担相应责任与义务。

7.4.6 项目管理的集成化

项目管理的集成化就是将项目不同阶段（设计、采购、施工）；不同范围，包括工艺设计、基础设计、详细设计；计划与进度控制、估算与费用控制；采购与材料控制、合同控制、文档管理等通过 IT 的应用，不同软件的数据的集成，形成一个系统，实现数据共享，优化管理。

系统的集成主要体现在对各自不同软件相关部分的数据接口，主要有：进度控制和费用控制软件的接口；设计产生的 BOM 表与材料控制软件的接口；信息管理平台上的所有设计、采购、施工等信息的共享等。目前伊朗项目的计划与进度控制采用 P3 软件进行管理，估算与费用控制采用 Cobra 软件进行管理，采购与材料控制软件采用自行开发的 Lunar 软件进行管理，文档管理采用基于 Lotus Notes 开发的项目管理信息平台进行管理；Cobra 软件的费用分解可以直接从 P3 软件中传递过来，可以与 P3 有直接接口；自行开发的采购与材料控制软件 Lunar 中的数据可以直接从设计生成的电子料表导入系统中，实现数据共享；项目管理信息平台可以将项目的进度信息、费用信息、项目文档、技术标准、ISO 9000 文件等信息都反映在此平台上，如图 7-11 所示。

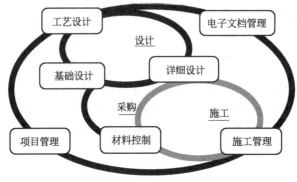

图 7-11　项目管理集成系统

7.4.7　项目设计与工程新技术

CROS 项目是固定总价合同，任何多余的不必要的改造都意味着是公司的损失。在合同生效前，SEI 在收集全厂技术资料的同时，以满足合同最低要求为前提，不断优化各装置的进料，将需要改造的装置和设备降到最低水平，为此共向业主提交了 7 版全厂总流程（每版包括 4 种原油加工方案），并在项目开工会上得到业主的确认。主要装置改造所采用技术的特点如下。

① 常减压装置为本次改造的主要装置，采用了以下技术优化设计，改善操作，同时降低费用。

a. 采用窄点技术优化换热网络，在最低限度地新增和调整换热设备的同时，提高了换热终温，降低了操作费用，减少了后续加热炉的负荷。

b. 新增加热炉与现有加热炉并联操作，这种生产方案大大增加了装置操作灵活性。

c. 对常压塔、减压塔采用了新型高效的填料及塔盘，以适应多种原油及产品方案。

② 减黏改造采用了中国××科学研究院的专有技术——SOAKER 反应器工艺技术，用简便、直接、先进的技术方案完成了改造，满足了合同对产品规格要求，同时大幅度地降低了操作苛刻度及装置燃料耗量，既减少了操作费用，又延长了原有设备的寿命。

③ 硫黄回收装置直接关系到环境保护。本次改造采用了新型热反应器及低 SO_x、NO_x 燃烧器，使装置的操作弹性、产品质量大大提高，减少了环境污染。

上述新工艺、新方案、新设备的使用，使得本项目的技术先进性和经济合理性得到了较好的统一，既满足了合同总体要求，节省了费用，也得到最终用户从生产操作角度的高度评价。

7.4.8　项目合同管理与控制

项目在确定 WBS 的同时，结合项目的特点，开发出了项目 OBS。项目初期，分为北京总部和×国现场两地，×国又细分四个分现场，不同时期各地的功能也不尽相同，随着项目的进展，工作重点由北京逐步转移到×国现场，北京总部自动削减成项目协调处。

① 项目合同管理的目标。通过主合同管理，在保护和实现业主的利益的同时，充分合理地利用合同的规定，以保护和实现公司和项目的利益。通过分包管理，为分包商执行项目提供理想环境，创造合理条件，最大限度地降低发生项目分包索赔的风险；与此同时，事先为合同索赔制定必须遵循的原则。

② 施工分包合同根据 CROS 项目的性质，按照工作范围及当地的具体情况，分包工作除少量的 EPC 工作包外，均为传统施工承包工作，一般按土建、机械安装、电仪专业划分。项目强调工作包的划分和界定，要从技术上和经济上创造条件，保证整个项目的工期和费用；创造条件实施闭口总价分包。

工作包的划分，强化工作范围的界定，保证工作量的最大准确性，最大限度地降低项目实施过程中的不确定性和不可预见性，减少分包合同执行过程中发生工作范围纠纷的可能性。

其他方面管理本书略。

7.4.9　项目总结

本案例采用 EPC 管理模式，主要将不同设计层面、计划与实际进度、估算造价与实际成本、材料控制、文档资料等，通过 IT 技术集成数据，优化系统和管理，启用了新工艺、新方案、新设备，合理分包，明确工作界面，减少项目变更及矛盾，顺利完成了合同任务，取得了各方均赢的预期效果，值得其他类似工程项目借鉴。

第**8**章

项目工程总承包施工管理

▶▶ 8.1 工程总承包施工管理基本要求

8.1.1 一般规定

① 工程总承包项目的施工应由具备相应施工资质和能力的企业承担。

② 施工管理应由施工经理负责，并适时组建施工组。在项目实施过程中，施工经理应接受项目经理和工程总承包企业施工管理部门的管理。

8.1.2 施工执行计划

① 施工执行计划应由施工经理负责组织编制，经项目经理批准后组织实施，并报项目发包人确认。

② 施工执行计划宜包括下列主要内容：

a. 工程概况；

b. 工程施工组织原则；

c. 工程施工质量计划；

d. 工程施工安全、职业健康和环境保护计划；

e. 工程施工进度计划；

f. 工程施工费用计划；

g. 工程施工技术管理计划，包括施工技术方案要求；

h. 工程施工资源供应计划；

i. 工程施工准备工作要求。

③ 施工采用分包时，项目发包人应在施工执行计划中明确分包范围、项目分包人的责任和义务。

④ 施工组应对施工执行计划实行目标跟踪和监督管理，对施工过程中发生的工程设计和施工方案重大变更，应履行审批程序。

8.1.3 施工进度控制

① 施工组应根据施工执行计划组织编制施工进度计划，并组织实施和控制。

② 施工进度计划应包括施工总进度计划、单项工程进度计划和单位工程进度计划。施工总进度计划应报项目发包人确认。

③ 编制施工进度计划的依据宜包括下列主要内容：

a. 项目合同；

b. 工程施工执行计划；

c. 工程施工进度目标；

d. 工程施工计划文件；

e. 工程施工现场条件；

f. 工程施工计划；

g. 工程施工有关技术经济资料。

④ 施工进度计划宜按下列程序编制：

a. 收集编制依据资料；

b. 确定进度控制目标；

c. 计算工程量；

d. 确定分部、分项、单位工程的施工期限；

e. 确定施工流程；

f. 完成施工进度计划；

g. 编写施工进度计划说明书。

⑤ 施工组应对施工进度建立跟踪、监督、检查和报告的管理机制。

⑥ 施工组应检查施工进度计划中的关键路线、资源配置的执行情况，并提出施工进展报告。施工组宜采用赢得值等技术，测量施工进度，分析进度偏差，预测进度趋势，采取纠正措施。

⑦ 施工进度计划调整时，项目部按规定程序应进行协调和确认，并保存相关记录。

8.1.4　施工费用控制

① 施工组应根据项目施工执行计划，估算施工费用，确定施工费用控制基准。施工费用控制基准调整时，应按规定程序审批。

② 施工组宜采用赢得值等技术，测量施工费用，分析费用偏差，预测费用趋势，采取纠正措施。

③ 施工组应依据施工分包合同、安全生产管理协议和施工进度计划制订施工分包费用支付计划和管理规定。

8.1.5　施工质量控制

① 施工组应监督施工过程的质量，并对特殊过程和关键工序进行识别与质量控制，同时应保存质量记录。

② 施工组应对供货质量按规定进行复验并保存活动结果的证据。

③ 施工组应监督施工质量不合格品的处置，并验证其实施效果。

④ 施工组应对所需的施工机械、装备、设施、工具和器具的配置以及使用状态进行有效性和安全性检查，必要时进行试验。操作人员应持证上岗，按操作规程作业，并在使用中做好维护和保养。

⑤ 施工组应对施工过程的质量控制绩效进行分析和评价，明确改进目标，制定纠正措施，进行持续改进。

⑥ 施工组应根据施工质量计划，明确施工质量标准和控制目标。

⑦ 施工组应组织对项目分包人的施工组织设计和专项施工方案进行审查。

⑧ 施工组应按规定组织或参加工程质量验收。

⑨ 当实行施工分包时，项目部应依据施工分包合同约定，组织项目分包人完成并提交质量记录和竣工文件，并进行评审。

⑩ 当施工过程中发生质量事故时，应按国家现行有关规定处理。

8.1.6 施工安全管理

① 项目部应建立项目安全生产责任制，明确各岗位人员的责任、责任范围和考核标准等。

② 施工组应根据项目安全管理实施计划进行施工阶段安全策划，编制施工安全计划，建立施工安全管理制度，明确安全职责，落实施工安全管理目标。

③ 施工组应按安全检查制度组织现场安全检查，掌握安全信息，召开安全例会，发现和消除隐患。

④ 施工组应对施工安全管理工作负责，并实行统一的协调、监督和控制。

⑤ 施工组应对施工各阶段、部位和场所的危险源进行识别及风险分析，制定应对措施，并对其实施管理和控制。

⑥ 依据合同约定，工程总承包企业或分包商必须依法参加工伤保险，为从业人员缴纳保险费，鼓励投保安全生产责任保险。

⑦ 施工组应建立并保存完整的施工记录。

⑧ 项目部应依据分包合同和安全生产管理协议的约定，明确各自的安全生产管理职责和应采取的安全措施，并指定专职安全生产管理人员进行安全生产管理与协调。

⑨ 工程总承包企业应建立监督管理机制。监督考核项目部安全生产责任制落实情况。

8.1.7 施工现场管理

① 施工组应根据施工执行计划的要求，进行施工开工前的各项准备工作，并在施工过程中协调管理。

② 项目部应建立项目环境管理制度，掌握监控环境信息，采取应对措施。

③ 项目部应建立和执行安全防范及治安管理制度，落实防范范围和责任，检查报警和救护系统的适应性及有效性。

④ 项目部应建立施工现场卫生防疫管理制度。

⑤ 当现场发生安全事故时，应按国家现行有关规定处理。

8.1.8 施工变更管理

① 项目部应按合同变更程序进行施工变更管理。

② 施工组应根据合同变更的内容和对施工的要求，对质量、安全、费用、进度、职业健康和环境保护等的影响进行评估，并应配合项目部实施和控制。

▶▶ 8.2 项目工程总承包施工管理内容

8.2.1 施工进度控制

施工进度控制内容，见表 8-1。

表 8-1 施工进度控制内容

类别	内容
编制合理的施工进度计划	施工进度计划的安排和控制是项目管理、控制的重要内容。在项目总进度计划的指导下，在保证各项工作的深度和质量的前提下，合理安排施工顺序和现场规划，避免因施工方案安排错误而造成延误，同时协调施工外部环境，使其能够促进施工进展，减少外部阻力，从而达到缩短整个项目建设周期的目的。这些是项目经理及全体项目部成员的重要工作目标。其主要过程包括以下几个方面 (1)分析并论证项目总进度计划(包括设计、采购) (2)编制二级进度计划，不断深化该进度计划成三级计划 (3)协调设计、采购、施工、试运行等主要里程碑的进度衔接 (4)制定进度控制流程 (5)定期检查进度情况，审查进度偏差情况，并部署后续进度任务 (6)审查用户变更及项目变更对进度的影响
快速进场，按计划准时开工	保证工程第一时间开始施工，并且具有不间断施工的条件就是要有一整套项目前期的筹备方案。按照工程进度要求，项目部做好相应的前期动员，以及所需的施工资源准备。前期准备需借鉴已往相似工程总承包项目积累的成功经验，从设备供应、技术资料、设计图纸等方面协助项目公司工作。利用以往施工积累的经验教训、技术资料，编制施工组织总设计、质量计划、作业指导书、施工组织专业设计、验收评定表，制订周密的设备材料供应及施工进度三级计划。根据施工组织设计文件及项目公司批准的总平面图纸文件，对生产和生活临建施工进行合理安排，快速进场形成生产能力
优化资源配置，实施动态管理，确保工程进度需要	优化资源配置，保证资源供应是确保工程进度的重要条件。按照实际工程总承包总体计划进度的要求，运用现代化网络技术，进行资源优化配置，运用相关管理软件进行动态跟踪和调整，保证项目材料的供给与施工计划相匹配 (1)保障人力资源的科学调配。按施工组织设计劳动力计划曲线，进行优化配置，根据实际施工进度进行动态调配 (2)优化机械设备投入。为确保工程进度按期完成，根据建设项目的特点，很多大型的机械设备需要满足一定的环境要求，如龙门吊、送料卷扬机等。还有一些在施工过程中试验所需的设备，如钢筋焊机、无损检测装置等。以上设备都需要按照要求采购，保证整个项目机械化运转正常 (3)加强管理、做好物资供应保障。工程总承包项目负责人应该强化机械设备和物资的管理职能，实时地与所在区域的监理企业进行协调，制订采购进场计划。同时，机械设备的维护和管理要有专人负责，人员数量要与现有设备相匹配。要求相关人员娴熟地掌握物资系统的应用，实行科学的管理，利用网络实现沟通和传输数据的功能。运用相关标识系统实现产品的登记、检查验收、分配管理等功能 材料采购部门的前期准备必须十分充足，合理安排物资采购、预定或提前加工，要有预判物资是否能够及时充分地运达施工现场的能力。积极协调业主、监理方在物资机械的交付过程中关于瑕疵的处置，进而保证每个进度节点都能够满足既定要求 制订材料、构件、半成品及加工件需要量计划，保障采购、运输、保管和发放渠道畅通。编制施工机具需要量计划及进入施工现场时间计划，合理调配提高机具的利用率
优化施工顺序，合理安排工序	构建完整的现场指挥调配体系，强化施工场地的沟通和组织工作职能，科学地布置每个分部分项工程，保证现场各项工作井然有序地进行，通过合理安排各工序、工种之间协调作业，使下道工序能够尽早提前开工，使总工期得以缩短

类别	内容
编制科学的技术方案，保证进度	(1)制定切实可行的作业指导书，确保高质量、高效率、安全、准时地完成工程项目建设。总承包商需根据本次施工建设的始末所遇到的问题和困难，以及解决问题的办法措施，对这些资料进行分类梳理，总结经验教训，更好地为今后的工程总承包项目服务 (2)完善图纸的会审质量，要提升会审的水平，进而将施工质量提上更高的台阶，避免因图纸因素导致进度滞后的现象发生，保障项目建设稳步推进 (3)强化技术交底的目的、意义和交底质量。交底的最终目的就是要让所有人员明白自己要做的工作包括哪些，如何高质量地完成这些工作。好的技术交底能够合理利用工期，避免成本浪费，保证进度按计划顺利进行 (4)科学进行厂区的分组合并。根据材料产品的特殊性，如材料占地、运输方便性、施工工序等要求进行科学的重组优化，保证进度不落后、设备安装符合要求、管线布置在允许的误差之内，避免窝工
加强施工组织管理，抓好关键节点进	(1)为了尽快地满足施工进度要求，不滞后，必须要投放丰富的机械和人力、物力，最大限度保证多个节点平行作业，把准备工作做充分 (2)科学调配，最大限度地运用可以利用的资源减少关键线路时间。做好施工前的计划工作，进一步完善施工计划，编制特殊天气施工技术守则。围绕施工管理重点狠抓关键路线，紧紧地以最长时间的线路为中心，组织利用现有资源，保证每一个工序都能够顺利进行，这些工作能否顺利进行直接影响项目的工期，所以要充分保证人员和机械富足 (3)构建完整的管理体系，完善每个部门的制度建设，按照层级进行布置，实行岗位责任制 (4)工程所在项目人员必须听从业主和监理的指挥及监督管理，积极与各方主体沟通，包括物资设备生产商等 (5)强化项目的施工管理，必须有完整的沟通调配体系。每周定期定时组织生产协调会，各负责人汇报各自部门的生产情况，形成汇总材料，与进度计划进行对比，根据现有的资源进行进度计划动态调整，保证工期不滞后 (6)强化项目施工便道和料场的管理水平，尽力保证所需的材料运输畅通周转；对于现场临时放置且不便移走的设施的管理可以加强，对需要拆除的临时安装工程委派对应人员进行维修管理，确保施工用水、用电及时供应，加强对临时排水系统的管理，尽力减少可避免的人为因素和自然因素对施工的影响，使工人可以正常施工 (7)对设备及系统的调试和验收进行严格把关。加强对设备从静态到动态运行、生产的管理，大力完善执行分包制度。在设备运行前期，准备工作做得越完善充分，后续的运营状态越安全可靠，运行的状况更加优良，各机械设备载重作业，机械施工环境更加优良，维修维护时间逐渐缩短，种种状况叠加在一起，保证进度计划稳步推进
以质量保进度	构建整套的质量管理制度和方案，搭建管理框架，在项目施工初期，按照实际情况和工期要求制定前期规划，制定好质量的等级指标，分析项目可能的风险因素，对风险因素进行分类统计，按照业主和监理的验收指标做好保证质量的相关措施，高水平地控制好项目建设的各个环节，进而在提升进度的同时避免窝工 (1)总承包商按照业主和监理方关于项目的进度计划及要求达到的质量等级编写需要培训的内容规划，按照工程涉及的方方面面，有效地组织开展各项培训工作，提升专业人员的业务素质 (2)根据工程项目的特点。分别编写单位、分部、分项工程节点的验收程序，科学地编写施工组织设计 (3)落实施工动态监控监察程序，特别是对一些隐蔽工程的验收和预留预埋的附属设施等 (4)所配置的质量监督人员要与工程合同价相匹配，按照规范要求设置满足数量的人员，对重点工程的隐蔽项目施工前，第一步是自检，第二步是互检，第三步是专项检查验收 (5)在关键线路上的每一个工作环节必须要经过监理和业主的检查验收，合格后才能进行之后的施工 (6)积极预防工程质量缺陷，完善相关管线的埋设及接头的质量、管径的对接连接、安装误差等

类别	内容
以安全保进度	严格落实"预防作为主要工作,安全放在首位"的政策。项目经理必须树立"安全是全部"的理念,以规章制度为准绳,以安全法和安全生产管理条例为出发点和参照,积极主动地落实安全生产委员会关于安全工作的相关要求,按照安全工作设定岗位责任制,总承包商安全经理负总责,其他分管领导负连带责任,树立起"管生产就要管安全"的责任,同时将环保落到实处,保证项目从开始到竣工验收始终处于安全可控的范围内 (1)将总承包商安全负责人设立为整个项目关于安全生产的第一责任人。项目部设立安全生产检查部门,包括安全部长和安全员。安全员的设立与工程合同额有关,按照一定的比例设定相对应的人员数量。同时,建立环保安全执法部门,保证在安全、健康、环保的环境施工 (2)扎实推进企业、项目、班组的阶梯式培训工作。对新入职的员工开展安全教育培训,学习以往的经典案例,警醒员工时刻保持安全生产的意识,对培训达到标准的人员建立档案后方可准许入职 (3)制定安全巡查方案,特别是对重点工程环节的检查。按照施工组织设计的内容进行安全文明施工,绝不姑息违反规章制度的行为,加大惩治覆盖范围,把各种安全隐患逐一解除,争取实现零事故目标 (4)项目负责人定期组织人员召开例会,会上将上一阶段的工作情况进行总结汇报,分析项目建设过程中存在的安全问题、不良因素及解决办法 (5)制定分项工程作业指导书和整个施工组织设计时,安全防范措施必不可少。在开工建设之初,要进行三级技术交底工作,即总工程师交底技术主管,技术主管交底技术员、安全员,技术员交底作业班组人员。层层交底,杜绝危险发生,确保安全防护工作落实到位,出现问题马上启动应急预案 (6)施工机械设备必须经过第三方检测检验合格方可使用。项目总工程师和工程技术负责人要对应用在项目上的各种仪器进行检查,检查合格后才允许在施工现场使用,同时建立检查、维修记录 (7)编制特殊季节施工应急预案,及时有效地应对暴雨、泥石流、高低温天气带来的不便,提前进行预防准备,做好应急物资救援准备 (8)构建施工现场绿色文明施工环境,场地整洁,无垃圾、无污水乱排现象,施工便道保持通畅,设备材料摆放整齐 (9)必须严格遵守施工场地的安全设备设置准则,使用标注鲜明的警示牌,配发合格使用证 (10)对工程施工必要的安全保障设备,如防护绳索、测速器、自动上锁器等,在使用之前一定要仔细检测外观,按期检测器械性能,确保合格方能投入使用
用经济举措保障施工进度	(1)用承包目标风险来管控项目施工,考核各部门的执行情况。采用合理的风险管理体系,以定性和定量相结合的方法把控施工关键环节,降低风险,保证施工进度 (2)提升施工人员工作主观能动性,总承包商在各个工程关键节点实施有效的奖惩方法和举措,通过切实可行的经济利益达到按期交工的目的
催交设计图纸和设备交付进度	(1)工程工期进度脱节,图纸、设备不能按时交付是一个很主要的原因。设备、施工图纸应按计划交付,总承包商应积极主动协调设计、施工分包商,配合监理做好设备、施工图纸的交缴工作 (2)做好设备监造和出厂验收,把好设备质量关,尽量把设备制造过程中的缺陷消除在出厂之前,以优质的设备确保工程进度 (3)预先建立预控措施,及时调整施工顺序,确保总进度,以此防范因为供给设备、技术图纸等方面导致的延期,或突发事件导致的工程不能按期交付。设备到达现场需及时组织施工,必要的情况下需投入全部的人力、物力来保障工程的进度
采用新技术、新工艺提高工效,缩短工期	(1)充分利用现代化信息手段,如 BIM、大数据、物联网等技术,辅助施工信息传递、信息处理过程,降低信息传递失真率,提高信息提取和处理效率,及时发现并处理施工现场出现的突发问题,提高施工过程中相关方的信息传递效率,增加整个施工过程中各方的协调配合能力 (2)适时采用新型建造手段,如装配式建造、绿色建造、精益建造等。合理利用新型建造手段不仅能提高进度控制能力,提高工程质量,还能够提高项目的绿色文明施工能力。现代化的工业建造技术已经日渐趋成熟,因地制宜地采取合理的新型建造技术能够提高资源利用效率、减少能源浪费,建造过程工业化率的提高,能够从根本上提高工效,缩短工期

8.2.2 施工成本管理

施工阶段的成本管理主要是施工过程中设备材料的变更控制，以及潜在价格波动风险、运输风险、保险成本等控制，见表 8-2。

表 8-2　施工成本管理

类别	内容
建立成本/进度控制基准曲线	在施工阶段,要定期检查项目成本。造价经理上报的赢得值法分析图,如图 8-1 所示。其中,BCWP 为已完工预算成本,ACWP 为已完工实际成本,BCWS 为计划工作预算成本 在图 8-1 成本偏差(CV)计算公式中,当 CV≤0 时,即表示项目运行超出预算成本,应该采取相关的改进措施及优化方案;反之,则表示实际成本没有超出预算成本。在图 8-1 进度偏差(SV)计算公式中,当 SV≤0 时,表示进度延误,即实际进度落后于计划进度,应该采取相关的改进措施及抢工措施;反之,表示进度提前,即实际进度快于计划进度。项目经理定期检查费用偏差情况,及时审查相关的改进措施及方案 当前日期 CV=BCWP−ACWP SV=BCWP−BCWS 图 8-1　成本/进度分析
变更及签证对费用的影响	(1)业主方变更。业主方变更是指由于业主工艺需求变化或其他原因引起的设计变更,责任主体为工艺总师。工艺总师首先需判断变更的必要性,若必要,需协调工艺和设计相关专业向造价专业提出变更估算条件(包括工程量、做法等),造价部门进行费用估算,由工艺总师向业主报送"项目变更费用估算表",并协调业主签认事项及费用。若业主同意,则进入正式设计变更程序,同时工艺专业和造价专业均需做好业主需求和费用确认的相关资料的留存工作。业主同意变更后,开始专业设计,设计完成后由设计部门将设计图纸移交至造价部门,造价部门根据设计图纸确定预算,最后由设计部门上报"设计图纸(变更)确认单",由业主方审批(包括图纸及费用)。业主方对图纸及费用审核完成后,由设计部门下发其他单位设计变更通知单 (2)非业主方变更。对于因设计自身原因、分包单位原因及其他非业主方原因引起的设计变更,设计部门发出最终设计更改通知单或修改图纸前,建筑总师(或建筑主持人)需将相关变更资料统一收集整理后送交造价部门一份,造价部门进行详细费用估算并填写"项目变更费用估算表"。"项目变更费用估算表"签字齐全后作为设计变更通知或修改图纸的组成部分,一并发至设计部门,设计部门将设计图纸发至监理机构及业主审核,审核同意后发分包单位。下发至分包单位后,分包单位上报"设计变更费用确认单",由造价部门确认,由项目经理签字后执行,最终计入与分包商的结算费用中

续表

类别	内容
变更及签证对费用的影响	(3)根据各种调整及变更确定的动态投资控制。为了更好地控制投资,需编制工程总承包动态投资控制表格,包括与供应商及业主方有关的动态投资控制表,主要作用是让项目经理能及时把握投资目标的情况,并采取相应的措施 ①工程总承包商与分包商之间的动态投资控制。工程总承包商与分包商之间动态投资控制主要由招标及合同价、过程控制价、结算价三部分构成。其中,招标及合同价下设承包中标价、投资控制目标、招标控制价及分包中标价,前两者用于指导招标控制价的确定。过程控制价下设甲供材料设备调整、甲控乙供材料设备调整、风险材料调差、人工费调整、甲方原因及非甲方原因产生的变更及签证等,各项和即为分包结算价。当分包结算价低于分包中标价时,项目风险基本为零;当分包结算价高于分包中标价但低于投资控制目标时,项目费用处于可控状态;当分包结算价高于投资控制目标时,项目处于费用不可控状态,要采取紧急措施。总监组织项目经理、设计部、施工部、造价部门等进行分析,包括对表格的准确度及完整度进行分析,若统计准确应采取其他措施,如减少设计变更、进行节省费用的设计方案优化等措施。总监定期检查投资控制,保证项目费用在可控状态下运行 ②工程总承包商与供应商之间的动态投资控制。工程总承包商与供应商动态投资控制主要由招标及合同价、过程控制价、结算价三部分构成。招标及合同价下设总承包中标价、投资控制目标、招标控制价及中标价。当结算价高于投资控制目标时,项目处于费用不可控状态,要采取紧急措施,项目经理组织设计管理部门、施工管理部门、造价管理部门进行分析,包括对准确度及完整度进行分析,若统计准确应采取其他措施,如减少设计变更、进行节省费用的设计方案优化等措施。项目经理定期对投资控制进行检查,保证项目费用处于可控状态以下运行 ③工程总承包商与业主之间的投资动态控制。工程总承包商与业主动态投资控制主要由合同价、过程控制价、结算价及利润四部分构成。合同价下设总承包中标价。过程控制价下设甲供材料设备调整、甲控乙供材料设备调整、风险材料调差、人工费调整、甲方原因产生的变更及签证等,求和即为结算价。其中,结算价与"总承包商与供应商项目动态投资控制"中分包结算价之差即为利润。项目经理定期对利润进行检查,当利润大于设定的利润率时处于可控状态;当利润小于设定的利润率时处于不可控状态,应及时采取措施。项目经理组织设计管理部门、施工管理部门、造价部门进行分析,包括对表格的准确度及完整度进行分析,若统计准确应采取其他措施,如检查业主方变更确定的费用是否准确、进行节省费用的设计方案优化等措施。项目经理定期对投资控制进行检查,保证项目费用处于可控状态下运行 每月检查项目是否按照"以收定支、量入为出"的原则执行,动态进行收支平衡控制,保证分包商的积极性及付款的准确性,促进现场进度 在工程总承包项目中,总承包商首先做好与各分包商的竣工及交接工作,对采购合同等文件进行收尾,不仅考虑分包商的质量保修金,也要汇总设备材料台账。然后要与业主做好最后的施工验收和竣工结算工作,在工程保修期间,项目经理明确分包责任,要求保修责任人根据实际情况提出保修计划(包括保修费用),以此作为控制工程保修成本的依据。项目经理审查竣工结算报告,确定是否达到预期目标要求

8.2.3 施工过程质量控制

(1) 质量管理的目标

① 能够严格遵守相应政策措施及法律法规。项目及其涉及所有活动能够严格遵守已签订总承包合同中约定的标准、规范及要求。

② 项目全部工程达到国家现行（或工程所在国家）的验收标准并能够满足客户需求，交付后服务兑现率达到预期目标。

③ 杜绝重大质量事故，确保项目顺利如期实现竣工交付，满足项目建成后的运营安全和使用要求。

（2）质量管理的职责

① 编制项目质量计划。施工监控部负责工程质量管理工作，负责对分包商和合作单位质量工作的协调及管控，负责编制项目质量计划。

② 确定质量目标和质量标准。

③ 制定质量管理制度。

④ 组织质量事故处理，组织质量分析，提出纠正措施。

（3）质量管理的内容

① 制定建立项目自身的质量管理方针，针对项目的质量管理目标进行质量策划，建立相关的质量管理组织与职责，采用正确的质量控制方法。

② 做好识别相关质量过程，确定好质量管理及控制标准，制定具体的质量控制程序，提供相应质量管理资源。

③ 明确相关的质量检查办法与试验办法，对工作任务进行质量监控检测，分析质量结果并采取相应的措施。

（4）质量管理的方法

① PDCA 质量循环法。PDCA 质量循环法是一种循环质量管理方法，通过分解，将质量目标按照质量管理的原则分成不同的质量管理层次，并将每个层次分成若干个控制单元，每个单元都通过质量计划、工作实施、质量检测和检测结果处理四个紧密相连的环节进行质量管理。因此，能否做好最小单元的质量控制是该方法成败的关键。通过反复循环，可对质量管理方法进行不断改进，从而使产品的质量不断提高，如图 8-2 所示。

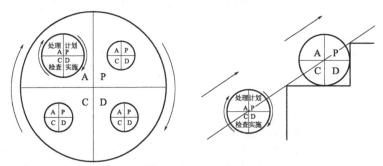

图 8-2　PDCA 质量循环法

② 试验设计法。以取得最佳质量为目标，通过科学分析和研究设计出管理模型，通过反复测试，排除非主要因素，使管理模型的纹理逐渐清晰。通过设计实验并进行测试，可以最小成本获得与质量指标紧密相关的因素，并找出影响质量目标的主次因素，为企业制定最优的质量方案提供科学依据。

③ 帕累托图法。帕累托图是一种直观的概率图，通过统计学的方法，按照质量事故发生的概率大小绘图。在帕累托图中，有利于将需要进行质量改进的领域摆在优先位置，还可以通过比较前后解决的问题，对纠正措施效果进行分析。该方法多用于事后分析，对原因归纳和相关数据的统计具有较高的要求，如图 8-3 所示。

④ 因果图法。因果图因其形状与鱼骨相似，又称鱼骨图。通过对具体问题因果关系的分析，层层追究问题根源，并将主要因素作为图形的主干，列出各个相关因素，通过整理绘制成图。因果图能够将复杂的问题清晰化，分析结果往往一目了然，如图 8-4 所示。

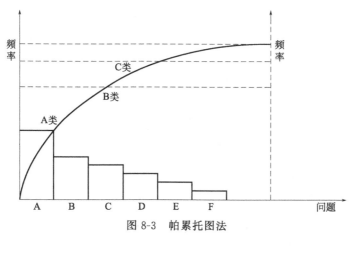

图 8-3　帕累托图法

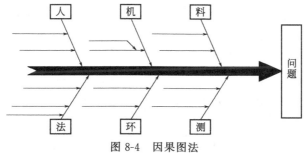

图 8-4　因果图法

8.2.4　项目工程总承包 HSE 管理

项目工程总承包 HSE 管理内容，见表 8-3。

表 8-3　项目工程总承包 HSE 管理内容

类别		内容
管理目标		为明确项目部对项目职业健康、安全与环境(HSE)监控的管理目标、工作内容,制定安全管理制度,确立项目部各级 HSE 责任制度,制定项目部安全管理措施及操作方法,实行对项目系统化、科学化的 HSE 管理 HSE 管理的总体目标是减少由项目建设引起的人员伤害、财产损失、环境污染和生态破坏,降低项目风险,促进项目可持续发展 项目部应根据规定并结合项目实际情况,按照主管部门的相关要求,建立项目部安全目标管理制度,确定项目健康、安全和环保的总体目标,并根据本企业年度安全生产目标,确定项目年度安全生产目标 项目部应与各部门、各分包商及合作单位签订安全生产目标责任书,责任到人;应制定 HSE 目标的考核办法和安全生产奖惩措施,对目标指标的完成情况进行定期检查和考核,并根据考核结果实施奖惩
管理职责分工	项目部管理职责	项目在正式开工前,项目经理应组织成立项目部安全生产管理小组,并将安全生产管理小组文件报备企业主管部门。项目部安全生产管理小组对公司 HSE 管理机构负责
	HSE 管理组织职责	(1)安全生产管理小组组长职责。一般情况下,项目经理为项目部安全生产的第一责任人,对本项目范围内的 HSE 管理工作全面负责,履行安全生产第一责任人的职责、权利、义务,其具体职责如下:负责组建项目部安全管理机构,配置专职安全管理人员;贯彻

类别		内容
管理职责分工	HSE 管理组织职责	落实国家及所属地有关安全生产的法律、法规及公司安全管理要求;制定、完善项目部相关规章制度和安全管理策划方案并组织落实;负责安全管理费用的批准及监督落实;负责组织监督检查工程安全管理的实施情况;负责组织对工程安全事故的调查、处置及事故处理 (2)安全生产管理小组副组长职责。包括:负责组织编制 HSE 管理计划;组织项目部安全管理机构的落实;落实公司安全管理要求及项目部相关规章制度;组织对项目进行大型检查活动;组织对各分包商和合作单位的安全管理工作进行考核与评价;完成组长交办的各项工作 (3)安全生产管理小组成员职责 ①负责日常各项 HSE 的具体检查和管理工作,包括:HSE 目标和工作计划的具体实施;项目部培训计划的实施;依据企业的管理要求,确定 HSE 的管理重点,编制 HSE 管理实施细则;具体实施对工程安全进行安全检查;项目安全信息的上报,落实项目信息化建设;项目部应急计划的编制和执行 ②设计管理部门通过对设计的管理,为工程建设全过程的安全文明施工提供技术与设计方面的服务和支持;参与应急预案的制定、修订,发生事故时负责技术处理措施及督促措施落实情况 ③设备采购管理部负责抢险救援物资的供应和运输工作;负责应急抢险用车及设备的管理工作 ④施工监控部参与 HSE 危险源识别,监督落实施工过程中各项 HSE 管理措施的落实 ⑤财务部负责事故处理措施、相关计划资金的落实,并收集、核算、计划、控制成本费用,降低资源消耗,对经营活动提供资金保障 ⑥办公室负责日常后勤保障及职工卫生健康管理工作,负责现场医疗救护指挥及受伤人员分类抢救和护送转院工作,并负责治安保卫疏散工作 ⑦各分包商和合作单位负责各自单位的日常 HSE 的各项管理工作;负责事故处置时的现场管理和职工队伍的调动管理工作;负责事故现场通信联络和对外联系,并负责警戒及道路管治等工作
	编制项目的 HSE 管理计划	项目开工前,项目安全生产管理小组常务副组长应组织编制 HSE 管理计划。HSE 管理计划应根据公司相关要求并结合项目具体情况编制,还应遵从工程承包合同、相关法律法规的要求 项目 HSE 管理计划编制完成后报项目经理审核签字,然后报送监理机构审查,审查通过后可用于指导项目的 HSE 管理工作
	法律法规与安全管理制度	项目部应结合项目特点评估适用的法律法规及相关要求清单,并组织对项目适用的法律法规、技术规范等进行解读和培训 项目部应结合项目特点,组织编制项目安全生产管理制度,报项目经理批准后下发各部门、分包商及合作单位执行。项目安全生产管理制度包括但不限于以下内容:安全教育培训制度;安全检查制度;安全隐患停工制度;安全生产奖罚制度;安全生产工作例会制度;安全事故报告及处理制度 项目部应及时对相关安全生产管理制度进行修订和更新,以保证制度的适用性和效果
	安全生产投入	为确保 HSE 管理计划的顺利实施,认真贯彻"安全第一、预防为主"的方针,规范安全生产投入管理工作,项目部应依据《中华人民共和国安全生产法》或项目所在国相关法律法规的要求和有关规定,结合项目部实际情况,制定项目部安全生产投入管理制度 安全生产投入管理制度应包括安全生产投入的内容和要求、安全生产投入的计划和实施、安全生产投入的监督和管理等内容 项目部应为项目安排 HSE 管理专项资金,主要用于设备、设施、仪表购置、人身安全保险、劳动保护、职业病防治、工伤病治疗、消防、环境保护、安全宣传教育等方面 项目部应规范 HSE 管理专项资金的使用,制订使用计划,明确批准权限,监督检查使用,并建立安全生产费用管理台账

类别		内容
管理职责分工	安全培训	工程开工前,项目 HSE 安全环保部负责领导应根据公司安全教育培训制度及项目实际情况,组织制定项目部安全教育培训制度,包括目的、适用范围、职责、参考文件、工作程序等。安全教育培训制度还应明确教育培训的类型、对象、时间和内容 工程开工前,项目 HSE 安全环保部负责领导应根据公司年度培训计划及本项目部的培训需求,组织编制项目部年度安全教育培训计划,每年至少组织管理人员进行两次安全培训,时间安排在年初及年中,经项目经理审批后实施。相关培训完成后填写安全教育培训台账。培训完成后应及时进行效果评价,并记录相关改进情况 HSE 管理教育培训类型应包括岗前教育、入场教育、违章教育、日常教育,季节性、节假日、重大政治活动前教育,以及消防、卫生防疫、交通、安全生产规章制度、应急等专项教育。应将 HSE 教育和培训工作贯穿于工程总承包项目实施全过程,并逐级进行 项目安全管理人员应进行专门培训,经过考核合格后持证上岗,并具备相应的资格证书 对新入场的从业人员进行公司级、项目部级、班组级三级安全教育。新入场从业人员是指新入场的学徒工、实习生、委托培训人员、合同工、新分配的院校学生、参加劳动的学生、临时借调人员、相关方人员、劳务分包人员等 项目部所有特种作业人员必须经过质监部门或建设主管部门培训,并取得特种作业操作资格证才能进行作业,严禁不具备相应资格的人员进行特种作业 项目部应要求分包商和合作单位建立 HSE 教育培训制度,制度应明确教育培训的类型、对象、时间和内容;对分包商和合作单位 HSE 管理教育培训的计划编制、组织实施和记录,以及证书的管理等职责权限和工作程序进行定期检查 项目部应进行安全文化建设,定期或不定期地举行安全文化活动,包括安全月、安全知识竞赛等
	施工设备管理	项目部应根据相关法律法规要求、公司规章制度并结合项目实际情况制定设备管理制度,以加强施工现场机械设备的安全管理,确保机械设备的安全运行和职工的人身安全 设备管理制度应包括设备使用管理,设备保养、维护及报废管理,特种设备安装及拆除管理等主要内容 建立机械设备台账。所有进入施工现场的设备,交付手续必须齐全,交接双方签字。设备必须经检验,确认合格后方可进入作业现场 设备使用应遵从以下要求 (1)机械设备操作人员必须身体健康,熟悉各自操作的机械设备性能,并经有关部门培训考核后持证上岗 (2)在非生产时间内,未经项目部负责人批准,任何人不得擅自动用机械设备 (3)机械设备操作人员必须相对稳定,操作人员必须做好机械设备的例行保养工作,确保机械设备的正常运转 (4)新购或改装机械设备,必须经公司相关部门验收,制定安全技术操作规程后,方可投入使用 (5)经过大修的机械设备,必须经公司有关部门验收,合格后方可使用 (6)施工现场塔吊、施工升降机的安装、加节,必须由具备专业资质的单位完成,必须经过有关部门验收合格后,方可使用 (7)机械设备严禁超负荷及带病使用,在运行期间严禁保养和修理 (8)设备使用过程中应定期进行检查并形成检查记录;制订维护保养计划,做好维护保养工作,形成设备运行及维护保养记录
	作业安全	(1)现场管理和过程控制。项目部应加强安全生产的过程管控,即通过对过程要素(工艺、活动、作业)、对象要素(作业环境、设备、材料、人员)、时间要素和空间要素的控制,消除施工过程中可能出现的各种危险与有害因素。现场管理和过程控制的内容包括但不限于以下方面 ①加强施工现场管理,包括在施工现场入口处设"五牌一图",搭设施工区域围栏,所有出入口、深坑、洞口、吊装区域、架空、电线等危险作业区都设置安全防护措施、安全标志牌和夜间红灯示警,所有现场人员必须统一佩戴安全帽等

类别		内容
管理职责分工	作业安全	②加强施工过程中的技术管理,包括对危险性较大工程编制安全专项施工方案,编制各种单项安全生产施工组织设计及方案,进行安全技术交底和施工方案交底等 ③加强施工用电管理,包括编制施工现场临时用电专项方案、进行施工用电专项检查,现场所有的施工用电必须有专职电工操作,现场施工用电必须执行"三相五线制",做到"一箱、一机、一闸、一保护",防止触电事故的发生 ④加强防洪度汛管理,包括制定防洪度汛安全管理制度、建立防汛值班制度、进行险汛专项检查等 ⑤加强交通安全管理,制定交通安全管理制度,对机动车驾驶员进行登记、对机动车辆进行安全检查等 ⑥加强消防安全管理,制定消防安全管理制度,确定项目部消防工作责任制,配备消防器材及设施,健全防火检查制度,设立消防标志,并到当地消防部门进行消防备案 (2)作业行为管理。生产过程中的隐患分为人的不安全行为、设备设施不安全状态、工艺技术及环境不安全因素等。为了加强生产现场的管理和控制,应加强对作业行为的管理,包括不安全行为辨识,编制不安全行为检查表,制定处罚措施,进行员工培训,实施不安全行为检查、不安全行为处理等 人的不安全行为包括:违反安全操作、违章指挥、疲劳作业等;设备设施不安全状态包括设备设施过期使用,设备设施的设计制造存在缺陷,设备设施的使用、维修不当等。工艺技术及环境因素包括工艺技术落后、不适宜生产要求、自然灾害等因素 作业行为安全控制措施包括但不限于以下方面 ①发现违反安全操作的作业人员,应停止其工作,对其再进行安全生产教育,直至考核合格再上岗,必要时应给予经济处罚 ②员工有权拒绝违章指挥操作,并向上级领导举报,因违章指挥而造成不良后果的,由指挥者承担一切责任 ③对疲劳作业应安排轮流作业,适当调整作业时间 ④设备设施使用不应超过其生命周期,设备设施应当经常维护保养,对超周期使用,不能维修或维修不如更新划算的应按规定做报废处理 ⑤设备设施存在缺陷的应由设计制造单位负责重新设计制造,必要时退回处理 ⑥设备设施的使用,应严格遵守操作规程进行操作,严禁违规操作、野蛮操作等。维修后的设备设施应实行验收制度,经验收合格后方可使用,严禁擅自使用未经验收或验收不合格的设备设施,造成事故的,由使用者承担一切责任 ⑦对工艺技术不适合生产要求的,应及时更新,引进先进的生产工艺技术及设备设施,对报废和购进新的设备设施要严格按照生产设备设施的规定执行 ⑧企业应加强对自然灾害的预防,严格执行各项规章制度,增强企业抵抗自然灾害的能力,把企业的损失降至最低
	相关方管理	相关方主要指项目生产过程中相关的外来团体、组织、单位及个人。为了加强项目的安全管理,造就安全健康的环境,规避外来协作方对项目实施过程的安全风险,预防各类事故发生,确保项目安全生产,应根据相关规定并结合项目具体情况,制定相关方安全管理制度 项目部安全管理人员应做好对相关方以下几方面的管理工作 (1)审查相关方的资质,向相关方告知相关安全环保、治安保卫管理制度和规定,发放《安全告知书》,履行审核、告知责任 (2)指导相关方认真填写"相关方安全环保管理协议书" (3)在与相关方签订的项目合同中,必须有涉及安全、健康、环保等方面的双方责任义务条款,满足有关法律法规的规定,保证双方法定义务的履行 (4)必须在项目实施过程中向相关方提供必要的个人劳动防护用品(如护目镜、口罩、耳塞等) (5)开展安全检查与纠错工作,严格现场监督、检查、考核,及时发现和纠正违章行为及安全隐患,督促技术措施、管理措施落实到位

类别		内容
管理职责分工	相关方管理	(6)做好相关方的安全生产、环境保护的协调管理工作,对相关方管理过程中出现的混乱和违章、隐患突出的现象进行监督检查,并提出限期整改意见。对不听取、不纠正且情况危急的,有权停止其作业,并按协议和项目有关安全环保管理制度进行处理 (7)支持、指导分包商/合作单位对相关方的安全监督管理,积极采纳合理化建议,对坚持原则的管理和考核给予支持及奖励
	变更管理	为规范项目安全生产的变更管理,包括生产过程中工艺技术、设备设施及管理等永久性或暂时性的变化,消除或减少由于变更而引起的潜在事故隐患,应制定安全生产变更管理制度 变更包括工艺技术变更、设备设施变更、管理变更等几类。项目部应针对各类变更制定相应的变更程序,包括变更的申请、审批、实施、结果验收等 由于变更而产生的各项资料均应存档。项目部应鼓励员工在工作中通过发挥个人的主观能动性,发现问题,提出相应的变更建议。任何员工在未得到许可的条件下,不得擅自进行任何变更,否则将视为违章作业,严肃处理
	安全生产隐患排查与治理	安全生产隐患是指违反安全生产法律、规章、标准、规程的规定,或者因其他因素在施工生产过程中存在可能导致事故发生的物的危险状态、人的不安全行为和管理上的缺陷。安全生产隐患分为一般事故隐患和重大事故隐患 为建立安全生产事故隐患排查治理长效机制,强化安全生产主体责任,加强事故隐患监督管理,预防和减少生产安全事故,保障施工人员生命财产安全,项目部应根据企业各项规章制度,结合项目部实际,制定安全检查及隐患排查制度 项目部应制订隐患排查方案及计划。隐患排查方案包括综合检查、专业专项检查、季节性检查、节假日检查、日常检查等 项目部应对安全生产检查中发现的安全隐患、重大设备缺陷等,实行分级督办整改制度,治理一项、验收一项,确保整改工作高标准、高质量完成,并形成隐患治理和验收、评价记录表。对处于整改过程中的隐患和问题,要采取严密的监控防范措施,防止隐患酿成事故。对尚未完成整改的重大隐患要逐条制订详细的整改计划,落实治理责任、措施、资金,限期完成整改。对不能确保生产安全的重大隐患,要坚决停产整改,经验收合格后方可恢复生产 为实现对风险的超前预控、规避安全风险,项目部应建立项目部安全隐患预测、风险预警防控体系,分析项目部作业场所风险等级,对项目部存在的安全风险进行预警和防控,切实加大隐患排查治理力度,及时消除事故风险因素,使风险始终处于受控状态,促进项目部安全生产的开展
	重大危险源控制	重大危险源是指长期地或临时生产、搬运、使用或储存危险物品,且危险物品的数量等于或超过临界量的场所和设施,以及其他存在危险能量等于或超过临界量的场所和设施 为加强对重大危险源的监督管理,项目部应根据《安全生产法》《重大危险源辨识》和《关于开展重大危险源监督管理工作的指导意见》等有关规定,结合项目实际情况,编制详细的、具有针对性的重大危险源管理制度 项目开工前,应进行危险源辨识和分析,填写项目"危险源辨识和风险分析表",并填写"重大危险源申报表"报政府安全生产监督管理部门登记备案 项目部应对每个重大危险源建立档案,主要内容包括重大危险源报表、重大危险源管理制度、重大危险源管理与监控实施方案、重大危险源安全评价(评估)报告、重大危险源监控检查表、重大危险源应急救援预案和演练方案 应针对每个重大危险源制定一套严格的规章制度,通过技术措施(包括设施的设计、建设、运行、维护及定期检查等)和组织措施(包括对从业人员的培训教育、提供防护器具、从业人员的技术技能、作业事件、职责的明确以及对临时人员的管理等),对重大危险源进行严格管理 加强对重大危险源的监控管理,包括对重大危险源的定期安全评价,对重大危险源进行安全检查和巡回检查,并填写"重大危险源检查记录表",制定值班制度和例会制度等

类别	内容
重大危险源控制	加强对危险作业的管理,制定危险因素告知、监控及危险作业审批管理制度。对作业人员履行危险因素告知程序,并填写危险因素告知书;对危险作业实施全过程监控,并填写危险作业监控记录表;建立危险作业审批机制,有效监控危险作业,保证作业安全 重大危险源的生产过程及材料、工艺、设备、防护措施和环境等因素发生重大变化或者国家有关法律法规、标准发生变化时,应对重大危险源重新进行辨识评价,并将有关情况报当地安全生产监督管理部门备案
管理职责分工 **项目环境管理**	(1)环境过程管理。环境过程管理包括以下五个方面 第一,环境管理实施计划。项目部应结合项目具体情况并根据工程承包合同、环保法律法规的要求,编制环保管理实施计划,确定项目部环保管理人员、设备设施配备、管理内容、管理措施、管理要求。项目部环保管理实施计划是项目部 HSE 管理计划的组成部分 第二,环境影响因素识别与控制。环境影响因素是指项目在设计、施工、竣工、保修服务、运行等各项实施过程活动和服务中能与环境发生相互作用的要素,主要分为水、气、声、渣等污染物排放或处置,以及能源、资源、原材料消耗等 项目部应组织分包商和合作单位对项目实施的工作范围进行详细分析,对现场环境因素进行识别、分析和评估,对可能产生的污水、废气、固体废弃物、噪声等环境影响因素采取预防和控制措施 第三,环境监察与监测。项目部安排人员对重要的环境影响因素的控制情况进行监察与监测。项目部环保工程师根据检查情况填写有关的环保检查表格,并对检查中发现的不合格环保问题指导纠正,督促整改 项目部定期对污水排放、混凝土消耗、木材消耗、纸张消耗、水电消耗、燃料消耗进行统计分析,掌握环保数据 第四,环境应急准备与应急措施。项目部除对一般常见环保管理因素识别外,还应对化学品泄漏、防洪、水浸、暴雨、特别气象等环境因素进行识别,结合项目实施管理要求采取必要的应急准备及措施 项目部根据应急准备的需要,配备必要的物资、设备,明确有关人员职责权限 项目部在开工之初可进行防化学品泄漏演习,在雨季之前进行防洪、防暴雨等方面的演习 第五,总结与改进。项目部按照"惩戒分明、以奖为主、重奖重罚"的原则,制定考核奖惩办法,激发作业人员对环境保护工作的重视,及时实施奖惩 对环境保护管理过程中的经验与教训进行总结,不断改进,提升管理效果 (2)环境管理措施。包括以下两个方面 第一,"三废"、噪声管理。项目污水收集系统按清污分流的原则,建立临时污水处理设施,相关污水按规定处理后再行排放 对于项目施工、运输、装卸、存储、生活等产生的有毒有害气体、粉尘物质、油烟等,应采取合理措施减少其产生,如在渣土、物料运输时采用喷水或加遮盖处理,采取密闭或其他防护措施运输、装卸、储存能够散发有毒有害气体或粉尘物质的物资,减少不环保材料的使用 工程施工中的弃土和建筑垃圾,应按规定堆放和处理,并防止处理过程中的污染,不得随意抛弃 加强对噪声的管理,采用必要的消声、隔声、防震等治理措施 第二,项目节能减排。项目实施过程中,在保证质量、安全等前提下,做到"节能、节地、节水、节材"。例如,优先使用节能、高效、环保的施工设备和机具,采用低能耗施工工艺,充分利用可再生清洁能源;进行地下水资源的保护,节约生产、生活用水,充分利用雨水资源;施工现场物料堆放应紧凑,减少土地占用,优先考虑利用荒地、废地或闲置的土地,土方开挖施工应减少土方开挖量,最大限度地减少对土地的扰动,保护周边自然生态环境;推广先进工艺、技术,降低生产、生活所需的各种材料浪费 (3)文明施工。施工现场设专职人员负责日常的文明施工管理,最大限度减少对当地周围环境的影响,将有限的污染控制在最小的范围,做到现场清整、物料清楚、操作面清洁、保持生态平衡,促进当地社会、经济及文化的良性发展

8.2.5　项目工程总承包施工收尾管理

项目工程总承包施工收尾管理,见表 8-4。

表 8-4　项目工程总承包施工收尾管理

类别	内容
现场完工验收管理	工程总承包项目收尾工作,是工程总承包项目施工管理全过程的最后一个环节,也是最重要的环节之一,必须引起项目部的高度重视。快速高效收尾的基础是过程管控,在保持项目组织机构完整及主要管理人员连续的条件下,尽早启动竣工资料整理及竣工结算整编等工作,这是实现项目快速高效收尾的基本保障。因此,当项目现场施工基本完成,进行现场收尾工作后,要尽快推动完工验收工作,具体包括以下内容 (1)梳理质量过程控制资料,对于遗漏和有误的资料,尽快完善 (2)组织现场实体检查,对于施工缺陷及时处理 (3)积极与业主、监理机构沟通,减少验收次数,能合并一起验收的项目,尽量一次通过
竣工资料管理	施工过程的良好履约,与参建各方(特别是与业主方)建立充分的信任关系是项目快速收尾的基础。很多工程总承包项目可能在进场时就成立竣工办,但在施工阶段,竣工办主要负责管理资料的收集。真正到了收尾阶段,竣工资料的整编还有很多工作要做,相关问题也会同时出现,包括案卷的分类、各种封面目录的格式、组卷的要求等。如果业主没有发布相关的管理办法,项目部可以参考国家相关标准提出自己的一套格式,积极与业主沟通,明确资料的具体要求,推动竣工资料的整编工作。同时,要将工作任务细化,落实到人,时间安排到天,做到每一项竣工资料的整编都有人负责,且落实情况每天都要检查,实现竣工资料整编全过程动态管理。必要时,可以由工程总承包项目部经理带头,集中办公,统一管理,辅助工作可以借助社会资源配合,从而快速完成竣工资料的整编和移交工作
人员管理	在工程总承包项目收尾阶段,一方面部分职工工作任务已经完成,需要调整工作岗位;另一方面项目管理者认为工程已经接近收尾,对员工疏于管理,对员工的工作安排不明确,甚至部分员工无具体工作任务。这样容易造成员工责权不明确,人浮于事,此时下发的工作任务在员工之间相互推诿,甚至无人执行,对项目的整个施工进度、竣工资料的收集整理等都有一定程度的影响。因此,收尾阶段的人员管理要做到以下几点 (1)合理安排管理人员,做到责权利明确,充分调动员工的积极性 (2)对于调出人员,特别是一些主要人员,要进行详细的工作交接 (3)对于工作任务已经完成,需要退场的职工,及时移交企业人力资源管理部门进行统一协调,防止出现人浮于事的现象 (4)加强劳动纪律建设,制订各项工作计划 (5)对于关键岗位人员,必须保证人员的稳定,确保工作的连续性,为以后审计工作的开展保存力量
现场材料和废旧物资管理	工程总承包项目在施工收尾阶段,物资管理部门要对剩余材料进行详细盘点,根据工程部门提供的剩余工程量编制进料计划,做到工完料尽,减少材料的库存和浪费 收尾阶段施工方案的确定,要尽量考虑利用项目既有剩余材料,对剩余材料做到物尽其用。施工项目的特点是点多面广、材料分布分散,而后期项目管理人员偏少,材料容易发生丢失,因此对现场材料要及时收集,统一入库,建立登记手续,防止丢失。对于废旧物资,根据其剩余价值分类处理,及时上报企业物资管理部门,严格按照相关规定和企业要求,调配至其他项目或招标拍卖
竣工工程量管理	工程总承包项目进入收尾阶段,工程量的清理及补报就显得尤其重要。工程量的清理及补报工作的好坏,直接影响项目经营的好坏。要组织人员依据设计图纸、设计变更通知、工程联系单、监理指令等一切与工程量有关的依据,系统、全面、迅速地对项目工程量进行梳理,并与项目中期结算工程量形成对比,找出、找准工程施工期间漏报、少报的工程项目,形成报量文件,与业主、监理协商,并跟踪落实签证情况。通过工程量的清理及补报工作,查漏补缺,全面系统地进行梳理,为后期竣工结算计算书的形成及竣工结算的快速申报奠定基

续表

类别	内容
竣工工程量管理	础。在工程量的清理工程中,要注意以下几点 (1)所有的工程量都要有对应的依据和签证 (2)竣工图是送审文件的重要组成部分,在竣工工程量的申报过程中,应检查竣工图工程量与竣工结算申报量(签证量)的一致性 (3)补签的工程量或计量依据,应注意符合现场实际情况和逻辑关系
审计管理	随着社会的进步及规范,审计项目的范围会越来越广,审计工作会更加严格。如何应对审计工作和规避审计风险是工程总承包项目施工收尾管理的重要工作之一 (1)送审前的策划。目前,大部分工程总承包项目属于政府投资项目,竣工结算必须通过严格的审计。从以往工程总承包项目审计经验看,最终审减比例较企业申报数额大。综合分析这些因素,项目部需积极与业主、监理机构沟通,送审前认真审查结算资料,识别潜在的审计风险,分析每一个风险项可能带来的最坏结果,做到心中有数 (2)审计过程的跟踪。完工结算送审后,项目部收尾阶段应保留对项目施工过程非常熟悉的主要技术、经营管理人员。当审计单位的审核事项初稿提出后,抽调这一部分人员分工协作,评审审计单位意见,补充资料,形成回复意见,派专人与审计单位沟通解释,积极联系业主召开审计谈判会议,推进竣工审计工作。每次与审计单位对接后,根据沟通的情况,不断测算和调整利润表,哪些项目是确定审减的;哪些项目还可以去解释,争取少审减的;哪些项目有审减风险,审计还没有发现的。在利润表上一一列出项目和金额,不断调整,守住底线

▶▶ 8.3 工程总承包项目施工管理要点

施工是工程总承包的核心组成部分,工程总承包项目施工管理要点见图 8-5。

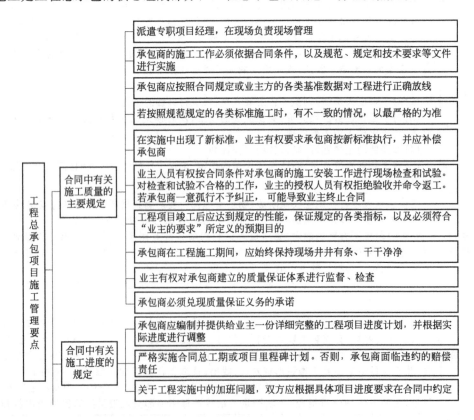

```
                                      ┌─────────────────────────────────────────────────────┐
                                      │ 承包商应自费采取适当措施保证其职员和工人的健康及安全          │
                                      ├─────────────────────────────────────────────────────┤
                                      │ 承包商应指派专人负责处理安全与人身事故隐患问题,采取适当预防措   │
                                      │ 施以防事故发生                                         │
                                      ├─────────────────────────────────────────────────────┤
                                      │ 当发生传染性疾病时,承包商应遵照并执行项目所在国的规定和指令,   │
                                      │ 处理传染性疾病对工人健康的危害                            │
                                      ├─────────────────────────────────────────────────────┤
                     ┌───────────┐    │ 承包商应遵守一切适用的安全规章                            │
                     │ 合同中有关  │    ├─────────────────────────────────────────────────────┤
                     │ HSE的规定  │────│ 承包商应照管好有权进入现场的一切人员的安全                  │
                     └───────────┘    ├─────────────────────────────────────────────────────┤
          ┌─────────────────────┐     │ 承包商应努力保证现场作业人员,免受安全的威胁               │
          │ HSE即健康、安全、      │     ├─────────────────────────────────────────────────────┤
          │ 环境,是当代EPC工      │     │ 承包商应在现场提供围栏、照明、保安等                       │
          │ 程总承包项目中非      │     ├─────────────────────────────────────────────────────┤
          │ 常重要的一大问题。    │     │ 承包商必须提供必要措施,保证公众及毗邻财产或用户的安全        │
          │ 合同条件对此规定      │     ├─────────────────────────────────────────────────────┤
          │ 十分重视,越来越严     │     │ 承包商采取一切必要的合理措施,保护现场内外环境,并控制好其施    │
          └─────────────────────┘     │ 工作业产生的噪声、污染等                                │
                                      ├─────────────────────────────────────────────────────┤
                                      │ 承包商应保证其施工活动排放废气、地面排污等不能超过             │
                                      │ 规范中规定的指标                                       │
                                      ├─────────────────────────────────────────────────────┤
                                      │ 承包商应编制工程项目实施的HSE管理手册,并报业主备案           │
                                      ├─────────────────────────────────────────────────────┤
                                      │ 承包商施工过程中,必要时可雇佣专业保安队伍,以确保施工现场的安全 │
                                      └─────────────────────────────────────────────────────┘
```

HSE即健康、安全、环境,是当代EPC工程总承包项目中非常重要的一大问题。合同条件对此规定十分重视,越来越严

合同中有关HSE的规定:
- 承包商应自费采取适当措施保证其职员和工人的健康及安全
- 承包商应指派专人负责处理安全与人身事故隐患问题,采取适当预防措施以防事故发生
- 当发生传染性疾病时,承包商应遵照并执行项目所在国的规定和指令,处理传染性疾病对工人健康的危害
- 承包商应遵守一切适用的安全规章
- 承包商应照管好有权进入现场的一切人员的安全
- 承包商应努力保证现场作业人员,免受安全的威胁
- 承包商应在现场提供围栏、照明、保安等
- 承包商必须提供必要措施,保证公众及毗邻财产或用户的安全
- 承包商采取一切必要的合理措施,保护现场内外环境,并控制好其施工作业产生的噪声、污染等
- 承包商应保证其施工活动排放废气、地面排污等不能超过规范中规定的指标
- 承包商应编制工程项目实施的HSE管理手册,并报业主备案
- 承包商施工过程中,必要时可雇佣专业保安队伍,以确保施工现场的安全

FIDC的工程总承包合同条件第9条竣工检验中体现了试运行的相关规定

合同有关试运行的规定:
- 承包商负责编制操作维护手册,执行竣工检验
- 竣工检验分预试运行、试运行、投料试车三个阶段执行
- 除非另有规定,投料试车阶段的产品归业主所有
- 预试运行、试运行是测试在现有操作条件下,检查每项设备的功能是否安全
- 投料试车可证明工程能否可靠运行,达到规定指标
- 合同条件第12条"竣工后检验",目的是在工程项目运行一段时间后再次对工程的各类指标进行最终复核检验
- 在工程通过性能试验并达到合同的性能保证条件下,业主签发运行验收证书
- 承包商可以参照世界银行的试运行规定

工程总承包项目施工管理要点

承包商内部的施工管理:
- 承包商的工程进度管理包括编制工程进度计划,进度计划预测、跟踪、监控,进度状态报告,施工进度方面的主要管理文件
  - 工程项目总体施工管理计划编制规定
  - 工程项目总体施工进度控制规定
  - 工程项目滚动计划编制规定
  - 施工进度测量规定
  - 施工进度执行情况报告编制规定
  - 现场施工调度会议管理规定
  - 进度报告包括工程项目总体进展情况,设计、采购、施工进展,本月完成工作及下月计划目标,存在问题及补救措施等
- 承包商的施工质量管理包括施工准备阶段的质量管理、施工阶段的质量管理,竣工验收阶段的质量管理
- 根据EPC合同条件对施工的规定,确定施工质量检验依据的标准、规范及其设计文件

图 8-5

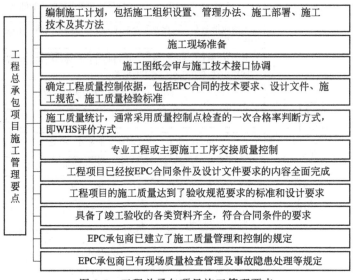

图 8-5 工程总承包项目施工管理要点

►► 8.4 BIM 技术施工集成化管理

8.4.1 协同管理

通过设计阶段确定的统一建模标准，在 BIM 的协同平台实现设计阶段的模型与施工阶段的模型无缝对接，将设计阶段设计的三维模型转换为施工阶段所需的文件格式。

① 进度与成本协同管理。通过 BIM 协同平台进行施工进度与资源计划整合进行同步虚拟施工，实现三维模型、进度维度和成本维度同步，并有效统计施工各个阶段的成果与成本情况，加强项目投资资金管控。

② 材料与成本协同管理。工程总承包项目的部分工作是不断重复进行的，项目管理团队可以将这些重复性的工作运用 BIM 协同平台交给计算机处理，确保准确性。比如，迅速提取各阶段所用材料用量，确保现场施工制订准确的材料计划；应用不同软件计算施工材料用量，进行核算对比，达到更为精准的工程成本预控等。

③ 参建方协同管理。各个项目的参建方在现场发现问题，可以使用手机或 iPad 上传至 BIM 协同平台，对应的单位可同时对发现的问题提出整改措施和意见，使工程施工过程中的情况公开、透明，保证各参建方信息的对称性和信息传递的及时性。

④ 管理与指导协同。不同施工阶段的劳务班组组长可以扫描材料上的二维码查看材料信息和使用部位，指导施工工人将材料运输至准确地点，防止相似材料使用错误。管理人员使用手机、iPad 等设备对现场劳务班组长进行复杂部位的施工要点讲解，避免在施工阶段发生错、缺、漏等问题。

⑤ 施工现场运营维护管理。管理人员通过 BIM 协同平台使用相关插件将涉及的机械设备编号录入，设置定时维护维修提醒，并记录机械设备与施工现场运行状况，防止因设备问题造成的安全事故，保证机械设备的保养，同时也成为各个分包商考核的依据。

8.4.2　工程算量

在设计过程中产生许多类型的成本估算方式，估算成本的范围从设计前期的概略值到设计结束后的精确值。但是等到设计末期才进行成本估算很明显是不可取的方式。比如，设计方案在设计完毕后已超过预算，那么只有两种解决办法：推翻本次设计方案或利用价值工程来削减成本甚至是品质。在设计阶段，中期的成本估算能够帮助设计师提早发现问题，使设计方案能有选择空间。这样的过程让设计团队和业主的大多数决策处于建筑咨询充足的情况下，使项目的品质更佳，符合成本预算控制。

设计前期，成本估算只能涉及面积与体积相关的数量，如空间类型、开间进深等。这些数据也许能用于参数化成本估算，这种成本估算方式主要以建筑参数为基础，但参数的运用要根据建筑类型而定，如车库中停车空间和楼层、每层商业空间的数字和面积、商业大楼的材料等级、建筑所处地理位置、电梯数量、外墙与屋顶面积等。然而，在设计方案前期，这些数据无法得到，因为前期方案设计中的构件没有使用 BIM 系统赋予信息定义，因此，将设计前期的建筑模型导入 BIM 算量软件对成本估算是很重要的，这样初期设计的构件能够被提取出来，方便概略地进行成本估算。

传统的工程量算量一般用人工手工计算或计算机软件计算。算量软件为钢筋算量软件、土建及安装算量软件。传统算量过程为：根据设计图纸在钢筋算量软件中进行建模，输入柱、梁、板、基础等构件中的钢筋信息，之后汇总计算得出钢筋报表；然后用土建算量软件进行图形建模，对于各个楼层、各个房间等不同构件根据做法不同套用清单和定额，汇总计算后得出清单与定额报表；最后用安装算量软件根据电、暖、通图纸，将给排水、采暖燃气、电气、消防、暖通空调等部件进行布置建模，汇总之后得出报表。得出钢筋、土建、安装算量后导入计价软件，得出工程控制价报表。如此一来，在算量阶段就至少需要三次建模，并且传统的算量需要算量工作者根据图纸一一对应构件输入，过程重复、烦琐、枯燥，浪费时间与人力。工程中水电暖等管道线路错综复杂，依靠传统二维图纸无法校核管道、线路等部件之间的碰撞问题，碰撞问题是造成设计变更、施工返工的重要原因之一，也是影响进度与成本浪费的主要原因之一。

与传统算量相比，BIM 技术在算量阶段省去了一遍又一遍烦琐的建模过程；利用 BIM 技术算量更加规范化、流程化，避免了人为疏忽带来的问题；在建筑结构模型基础上建立机电模型，之后进行构件碰撞检测，避免了后期由于碰撞问题带来设计变更而造成工程量变化、工程返工等问题。

8.4.3　施工方案编制

将 BIM 技术应用到编制施工方案过程中，有助于施工方案更具有针对性和实操性。

（1）施工进度控制

施工进度是工程总承包商进行协调和管理各参与方工作的依据。施工进度控制是指以既定工期为本，以大量工程数据（图纸、项目信息、会议纪要等）为基础，并且依据每个阶段的工程量来估算人员、材料、机械的需求量与每项工作的进行时间，并考虑所有可能的工序搭接，最终编制出最优的施工进度计划。在执行施工进度计划过程中，必须经常检查项目实际的进度情况与计划的符合程度，若出现偏差，必须及时分析实际进度与计划进度产生偏差的原因和对工程的影响程度，然后找出纠偏的详细措施。施工进度控制的目标就是在保证工程质量和工程成本不增加的前提下，适当缩短施工工期。但是，还有许多因素会影响施工进度，特别是施工情况复杂和持续工期较长的施工项目影响因素更多，主要有以下五个方面。

① 施工过程中施工条件变化因素。施工场地工程地质条件和水文地质情况与勘察设计不匹配。

② 施工组织管理因素。流水施工组织安排不合理、劳动力与施工机械协调不当、施工平面布置不合理等影响施工进行。

③ 施工技术因素。施工单位缺乏相应的施工经验，所采用的施工技术不符合工程工艺要求，运用新技术、新材料、新结构等施工过程中发生技术事故而影响施工的进行。

④ 相关单位因素。虽然施工进度由施工单位控制，但是建设单位、设计单位、相关政府部门、银行信贷、材料机械设备供应部门、运输单位等都会成为影响施工进行的因素。

⑤ 意外事件因素。例如，严重的自然灾害、战争、重大工程事故、工人集体罢工等，都会影响施工进行。

运用 BIM 技术编制施工进度计划，一般以施工方案和施工进度相应的扩展信息模型为基础，运用 BIM 软件的可视化三维建筑模型可以对施工的整个过程进行整体模拟。模拟的过程中数据信息准确、可靠，相当于在项目建设前进行施工过程的整体彩排，直观地展现施工流程、施工进度和相应的成本情况。

根据传统的方法编制施工进度计划，一般是通过横道图、网络图等方式进行管理。一些复杂的施工方式很难在抽象的二维图纸中体现，直观性较差，这些进度计划主要依赖于编制者以往的工程经验，其准确程度无法保证。再者，如果运用不同的施工方法或组织方式，不仅加大了计算工作量，还不一定能找到最优的方案。

如果运用 BIM 技术进行施工进度计划编制，能够在数据库中根据项目的具体结构匹配最优的施工方法和方案；BIM 模型本身的信息就包含了业主意愿，管理单位、监理单位和供应商的想法等，各方面协同工作能够及时发现施工进度计划存在的问题；还能运用 4D 虚拟施工技术模拟推演现场施工过程，极大地缩短了编制时间，减少了人力资源消耗，提高了施工进度计划质量。BIM 5D 虚拟施工是以 BIM 3D 模型为基础，增加时间维度和造价维度实现的。通过时间、造价与 3D 模型相结合，可以细化到人员进场顺序、材料周转、机械移动、各个阶段造价等问题，模拟整个施工过程，对于复杂施工方案进行模拟实现施工可视化，避免由于二维图纸视图分歧和语言文字交流不充分等问题；还可以避免不必要的自然、人力和资金资源浪费，方便日后施工管理者提高工作效率。

通过 BIM 的 5D 技术，可以利用可视化模拟直观地展现工程施工模拟动画，总承包商对其进行动态优化分析后，最终可以得到最科学合理地施工进度计划；通过科学合理地规划不同功能的建筑施工分区，编制详细的施工顺序，及时安排相应的施工资源，确保达到最优的施工工期。

（2）技术标准

传统的施工方式中，我国建筑行业的施工技术标准一般都是采用平面视图、立面视图和剖面视图，然后截取特殊部位附注说明文字来具体描述建筑施工技术。而在现场的实际操作中，施工技术标准的运用往往需要结合现场的施工条件，当现场与施工技术标准产生矛盾时，就只能按照图纸上的施工技术标准进行，如此一来就可能产生一定的不可控隐患。尤其是在新材料与新技术的运用中，国家层面、行业层面基本上还没有可供借鉴的标准，施工质量只能依靠现场施工人员的现场实践来保证。

BIM 技术建模将技术标准的各项参数定义在三维模型中，不仅有利于建立直观的视觉冲击，而且给工程的管理提供了一个科学的管理依据。运用模拟技术将建筑设计、采购、施工、运营的全过程中加入虚拟环境的数据信息，使工程在虚拟环境下进行施工彩排，尤其是在新材料、新技术的应用中，可以将工程整个实施过程直观地展示出来。如此一来，施工技术标准在工程实施中通过 BIM 技术协同平台进行共享，从而形成科学、统一的施工技术标准。

① 3D 样板。BIM 技术下的样板工程，是建立和运用三维可视化样板族库，对工程部分样板进行模拟展示，从而在指导现场施工的前提下，成功解决了材料浪费及占用施工临时场地的缺陷。

② 施工工序标准化。工程中如果运用了大量新技术，施工和管理的难度及施工工人的技术要求就会大大增加。为了运用好新技术提高管理效率，BIM 团队建立针对新技术的工序标准化三维信息模型、施工工序流程动画等，方便管理人员、劳务班组随时随地运用手机、iPad 等设备了解施工工艺。

③ 技术优化。现代项目趋于艺术化、复杂化，工程施工前必须针对复杂的结构、抽象化的二维图纸进行建模，对不合理处进行修改优化，生成二维、三维图纸指导施工现场。

（3）专项施工方案编制

根据我国相关法律、法规的规定，对于达到一定规模或者危险性较大的工程，必须单独编制专项的施工方案。BIM 技术与传统模式的对比，见表 8-5，BIM 的使用提高了专项施工方案的实操性。运用 BIM 软件，通过三维模拟动画的方式，准确地描述专项工程的实际情况及施工场地布置，根据相关法律、法规和施工组织设计等对施工进度、材料设备、劳动力进行计划，分析施工专项方案中的弱项，对该弱项采取保障措施，让专项施工方案更加合理、更具实操性。

表 8-5　BIM 技术与传统模式的对比

比较内容	BIM	传统模式
表达方式	三维模型＋动态模拟	文字说明＋图纸
理论依据	相关标准＋4D 模拟＋经验	相关标准＋经验
保障措施	根据现场实际情况做针对性方案	常规方案,具体操作需要根据现场实际情况进行调整
方案比选	技术及辅助,难度小,实操性强,准确度高	难度较大,准确度有待论证,对施工人员专业水平要求较高
成本统计	速度快,计算机获得	速度慢,人工统计
环境管理	预先规划,全程采用可视化管理,有序进行	困难,需要其他专业配合

8.4.4　施工过程管理

（1）施工安全管理

建设工程项目具有规模大、周期长、分包商多等特点，如果没有科学合理地管理施工过程极易发生安全事故，必然会导致整个项目的利益受到非常严重的损害。因此，工程总承包项目必须贯彻"安全第一，预防为主"的原则，并且必须编制相关安全防范计划，分析施工过程中可能存在的安全关键阶段和薄弱环节，将安全隐患扼杀在摇篮里。但是，传统的工程总承包项目施工过程管理中只是根据总承包商自身的经验和相应的安全管理规范来制定安全措施，如此一来就会出现针对性不强，安全防范措施流于形式，最终无法达到理想的效果。如果在工程总承包项目中运用 BIM 技术，可以有效地进行施工过程安全管理。

① 合理规划施工场地。在传统的工程总承包项目中，总体规划是施工场地具体规划的参照文件，但是由于施工界面及多专业交叉的作业时间，容易造成各专业材料堆放混乱，降低工作效率，甚至还会发生安全事故。如果运用 BIM 技术合理规划施工界面和材料堆放，便可以解决上述问题。在 BIM 协同平台中加入施工周边的详细信息，BIM 模型展现的就是实际的施工界面。根据不同专业编制进度计划，BIM 协同平台将各专业的材料、机械设备及临水临电等按照进场时间、作业地点进行科学、全面的规划，让多专业交叉施工的现场井然有序。如果现场实际情况发生了施工顺序临时改变或出现某项施工作业没有按照进度完成，利用 BIM 协同平台依然可以根据实际情况分析、调整。经过 BIM 4D 虚拟施工，就可以编制出具有针对性的安全防范和管理措施。

② 合理制定施工现场防火措施。施工场地防火设备的安排大多是以二维平面为出发点，并兼顾考虑设备各自的覆盖范围，但是并不能考虑到实际施工现场情况的变化，主要原因是防火设备的布置是基于二维图纸，而二维图纸的局限性导致无法考虑项目的动态变化过程。如果运用 BIM 技术，利用 BIM 信息模型，再加上施工进度计划、现场实际信息及场地规划情况，可以对现场进行全面的安全分析，消除安全死角，然后配备相应规模的消防装置。同时，利用 BIM 的相关软件模拟施工现场发生火灾后的应对情况，并根据模拟情况在逃生路径上安装相应消防设备，保证施工人员在发生火灾后安全撤离，避免在逃生过程中出现安全隐患。

③ 合理制定动火作业管理措施。在项目的施工过程中时常伴有动火作业，如电焊、气割等。传统的项目管理一般是通过开具"现场动火证"对动火作业进行控制管理，再加上专人对整个作业过程进行监督，这样的管理方式依旧存在安全隐患。运用 BIM 技术后，工程管理人员可以根据现场实际进度与安全管理相结合，在动火作业前掌控各个工作界面上的动火作业情况，严格控制"现场动火证"。

(2) 施工过程质量管理

工程总承包模式在施工质量管理过程中应当首先保证劳动力、材料、机械设备的合格。利用 BIM 协同平台，BIM 模型中的大量数据信息可以在参与方之间方便、快捷地传递，并且可以根据现场施工过程进行追踪和监控，防止因为材料和设备的尺寸、材质等信息错误造成不良后果。运用 BIM 技术进行日常化的信息检查，BIM 管理人员使用手机、iPad 等设备记录施工过程信息；施工前检查核对材料、构件信息；施工完成后将构件信息通过 BIM 协同平台生成唯一的二维码，与检查信息一并粘贴在施工成果表面，以便后续检查与提取施工过程信息，提前做好工作面移交的准备。

(3) 施工过程进度管理

传统工程总承包模式施工过程进度管理与 BIM 应用于工程总承包模式对施工过程进度管理模式不同，见表 8-6。

表 8-6　传统施工过程进度管理与 BIM 技术下的施工过程进度管理

比较内容	传统施工过程进度管理	BIM 施工过程进度管理
进度管理依据	阶段性进度要求与管理经验	依据工程量核算确定工程进度安排
现场情况	施工进行后了解	施工前进行规划并模拟施工
物资分配	粗略	精确
控制手段	关键节点把控	严格、精准把控每个分项工程
工作交叉管控	每个专业以本专业为准	各专业按事前协调后进行施工

将 BIM 技术应用于工程总承包模式可以让施工过程进度控制变得有章可循。传统施工模式下，材料进场与施工中的各分包商都只考虑各自的利益，容易出现施工现场混乱，发生事故后事故归责有纠纷，导致工作效率低下，甚至延误工期，成本增加。如果运用 BIM 技术，把经过与参与方协调之后认定的施工进度计划与 5D 可视化建筑模型作为施工实施的最后依据，每个分包商都可以清楚地了解各自的工作界面与工作时间，以便于合理地安排机械设备、材料的进场，防止出现进度滞后的情况，如图 8-6 所示。

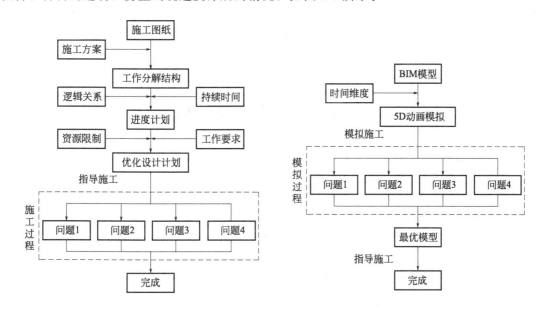

(a) 传统施工过程进度管理　　　　(b) BIM技术的5D虚拟技术施工过程进度管理

图 8-6　传统施工过程进度管理与 BIM 技术的 5D 虚拟技术施工过程进度管理

每个建设工程项目都会存在不可避免的因为业主、设计等原因产生的工程变更，工程变更直接影响工程成本与工程施工进度。在发生工程变更时就需要对原有的进度计划进行一定程度的调整。基于 BIM 协同平台，项目管理者可以清楚地了解工程变更对工程进度及工程量的影响，随即采取措施对工程进度计划进行调整并在参与方之间迅速传递，使工程变更的影响控制在可控范围内。每个建设工程项目的建设都是动态的，管理者也必须强调动态管理，运用 BIM 5D 可视化模型与现场实际进度进行动态对比，动态地掌控每项工作的进行程度。当进度计划出现偏差时，及时采取相应措施处理，将影响降到最低。

（4）施工组织协调管理

工程总承包模式的成败取决于参与方之间信息交流的深入程度与协助。传统的施工管理模式由于各参与方之间缺少信息交流平台，各参与方之间缺乏深入交流，无法完成协同办公。BIM 信息协同平台可以较好地解决这个问题，让各参与方之间的交流更加方便、快捷，有助于在施工过程中多个参与方交叉施工，提高工作效率、缩短工期、降低成本。运用 BIM 三维信息模型计算详细的工作量，并且以此为依据进行人材机的协调安排，最大限度地利用各项资源，统筹规划，为施工组织顺利进行打下良好的基础。

（5）数字集成化

① BIM 与数字加工集成。运用 Revit 建立三维信息模型后可以转换为数字加工所需的模型，进行构件加工，如预制混凝土构件、预制加工管线和钢结构加工等。

② BIM 与全站仪集成。以 BIM 的三维激光测量定位系统为基础，用现场建筑结构实际数据与 BIM 三维信息模型中的数据分析比较，检查校核实际现场施工环节与模型偏差，有利于减少机电专业、精装专业等的设计优化方案与实际操作中可能存在的冲突。

③ BIM 与项目管理集成。BIM 与项目管理集成有利于解决传统项目管理数据来源准确度不高和信息滞后的问题，如工程总承包模式中的采购管理。

④ BIM 与 VR 技术。BIM 三维信息模型建立之后，项目管理者可以应用 VR 技术，将 BIM 模型转换为 VR 文件，使用 VR 眼镜真实地感受设计师的设计总体思路，操纵控制手柄在三维信息模型中漫游，不仅能够看到自己所处的楼层和位置，还能在漫游过程中随时查看建筑模型中某个建筑构件的详细信息，防止在细节上出现遗漏。

▶▶ 8.5　某工程总承包施工管理实例及解析

8.5.1　项目概况

该项目总建筑面积约为 $387898m^2$，五栋塔楼分为两组，一组是 C2、C3 两栋塔楼及其附属裙房组成的高档住宅楼，分别是 35 层、31 层，最高建筑高度为 146m，两栋塔楼由裙房连通；另一组是 C10、C10A 和 C11 三栋塔楼及其附属裙房组成的高档住宅及现代办公楼，分别为 36 层、44 层、36 层，最高建筑高度为 203.35m。所有塔楼均采用框架-核心筒结构体系，裙房部分构件采用后张拉预应力结构体系，建筑外立面全部采用玻璃幕墙饰面，采用这种外立面饰面装饰既能够充分利用当地日照资源，改善生活环境，同时也使得整个高层建筑的造型新颖独特，具有现代高层建筑的典型特征。在裙房的屋顶均设有游泳水池、绿化景观、娱乐休闲设施，多层次、多变化和多功能的设计理念增强了建筑的艺术气息，突显了以人为本的现代生活、办公、娱乐的建筑风格设计理念。该项目采用 EPC 合同模式，包括设计采购与建造的任务。

A 项目设计任务只是部分设计任务，即业主方完成概念设计后与总承包商签订 EPC 合同。部分设计任务包括基础设计、施工图设计、竣工图设计，由总承包商统一负责，并以边设计边施工的方式分阶段开展工作。为了发挥设计优势，提出优化设计阶段，主要在项目基础设计阶段（技术设计），通过引进第三方专业优化设计公司，对设计方案进行评估与优化。主要的优势：降低经济风险，总承包商可以在设计阶段对工程造价进行控制，通过第三方独立优化设计，使设计方案更为经济、合理；将设计与施工结合起来，目标一致，统一运作，可以很好地解决设计与施工衔接问题，使设计方案更加具备可操作性。

8.5.2 A 项目施工管理特点

（1）项目管理模式

① RFI（Request Of Information）信息邀请书。一般使用顺序：都使用在采购规划阶段，是用来取得产品、服务，或供应商一般资讯的请求文件。这是一个资讯的要求，并不能成为对供应商或采购的约束，通常使用在请购之前征求供应商意见，以使需求明确化，在采购过程中，能够降低需求不明确及预算不精确的风险。

② 项目管理模式格式化：项目领导分为项目代表和项目经理，对外（业主和监理）协调由项目经理（相当于国内项目执行经理）负责，对内（项目经理部管理）协调由项目代表（相当于国内项目经理）负责；中层部门经理多由国外人员来担任；工程师级别则为中式化，多由中国人担任；劳务队伍为本案例工程总承包公司的自营队，如图 8-7 所示。

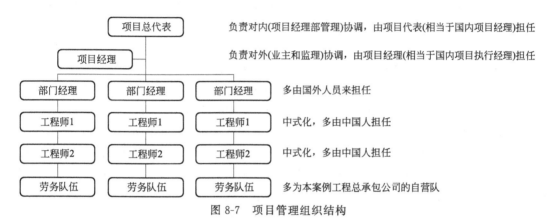

图 8-7 项目管理组织结构

③ 劳务队伍固定化：自营队伍。

④ 融入当地属地化：从当地招聘一些员工。

⑤ 对接西方国际化：招聘一些西方员工与我们共同工作。

（2）使用 P3 软件对项目跟踪升级，并且动态优化，使计划更趋合理、优化

P3 软件的应用能够使计划管理与工程实际更密切地结合在一起，从而使计划管理体系的建立成为可能，解决了计划分类、分层次管理的问题，真正达到计划由多人管理的目的，改变以部门为中心到实现以项目管理为中心的状态，改变以往计划不如变化快的局面。P3 软件编制进度计划的直接目的就是工程所有参与人员知道各个时间段应该达到的具体工程进度以及明确下各阶段哪些工作是关键路径，然后有的放矢，并且有效准确地预测工程图纸、材料到场需要时间，当遇到工程延误关键路径的时候，可以及时提醒项目管理人员，通过调整资源、改变施工方法等手段，及时弥补，减少工程损失。P3 软件使多级计划共存于一个计划，下级计划完成量可以在上级计划完成量中反映管理等方面的问题，并且解决了计划信息实时更新的问题，便于计划管理人员、决策人员对工程的进展进行实时动态控制，从而保证了项目按计划实施，达到预期目的。这就要求项目业主、项目的设计、监理、承包商、质量监督多方共同使用 P3 软件，在统一的管理模式下，完成各自权限下的计划。

建立 WBS 骨架，在随后编制具体工作的计划时，要粗细有别，对于业主方、监理方以及业主指定分包和指定材料的计划安排及其与本案例工程总承包工作的相关逻辑关系，尤其要做到全面、详细，计划严格、严谨，以便日后当工程有延误的时候，需要通过主计划准确

地反映出来相应的责任方。把合同额根据 WBS 的单元工程进行分配，根据具体工作分布的时间，计算出合同工期内每个月所需要的人力及应该创造的价值，再通过 Excel 即可编制成项目资金曲线，即常说的"Cash Flow"（现金流）。

当项目进度延误的时候，做好记录进行索赔的同时进行分析，得出接下来的关键路径，然后通过调整资源分配，或者通过改进施工分法等手段，即时弥补，追赶进度，同时制订追赶计划，并绘制追赶曲线。如果对工期没有影响，因此而多花费的成本则需要业主承担。

P3 软件就是应用许多相互制约、相互关联的因素，来客观分析工程实际情况，为管理决策提供依据。只有这样，项目的进度、资源、费用等关键因素才能够真正得以统筹考虑，项目才可能在合理的工期、资源和费用下平稳顺利地加以实施。当工程有工期延误的情况时，P3 软件作为科学评估问题的具体责任方以及定量的评估延误时间（EOT）具有极其重要的作用和意义。动态计划管理工作需要综合考虑公司所有资源，包括机械、人力、财务控制等，对各个项目进行协调优化，从而节约工程成本，提高工作效率，把项目管理水平推到新的高度。

（3）打造有凝聚力、战斗力、执行力的项目管理团队是成功的基石

项目管理是一项团队工作，必须有一个有凝聚力、战斗力、执行力的管理团队方可实现既定目标。A 项目开始之时，阿布扎比建筑市场正处于蓬勃发展初期，项目管理人员严重短缺，通过市场化方式获得职业化人才的难度很大，而同时中东公司也处于高速扩张阶段，内部资源也都处在满负荷运转状态，组建项目管理团队遇到很大的困难。在分析此客观现实后，项目管理层在中东公司领导层的大力支持下，果断做出了稳定项目已有核心管理人员与加快培养中国籍年轻管理人员的决策，首先通过多种"留人"方式并用，保证了项目管理层中数位核心管理人员长期稳定地工作；其次通过卓有成效的管理人员后备队伍建设，在与有潜质的培养对象摸底、谈话、考察的基础上与其共同制定在本项目的职业发展目标，坚持培训与任用相结合，很快就培养出一大批能够独当一面的中国籍青年管理骨干，在项目中期即开始发挥显著作用，在项目后期已经成长为项目核心人员，这批青年管理人员专业基础扎实、熟悉海外工程特点、对公司忠诚度高、稳定性好，以后也将成为中东公司发展的重要力量。

在项目管理团队骨架形成后，高效的沟通与管理工作也就成为能否保证项目团队长期有凝聚力、战斗力、执行力的决定因素。项目管理层采取多种方式结合，大力倡导沟通与管理并重的理念，在有效沟通中实现管理，在管理的过程中加强沟通，使项目管理团队绝大多数人员能够认同项目管理的愿景与目标，认可项目管理所实行的方法，并愿意为实现项目目标而努力工作，从而在整个项目团队中创造出良好的工作氛围，而这也是项目能够圆满实施的又一个重要保证。

（4）准确分析与判断项目所处的外在局面，采取灵活有效的措施积极应对

在 A 项目实施期间，整个阿布扎比房地产市场大起大落，因而导致处于下游的建筑承包市场与项目日常管理工作都处于纷繁复杂、变化多端的局面之中，如何能正确地分析与把握项目所处的局面，抓住主要矛盾及采取灵活有效的措施去解决，是项目管理团队尤其是项目管理层所必须面对与解决的问题。房地产市场的不同周期阶段，业主采取的策略不同，由此也引发承包商的工作重点不同。

结构设计方案常常能满足建筑功能和结构安全可靠度的要求，然而往往设计人员施工经验不足，对施工流程和工艺不熟悉，致使设计与现场施工脱节，造成施工难度加大，成本支

出增加。因此结构优化设计阶段，始终树立优化设计与施工集成思想。同时要求施工技术人员积极参与设计方案讨论，紧密结合建筑结构特点和所采取施工措施，将技术、材料和施工工艺进行综合考虑，已解决了降低施工难度和控制工程造价的问题。在项目实施过程中，A项目管理层在中东公司领导层的正确指导下，准确分析房地产市场给业主带来的影响，密切观察业主的策略调整，及时确定最优应对方案与积极应对，从而做到了在不同阶段都占有一定程度的主动，保证项目实施的最后效果。

（5）从设计优化与装修材料采购入手，大幅降低工程成本

本项目经过激烈的市场竞争而得到，加之在施工阶段又经历了 2008 年上半年的建筑材料价格飙升、施工期显著拖长等不利因素的影响，成本压力较大。项目管理层在工程开工之时即根据项目特点制定了项目策划，找出项目成本控制的关键点与突破点，从人员安排、工作策划、过程监控等多方面精心部署，细致工作，最终从设计优化与装修材料采购方面取得显著突破，大幅降低了工程成本，保证了项目盈利目标的实现。

（6）推行责权利相统一的现场区域化管理模式，有效调动所有参与人员的积极性

A项目施工面积大，施工栋号多，参建队伍多，是平面展开施工项目与竖向垂直施工项目的结合体，现场管理难度很大。在施工过程中项目管理层根据项目特点，推行责权利统一的现场区域化管理模式，打破现场工程师与施工队伍的管理界限，使之成为目标一致、利益相同的一个团队，在各个栋号之间形成"比、学、赶、超"的良好竞赛氛围，通过项目的周期性评比，最大限度地激发了所有参与人员的积极性与创造性，为项目成功实施奠定了坚实的基础。

（7）积极发挥价值工程在 EPC 项目的作用

EPC项目的实施过程中，由于总承包商承担了全部设计的责任，从合约上来讲这是权利与义务的结合。义务方面，不言而喻，总承包商有 100％ 的义务与责任向业主提供所要求的产品，所以总承包商在设计过程中，一定要贯彻"业主要求"，了解与界定这个要求非常重要。EPC总承包商在设计方面应享受其权利。这个"权利"，我们可以将其当作"价值工程"来理解。承包商可以通过"优化设计"，在满足业主需要的前提下，进行效益与利益的最优化。

通过在本项目的结构设计优化过程中应用价值工程分析，取得了较好的经济效益，节约了大量的材料，降低了劳动力的使用量，保证了项目工期，赢得了业主的口碑，为中国建筑公司中东分公司在阿布扎比承包市场上的不断开拓打下了扎实的基础。

从表 8-7 可以看出，通过在项目初步设计以及施工图设计阶段，对整个工程项目进行结构优化设计和价值工程分析，仅就混凝土和钢筋这两项施工材料的用量就节省了 2877 万元（人民币），创造了相当可观的经济效益，而且为现场钢筋的绑扎和混凝土的浇筑工作提供了便利的条件，因此节省了大量的劳动力，也加快了建筑项目的施工速度。

表 8-7　混凝土和钢筋材料节约数量及金额

材料	C2、C3	C10、C10A、C11	合计
混凝土/m³	10271	16755	27026
钢筋/kg	321687	1105852	1427539
会计/万元	990	1887	2877

根据帕累托图法（也叫主次因素分析图法），处在 0～80％区间的因素为 A 类因素，为重点控制对象；处在 80％～90％区间的因素为 B 类因素，为次重点控制对象；处在 90％～100％区间的因素为 C 类因素，为一般控制对象。从图 8-8 和图 8-9 可知，对于混凝土这一主要建筑材料进行结构优化设计和价值工程分析，剪力墙和挡土墙为 A 类因素，应进行重点控制；裙房筏板为 B 类因素，应进行次重点控制；水箱为 C 类因素，应进行一般控制。而对于钢筋这一主要建筑材料进行结构优化设计和价值工程分析，挡土墙、塔楼筏板、桩帽及水箱为 A 类因素，应进行重点控制；裙房筏板为 B 类因素，应进行次重点控制；剪力墙为 C 类因素，应进行一般控制。

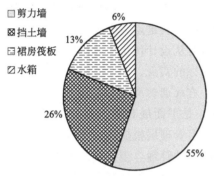
图 8-8　混凝土节约量构成分布

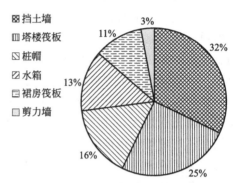
图 8-9　钢筋节约量构成分布

价值工程作为一门系统性、交叉性的管理科学技术，它是以功能创新作为核心，以实现经济效益作为目标，寻找出工程建设项目中重点改进的研究对象，再创新优化，提高建设项目的整体价值，将技术、经济与经营管理三者紧密结合的方法。通过大量的研究调查表明，工程建设项目的各个阶段对成本都有影响，但影响的程度大小不一。人们已经认识到，对建设项目成本影响较大的是决策和设计阶段，但是如果在这两个阶段进行成本的有效控制，尤其是在建设项目设计阶段如何进行有效控制的研究较少。前文通过分析建设项目设计阶段成本的预测、预控的要点，提出了在这个阶段成本与功能的正确配置，是能否进行有效成本控制的核心，而价值工程理论正好为成本与功能的正确配置提供了应用的条件。

8.5.3　项目施工管理的几个难点

项目施工管理的几个难点见表 8-8。

表 8-8　项目施工管理的几个难点

类别	内容
客观存在的难点	(1)自然环境的难点。中东地区气候燥热,夏季室外温度高达 50℃ 以上,每年 6～9 月下午 3 点以前按照阿布扎比劳工部的要求是不允许进行室外施工的 (2)社会环境的难点。中东地区信奉伊斯兰教,主流语言为阿拉伯语,并且有大量的外来人员(印度、巴基斯坦、约旦、泰国、越南等),语言环境复杂,文化差异巨大,对相同事物的理解偏差很大。不同地域、不同文化、不同风土人情的人相聚在一起,判断失误、管理产生误差,都是很正常的事情 (3)海外工程跨文化管理复杂。项目跨文化管理是指对来自不同地域、文化背景的人员、组织机构等进行的协调、整合的管理过程,是海外工程项目管理中的重要组成部分。当地分包商、供应商、政府机构等办事效率低,选择面不大,不如国内,由于文化背景与习惯上的差异,容易导致总承包商的计划超期。项目跨文化管理对海外工程项目管理是非常重要的。

类别	内容
客观存在的难点	因为在海外工程项目中,承包商往往来自不同地域,如果对当地的文化、风土人情、法律政策等了解不够,就可能产生重大误解,从而导致管理者对工程项目的实际情况判断失误,管理产生误差,进而严重影响项目的进展,最终可能导致项目的失败 (4)市场行情变化剧烈(2008~2009 年经济危机)。面对经济危机洪水猛兽般的肆意攻击,上至公司领导,下到基层人员,集体通力合作,用执着与艰辛固守在如气候般恶劣的中东建筑市场。项目领导首先鼓励大家建立信心,珍惜项目,努力工作,减少一切能节约的开支 (5)施工文件的准备与报批过程长。根据阿拉伯世界特色的国际 FIDIC 条款及相应规范要求,施工单位每做一项工作之前,都需要准备相应的施工文件,只有等到监理公司/业主甚至政府相关部门的正式批准之后,才可以实施,如深化设计的施工图、施工方案、材料报批、分包选择、质量、安全计划等。假如一次报批没有被批准,还需要第二次,甚至更多次上报,直到批准为止,而每次的周期都需要两周甚至更长时间。这和国内的项目技术管理体制是完全不一样的,国内所有图纸基本都是设计院的事情,而在阿联酋阿布扎比的项目,就需要建筑承包商自己进行深化设计,然后申报,让监理/业主批复 (6)大量的施工准备工作难题。项目管理人员的组织,缺口较大,从国内调遣至少也要一个月左右;施工现场的临时办公室使用集装箱代替,搭设的是简易厕所,加工场地的安排临时就近布置;为正常施工服务的生产和生活设施所需的物资及投入施工生产的各项物资材料准备受到外界影响;图纸深化、方案编制、建立测量控制网、规范四个方面的技术准备也需要一定的时间。这些繁多复杂、千头万绪的准备工作需要领导能够在很短的时间内,迅速做出判断,理清思路,抓住关键线路开展工作。同时,公司的管理人员大多属于国内内派,合同期 2~3 年,因此每 2~3 年时间几乎会轮换一批,流动性大 (7)分包管理材料和图纸报批难。在阿联酋项目管理中,业主方的管理由业主代表和业主选定的监理公司共同组成。在阿联酋项目施工过程中,材料、图纸必须经过业主和监理的批准以后才能用于施工,所以图纸和材料的报批对工程的顺利实施非常重要。然而在报批的程序和时间的消耗上却是巨大的,因此,如何顺利通过报批就是摆在国际工程承包商面前的一道难题 (8)施工组织管理难度大。基础阶段和主体施工阶段,每个塔楼划分两个流水段。关于材料,由于工期紧、现场施工速度快的现实情况,本项目每天所需要的施工材料和周转材料强度远远超出想象。施工过程中根据每天的工作量制定钢筋、模板、管材等材料进场计划,使进场材料能够得到科学运用。最复杂的时候是主体结构施工到 15 层以上,下部几层进入装修阶段,现场材料的进场、堆放、周转要满足现场施工进度要求 (9)劳动力问题及车辆问题。由于项目的超大,劳动力的需求也超出了一般项目,高峰期的时候 3500~5000 名工人,每天乘坐大巴车往返营地和项目上下班,场面非常壮观。按照每辆大巴车座位 70 人算,大巴车数量为 65~70 辆 (10)工期紧张问题。因为在阿联酋国家执行国际 FIDIC 条款,图纸需要承包商进行深化设计,并申报监理/业主批复。提前做好各项施工准备,尽可能提前进场;合理分区,科学组织流水施工,标准层施工期间,平均每层工期为 7~8 天;尽早插入机电和内外装修施工,机电材料设备应尽早订货并确保供应;尽早拆除塔吊和施工电梯等机械,确保外墙封闭提前,确保室内装修尽早施工;合理规划现场平面布置图,使各种材料科学堆放。以解决地下室阶段的材料加工、堆放用地需求 (11)质量难题分析。项目质量的控制难度比国内更难,公司领导和项目领导都很重视质量。公司领导直接委派质量总监到项目地点工作,代表公司对项目质量进行全过程监督和负责。编制项目质量计划、创优计划,动态管理、节点考核,严格奖罚,确保每个分项工程都为精品工程。分级进行质量目标管理。按照人员不同层次进行质量控制,从工人、班组长、工长日常管理之中。按照工程不同阶段进行质量控制,从地基阶段、基础阶段、主体阶段、内外装修阶段、机电安装阶段制定相应的质量目标。通过对各个分解目标的控制来确保整体质量目标的实现。按照工程不同分步进行质量控制。从混凝土工程、钢筋工程、模板工程、测量工程、装修工程、给水排水工程、电气工程、暖通工程等分项工程建立相应质量控制目标

续表

类别	内容
客观存在的难点	(12)施工时间的限制 ① 阿联酋当地夏季比较炎热,7～9月三个月中午休息时间为 10：30～15：30 ② 由于伊斯兰教斋月期间下午休息,进而影响施工进度 ③ 周五休息,不施工 ④ 工人的工作效率比国内低,而且劳动力资源的选择量少。中国工人在高温气候下的日产值不如国内,印度和巴基斯坦等国家的工人技术水平差,每天工作时间短,而且往往休息日不愿意工作,工程进度受到影响
施工人员流动问题	国际项目工程员工来自很多国家,如印度、阿联酋、埃及、黎巴嫩、英国、新加坡、马来西亚等 20 多个国家,这就使国际 EPC 工程的总承包管理与国内 EPC 工程总承包管理有所差异。A 项目采用中外组合的方式,由外籍员工负责对外沟通,中籍员工负责内部管理并向公司及业主最终负责。以此找到适合于中国建筑施工企业在海外施工的管理方法,在较短时间内适应了国际建筑市场的要求,保障了项目管理的正常进行 但海外项目的施工人员流动性是很大的,一些在国内有工作经验的工作人员,英语和国际项目管理的水平很弱;而一些刚毕业的大学生,英语虽然会一些,但还不精通,国际项目管理还没经验;如果想适应国际 EPC 工程的总承包管理就需要员工提高英语和熟悉 FIDIC 条款,以及项目管理水平,这就需要 5 年以上的海外项目管理经验的沉淀。而我们的大多数员工海外合同期限是 2 年或 3 年,3 年后员工基本剩余 40%,5 年后员工基本剩余 20%,7 年后员工基本剩余 10%;人员的流动性给项目往往带来一些很严重的问题
充分使用设计/采购功能,发挥EPC优势	把设计进度纳入项目工程总进度计划之中,要按照项目的控制里程碑进行分批分阶段设计工作。在项目前期和设计时,要充分考虑设计对采购与施工的影响因素,考虑订货时间长及影响施工关键点的设计工作。为了节约项目工期,保证项目总进度计划,设计工作应当按照项目施工现场要求分阶段交图。采购工作也应当纳入项目总进度计划,提高采购质量与层次,节约成本费用,缩短采购周期。在项目施工期间,项目工程技术部要把设计失误的信息提前解决,避免返工浪费,节约成本,缩短项目施工工期
项目管理合同问题	本 EPC 工程合同条件,在合同特殊条款中增加了很多对业主有利的条款,与国内的建筑合同相差很大。如何在已签订的合同框架下履约是项目经理部的主要任务,而合约管理也是国际工程管理的核心组成部分之一。项目经理部通过完整的合约交底、定期举行业务学习交流、根据项目合约特点来制定有针对性的项目内部管理制度、聘用外部合约管理顾问公司等提升项目的合约管理水平。通过上述各种方式,项目经理部得以有效地开展合约管理工作,维护了我方的合同权益,为项目目标的实现提供了保障
建筑市场风险管控问题	A 项目在实施过程中经受了全球债务危机给建筑行业带来的冲击。项目部在工程开始即把项目风险管理作为项目管理的重中之重,从战略高度来规划项目风险管理,最大限度地规避风险、降低风险发生时的影响,最终取得了较为满意的结果。例如在合同谈判阶段就预见到项目市政配套设施有可能出现延误,因此有针对性地在合同中增加相关工期索赔条款,保证了我方利益。实践证明,这种以项目风险管理作为海外项目施工管理核心内容来抓的管理方式较好地适应了海外项目施工管理的特点,具有很强的推广价值。对项目全面有效的管理是在质量方面取得管理成果的基础,A 项目经理部通过以上各方面的不断努力,保证了项目施工管理的良好进行,也保证了项目质量管理取得良好成果

8.5.4 几点建议

(1) 针对不同的设计阶段,提出了工作方式和步骤的管理改进与建议

① 基础设计阶段:提前介入;审核项目招标,投标、技术澄清文件;建立与业主和设计方及时沟通渠道;明确设计实施规划及内容;明确设计进度与深度要求。

② 优化设计阶段:初步设计;内部审核版;供专业优化公司审核版;供其他专业协调

版；最终设计政府报验版。

③ 施工图设计阶段及竣工图：细节设计；标准节点；RFI；业主及咨询公司批准；施工图编号及版本更新；竣工图及时更新版本。

④ 图纸审核过程：内部审核（内控、专业分包图纸审核），内部协调、专业间协调和部门间协调（技术、QA/QC、施工、合约、进度）；外部审核（主要是施工图，业主及顾问公司审核）。

（2）正确处理好项目索赔和暂停问题

本项目业主付款时间自然拖延，根据 FIDIC，承包商可以正当进行暂停和进行索赔，以减少自己的风险。

索赔包括工期索赔和款项索赔，就目前的状况来看，承包商有两到三次暂停阶段，随着业主的付款到位，承包商又尽快复工，一切按照合同办事。

（3）正确处理好合同工期、施工工期和合理工期的关系

合理工期是综合考虑设计进度、采购进度和施工进度的项目总进度计划，也是谈判期间必须坚守的合理建设工期。在实施过程中不能随意改变或提前工期，因为提前工期要加大投入，成本费用将会提高。业主同意追加提前工期补偿，可以考虑加大投入。深刻理解这三者的关系，灵活处理这三者的关系。

（4）尽快与国际化接轨，熟悉 FIDIC 条款

总承包商要始终站在业主的角度上看待问题、分析问题和解决问题，变成实质性的合作关系。国际 EPC 项目总承包管理要协调和监控各分包商完成项目的工程细节。充分理解FIDIC 条款下的 EPC 项目总承包的含义，积极考虑设计与施工的结合，降低工程造价。因为工程造价的 $85\% \sim 90\%$ 是在设计阶段确定的，施工阶段的影响是比较小的。首先，在结构技术设计阶段，采用设计分包，并优选国际知名的设计咨询公司，为 A 项目提供高质量的方案和设计支持。其次，为了发挥优化设计的核心作用和优势，联合本地一家声誉好、结构优化、设计经验丰富的工程咨询公司，对设计方提供结构设计方案，再进行优化设计。一方面可以弥补自身技术力量薄弱；另一方面对设计方案进行技术监督与控制。设计阶段可以积极引用新技术、新工艺、新材料、新设备等，可以最大限度优化项目功能的措施。比如本项目使用了大体积斜柱浇筑技术、大跨预应力技术、优化设计和价值工程技术、台模和爬模施工技术，以及很多新材料和新设备等。

只有改变某些局限性思维与国际理念接轨，学习 FIDIC 条款，从业主的角度看待问题，保证业主的利益，才达到资源和整体利益的最佳组合，取得最佳结果。

第 9 章
基于BIM的项目工程总承包信息化管理

▶▶ 9.1 项目工程总承包信息化管理的必要性及基本要求

随着经济建设进程的加快，各行各业都在快速地发展，这就对建筑行业信息化的发展提出了更高的要求。工程管理是建筑业中最重要的一个环节，提高建筑工程信息化管理需要发挥行业优势，全面提高信息化管理的创新与内涵，在这个基础上全面推进建筑工程信息化管理的进程。

9.1.1 项目工程总承包信息化管理的必要性

建筑行业传统的项目管理模式，无论在可靠性还是在速度或者经济可行性方面都明显地制约着建筑行业在市场竞争中的发展和可持续性。目前，我国建筑行业规模持续壮大，对于建筑施工质量要求和施工技术专业性要求越来越高，施工单位信息交流和技术更新日趋频繁，这就对建筑行业信息化管理的要求更加细化。

随着各单位与各部门之间信息交流量的不断加大，信息交流也越来越快速，建筑工程项目管理的难度和复杂度也随之提升，这就需要细化信息化管理水平，使各个部门做到无缝连接，实现及时的信息化共享，以及对工作的及时处理，改变信息不对称及业务运作时间差的问题，进而改善成本管理。

共享已经成为当下的一种常态，建筑工程信息化管理会更加有效地节约工作时间，使工作一目了然，减少部门之间信息处理的重复工作，信息化管理不仅要求施工单位内部管理过程中用计算机保存信息，更重要的是为信息技术提供重要保障，为建设项目决策提供真实可靠的依据。

建筑管理信息化有助于信息及时反馈，是工作监督的有力凭证。为后期物资采购及生产计划提供真实可靠的经验，有效节约工作时间，提高施工单位信息化管理水平，使项目管理更加科学化，正确、及时引导施工项目的有效开展。

9.1.2 项目工程总承包信息管理基本要求

(1) 一般规定

① 工程总承包企业应建立项目信息管理系统，制定沟通与信息管理程序和制度。

② 工程总承包企业应利用现代信息及通信技术对项目全过程所产生的各种信息进行管理。

③ 项目部应运用各种沟通工具及方法，采取相应的组织协调措施与项目干系人进行信息沟通。

④ 项目部应根据项目规模、特点与工作需要，设置专职或兼职项目信息管理和文件管理控制岗位。

（2）信息管理

① 项目部应建立与企业相匹配的项目信息管理系统，实现数据的共享和流转，对信息进行分析和评估。

② 项目部应制订项目信息管理计划，明确信息管理的内容和方式。

③ 项目信息管理系统应符合下列规定：

a. 应与工程总承包企业的信息管理系统相兼容；

b. 应便于信息的输入、处理和存储；

c. 应便于信息的发布、传递和检索；

d. 应具有数据安全保护措施。

④ 项目部应制定收集、处理、分析、反馈和传递项目信息的管理规定，并监督执行。

⑤ 项目部应依据合同约定和工程总承包企业有关规定，确定项目统一的信息结构、分类和编码规则。

（3）文件管理

① 项目文件和资料应随项目进度进行收集和处理，并按项目统一规定进行管理。

② 项目部应按档案管理标准和规定，将设计、采购、施工和试运行阶段形成的文件及资料进行归档，档案资料应真实、有效和完整。

（4）信息安全及保密

① 项目部应遵守工程总承包企业信息安全的有关规定，并应符合合同要求。

② 项目部应根据工程总承包企业信息安全和保密有关规定，采取信息安全与保密措施。

③ 项目部应根据工程总承包企业的管理规定进行信息的备份和存档。

▶▶ 9.2　基于 BIM 的信息化体系及平台管理

9.2.1　BIM 信息化体系简介

BIM 是一个综合概念，包含众多元素。BIM 中有 IFC、GFC、IDM 等数据标准，Autodesk Revit、Tekla Structures、Navisworks 等软件，各种信息模拟、碰撞检测、全寿命周期等先进理念，以及族、BEP 等专业术语。

自"BIM 之父"伊斯曼教授提出"建筑描述系统（Building Description System）"之后，关于 BIM 本质的探索与争论一直伴随着 BIM 的发展，建筑界的专家、研究机构不断对 BIM 进行总结归纳并重新定义，比如虚拟建筑模型（Virtual Building Model）、单个建筑模型（Single Building Model）、项目寿命周期管理（Project Lifecycle Management）、集成项目建模（Integrated Project Modeling）等。直到杰里·莱瑟琳在其文章《比较苹果与橙子》发表后，终于有了统一的定义——BIM（Building Information Modeling）。

Building（建筑）限定了专业概念，取代了众多定义中的 Project（项目）。同时，Building 一词还包含设计、施工、运营等建筑全寿命周期。Information（信息）一词突出了 BIM 中的主体是信息。BIM 中最重要的是包含专业信息，而不是简单的图形，以及信息的处理、传递、共享、存储等。Modeling（建模）说明 BIM 的展现形式是多维模型，这个多维模型是信息管理的宿主，并且在 Model 后面加"ing"表明 BIM 不是静态的产品或某类软件，而是建筑模拟的过程及运营方式。

9.2.2 基于 BIM 的工程总承包管理平台结构

（1）管理平台构建的总体要求

为了提升工程总承包项目的信息管理水平，使工程总承包项目各参与方根据工作需求及时准确地获取工程建设实时信息，实现工程总承包项目各阶段间及各参与方之间的信息集成交互，可以将 BIM 基数应用于工程总承包项目信息管理中，构建基于 BIM 的工程总承包项目信息管理平台，充分发挥 BIM 在信息管理中的优势，改变传统工程总承包项目中的信息管理和共享的方式，改善传统工程总承包项目信息管理中存在的缺陷，提升工程总承包商的信息管理水平。建立基于 BIM 的工程总承包项目管理平台有以下几点要求。

① 满足对工程总承包项目多角度的信息集成需求。在工程总承包项目中，应用 BIM 对工程总承包项目信息进行集成管理，需要满足项目不同阶段、不同专业、不同管理要素的信息集成需求。建立基于 BIM 的工程总承包管理平台，将工程总承包项目建设全过程的所有信息进行有效集成，使所有信息形成一个相互关联、相互依存的整体。对项目信息的有效集成是满足项目不同角度信息管理需求的关键所在。

② 满足工程总承包项目参与方的信息管理需求。建立基于 BIM 的工程总承包项目信息管理平台，应满足工程总承包项目各参与方的信息管理需求，使不同项目参与方可根据工作需求，便捷地获取相应的工程信息，并将不同工作环节产生的信息进行及时更新汇总，使工程建设中的参与方都可以实现对信息的有效利用和有效管理。

③ 实现项目不同形式数据的集成管理。在工程项目建设过程中，涉及的专业领域比较广泛，各个专业在工作中使用的软件各不相同，每一类软件都会产生相应的数据形式。为了保证对工程总承包项目中各类数据的集成共享，需要一个可以供不同项目阶段各参与方进行信息提取、存储、扩展的信息数据库，该数据库可以对工程项目信息进行动态管理。

④ 满足工程总承包商对项目信息的总体把控。在工程总承包项目建设过程中，总承包商作为项目第一责任人，需要对整个项目的建设全权负责。因此，总承包商需要充分掌控建设项目的实时信息，充分了解项目的最新状态，以及出现的新问题，并及时制定解决方案。

（2）管理平台构建

在满足框架体系构建总体要求的基础上，构建基于 BIM 的工程总承包管理平台。使基于 BIM 的工程总承包管理平台在实现工程总承包项目建设全过程信息无缝衔接的同时，满足各个角度的集成管理需求，使信息得到充分集成和应用，并提升工程总承包项目信息管理水平。为了保证 BIM 对工程总承包项目信息的有效集成管理，将框架体系分为基础数据层、模型层、功能模块层。基于 BIM 的工程总承包管理平台框架如图 9-1 所示。

基于 BIM 的工程总承包管理平台中的三个层次在工程总承包项目建设全过程信息集成、信息管理、信息共享方面起着举足轻重的作用。在信息管理平台框架中，工程总承包项目各参与方将建设过程中各阶段、各专业、各要素信息存储到基础数据层中，在基础数据层中对

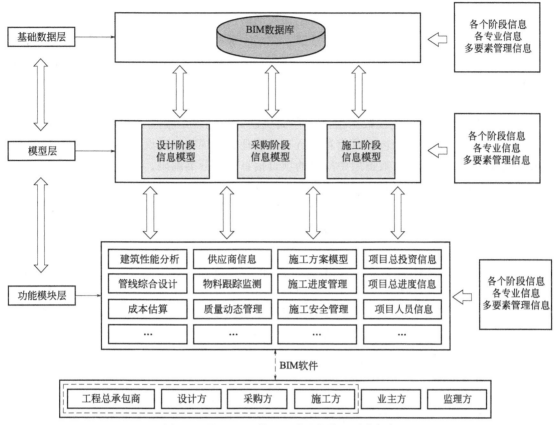

图 9-1　基于 BIM 的工程总承包管理平台框架

所获取工程总承包项目的信息进行分类、编码、标准化处理并集中存储在统一的 BIM 数据库中。模型层通过提取基础数据层中的信息数据，根据需求生成设计阶段、采购阶段、施工阶段的建筑信息模型，又根据各个阶段中的实际信息管理需求生成相应的子信息模型；在功能模块层，工程总承包项目参与方可根据其工作需求信息从模型层中提取相应模型信息，应用 BIM 软件进行信息处理和相关功能的应用，满足各参与方的信息管理需求。

9.2.3　基于 BIM 的工程总承包管理平台层级

9.2.3.1　基于 BIM 的工程总承包管理平台基础数据层

基于 BIM 的工程总承包管理平台中的基础数据层主要是将工程总承包项目中各阶段、各专业、各项目管理要素的所有信息整合到以工程总承包商为主导建立的项目 BIM 数据库中。自工程总承包项目启动开始采集相关信息，随着项目的不断进展持续对数据信息进行更新完善，使项目参与方可第一时间获得项目最新数据信息，并将工作处理更新的数据反馈到 BIM 数据库中，实现信息的有效集成管理。为了保证 BIM 数据库对信息的有效管理，需要对所收集到的工程总承包项目信息进行整合、标准化处理，从而提高 BIM 数据库中信息资源的使用价值。

（1）信息整合

工程总承包项目往往建设时间长，范围广，参与方众多，导致整个过程信息种类繁多且信息数量庞大。想要实现对工程总承包项目信息的集成管理并实现各参与方对项目信息的高效利用，就需要对工程总承包项目建设全生命周期的信息及时准确地进行集成。信息集成过程中，需要充分考虑项目实施的每一个环节，做到不遗漏任何信息，全面地对所有信息进行整合，并且需要通过合理的形式将信息存储在统一的数据库中，保证工程总承包项目各参与方可以快速准确地查询到工作所需信息。

（2）信息分类编码

BIM 数据库作为工程建设数据信息的存储机制，是实现工程总承包项目信息集成和管理的基础。想要对工程总承包项目信息进行有效管理，实现项目建设实施中对信息的精细化检索，需要管理人员对基础数据层中所有的项目信息进行分类编码。

建筑信息编码就是将项目建设过程中产生的各类信息赋予一定规律性的容易被人或机器识别和管理的数字、符号、字母、缩减的文字的过程。利用相同的信息编码结构对工程总承包项目信息进行分类、编码，为 BIM 数据库的信息提供一个可供计算机检索和存储的编码体系。首先，对工程总承包项目信息逐层分解，将整个工程总承包项目信息分解至可控的范围，以满足项目管理的需求；其次，针对分解后的每个单元，选择与之相匹配的编码体系进行信息编码，使编码后的信息与实际工程项目信息对应关联，并保证编码后的信息可以被计算机操作和识别。工程总承包项目信息分类编码体系的建立是对工程总承包项目各类信息进行规范化、标准化处理的前提，为应用 BIM 软件对工程总承包项目信息进行集成管理和信息数据交互提供基础。

（3）信息标准化处理

为了实现应用 BIM 对工程总承包项目信息的精细化管理，不仅需要对工程总承包项目信息进行分类编码，还需要对项目信息进行标准化处理。

目前在 BIM 技术信息标准化中，通用的标准有 IFC、STEP、EDI、XML。其中 IFC 标准是针对建筑领域制定的公开的数据交换标准，也是目前国际通用的 BIM 交换标准。IFC 标准为建设项目中存在的不同格式的数据提供了处理各种信息描述和定义的规范，打破了软件数据格式不兼容的难题。IFC 作为数据交互的中转站实现数据的无障碍流通和关联，从而改善数据共享的现状，避免重复劳动，节约建设成本，使各类 BIM 信息以 IFC 标准为基础，将各类数据处理成为相同形式的数据，统一存储在 BIM 数据库中。基于 IFC 的信息标准化处理如图 9-2 所示。

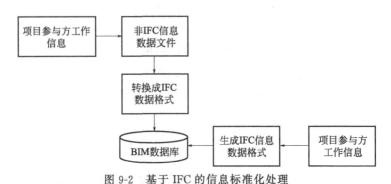

图 9-2　基于 IFC 的信息标准化处理

9.2.3.2 基于 BIM 的工程总承包管理平台模型层

在基于 BIM 的工程总承包管理平台框架体系中，模型层起到了重要的作用。模型层主要通过提取 BIM 数据库中的信息建立建筑信息模型，并根据 BIM 数据库中实时更新的数据信息对相应建筑信息模型进行动态更新。这里针对工程总承包项目的设计、采购、施工三个阶段建立了相应的信息模型，在此基础上为了满足不同项目参与方的信息管理需求，还可建立相应的子模型。模型层示意如图 9-3 所示。

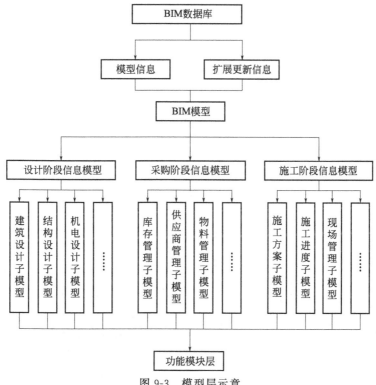

图 9-3　模型层示意

（1）设计阶段信息模型

在工程总承包项目中，设计阶段不仅是建设项目实施的先导，也是随后采购阶段和施工阶段实施的脉络。设计阶段信息模型由建筑工程师、结构工程师、电气工程师、给水排水工程师等专业工程师在共同的 BIM 平台上协同设计的信息组成。经过各专业的设计，在平台上形成建筑设计子模型、结构设计子模型、工艺设计子模型、管道设计子模型等各专业信息模型，最后将各专业模型信息合并成一个完整设计阶段信息模型，如图 9-4 所示。在应用 BIM 进行信息管理的过程中，设计阶段信息模型是构建整个项目后续工程建设信息模型的基础。在建立设计阶段信息模型过程中，BIM 的应用使各专业间能够相互配合、协同作业，提高设计建模的效率，实现各专业关联协同设计。后续的采购阶段、施工阶段信息模型的建立都可以以设计阶段信息模型为基础，从该模型中直接或间接调用相关信息。

（2）采购阶段信息模型

在工程总承包项目中，对采购阶段信息的有效管控有利于节约工程建设成本。在工程总承包项目中采购范围十分广泛，涵盖土建、机电、绿化等许多领域，物资供应商也来自各行各业。采购阶段需要对项目采购信息进行有效管理，需要在设计阶段信息模型的基础上建立采购阶段信息模型，并进行功能属性等内容的扩展，将设计阶段信息模型中的建筑构件对应的材料类型、尺寸、数量等信息与物资采买、物资运输、材料库存等实时信息关联到一起，

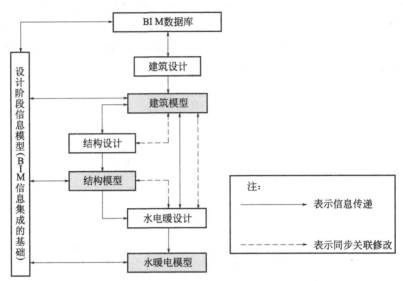

图 9-4　设计阶段信息模型

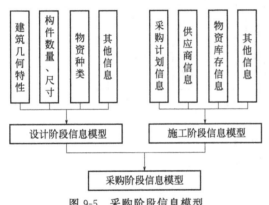

图 9-5　采购阶段信息模型

从而生成采购阶段信息模型，如图 9-5 所示。在采购阶段信息模型中，可充分反映物资需求情况和物资供给情况，通过采购阶段信息模型对采购信息的反馈，实现对采购信息的动态管理。

（3）施工阶段信息模型

在工程总承包项目中施工阶段是整个项目实施过程中需要承担最大风险的阶段，也是项目信息管理过程中最活跃的阶段。在施工阶段投资成本最高、项目管理信息最多，工程总承包商对该阶段的项目信息管理和控制难度较高。在创建项目施工阶段信息模型时，需要提取设计阶段信息模型和采购阶段信息模型中的信息，在此基础上根据施工阶段产生的新信息进行动态扩展，逐步完善施工阶段信息模型。因此，施工阶段信息模型，主要包括基础信息模型和扩展信息。基础信息是指从设计阶段信息模型及采购阶段信息模型中提取的基础信息；扩展信息是指随着施工工作的开展，根据施工阶段管理目标增加的信息，主要包括施工进度信息、施工方案信息、施工资源信息等。在基本信息模型的基础上进行施工信息扩展，得到施工阶段信息模型，如图 9-6 所示。

9.2.3.3　基于 BIM 的工程总承包管理平台功能模块层

功能模块层是由 BIM 软件在工程总承包项目信息管理过程中的功能应用组成的。工程总承包项目各参与方根据信息管理需求从建筑信息模型层中获取各类模型信息，并通过相应 BIM 软件进行分析处理实现相应的功能应用。项目参与方还可将分析处理得到的新信息重新录入 BIM 数据库中，实现数据的高效集成共享，使信息得到充分利用。

（1）设计阶段信息模型功能模块

应用 BIM 提升工程总承包项目信息管理水平，充分发挥工程总承包项目以设计为主导

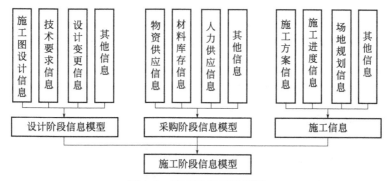

图 9-6　施工阶段信息模型

的优势。在设计阶段充分考虑后续采购、施工阶段的主要影响因素，使各专业在同一平台上协同设计，提升设计水平，减少后续的设计变更和不必要的纠纷。BIM 在设计阶段的功能应用主要有以下两方面。

① BIM 在建筑性能分析方面的功能应用。为了提高建筑的建造品质，减少对资源的过度消耗，满足绿色环保等要求，可以用 BIM 对建设项目进行仿真模拟，针对某些在现实情况中难以进行实际操作的工作进行模拟分析。进行模拟分析时，通过提取设计阶段信息模型中的建筑信息，应用 BIM 软件对建筑物总体布局、设计方案、日照时长、建筑能耗、空气流动、建筑温度等内容进行信息统计和模拟分析，并通过对模拟结果的分析从而使各专业对建筑模型进行更加深一步的调整优化。

② BIM 在管线综合平衡设计方面的功能应用。管线综合平衡设计技术是应用 BIM 的三维可视化模拟技术，将机电、给水排水等专业的设计内容进行"预组装"，在 BIM 软件中进行模拟和碰撞检查的方法。通过这种方法，可以使设计人员更直观地发现设计内容中各专业间的冲突（碰撞）问题，然后结合检查结果，各专业相互配合综合分析后，在原来设计基础上进行修改和优化，避免这类问题为工程总承包项目采购、施工带来巨大损失。管线综合平衡设计技术，不仅有利于对设计方案优化，减少设计变更，而且可以对管线安装工序进行模拟并指导施工。管道碰撞及优化设计如图 9-7 所示。

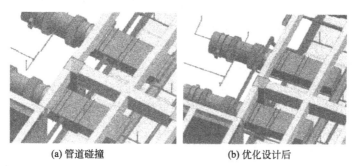

(a) 管道碰撞　　　　　　　　　　　(b) 优化设计后

图 9-7　管道碰撞及优化设计

（2）采购阶段信息模型功能模块

在工程总承包项目中，采购阶段是工程建设实施的重要阶段，想要提升工程建造品质，保证建造质量，就需要对采购阶段进行严格把控。工程总承包商对采购阶段的有效管理不仅可以提高采购质量，降低项目预期成本，还可以大大降低施工阶段产生的费用，同时保障按计划供应项目实施设备材料，保证工程总承包项目的顺利运作。通过应用 BIM 对工程总承包项目采购信息的集成管理，建立采购阶段信息模型，应用相关的 BIM 信息管理功能，可以提高总承包商对采购阶段的管理能力，并满足采购方的信息管理需求，为项目采购全过程动态控制提供技术支持。BIM 在采购阶段的功能应用主要有以下几方面。

① BIM 在供应商信息管理中的功能应用。工程总承包商可以将曾经合作过的信誉较高的供应商信息存储在 BIM 数据库中。在采购阶段，采购方可以根据项目实际需求结合数据库中的供应商名单，根据设计方提供的技术要求制定采购供应商评选标准，选择合适的供应商合作，并将已经签订采购合同的供应商编制的设备材料生产供应计划信息、生产进度信息等录入采购信息模型中，应用 BIM 进行动态监控。基于 BIM 的供应商选择流程如图 9-8 所示。

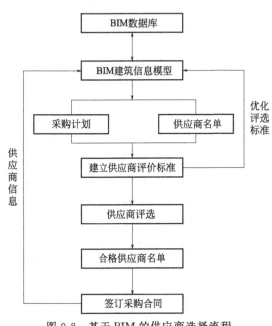

图 9-8　基于 BIM 的供应商选择流程

② BIM 在生成物资采购清单中的功能应用。BIM 技术的出现改变了传统模式中的人工算量方式。通过应用建筑信息模型的工程量板块功能编制工程量清单，相较于传统的手工算量更加准确和细致。应用 BIM 进行工程量统计，还可以根据设计变更及时进行新的工程量统计。采购方根据 BIM 生成的工程量清单编制相应的物资采购清单。

③ BIM 在物料运输跟踪与监测中的应用。在材料运输过程中应用二维码技术，将材料运输信息与 BIM 信息模型进行关联。针对运输的设备材料生成相应的二维码，并将二维码粘贴到运输车辆驾驶室中，货运司机可以通过手机等移动设备扫描二维码，上报材料运输情况。采购管理人员可以通过 BIM 信息管理平台查询采购物料的运输状态，实现实时跟踪监测采购物资运输，并在信息管理平台中查看采购信息，通过 BIM 模型不同的颜色状态反应材料的实时状态。

（3）施工阶段信息模型功能模块

在工程总承包项目实施过程中，施工阶段是工程建设的主要阶段，也是项目管理内容最多、工作最繁重的阶段。通过应用 BIM 技术对工程总承包项目施工过程信息进行管理，建立施工阶段信息模型，可以利用 BIM 信息模型结合项目实时信息指导工程项目施工。BIM 在施工阶段的功能应用有以下几个方面。

① BIM 在施工方案模拟中的功能应用。在施工阶段可应用 BIM 进行施工方案模拟，并通过模拟发现问题，优化施工方案。利用 BIM 技术，可对场地规划、资源等信息进行模拟规划，使施工参与方直观地了解施工项目的实施方案和存在的问题。还可以对新的施工方案进行模拟和可行性分析，在施工前清楚地掌握施工各个阶段的情况，对可能发生的事故进行提前预测，制定预防措施进行事前控制，避免对工程建设造成影响，提高项目建造水平。

② BIM 在施工现场动态管理中的功能应用。在施工阶段，作业场地的布置应随着项目

的不断推进而动态改变。传统的项目现场布置是在编制施工组织设计时，综合项目特点和按照以往经验进行规划布置，因此很难提前发现场地规划方案中的问题。随着施工项目的推进，现场布置得不到相应的变更，难免会产生一些碰撞。应用 BIM 技术对施工不同阶段的现场布置中存在的潜在碰撞冲突进行分析，针对不同施工阶段的场地布置方案进行相应设计，实现施工现场动态布置。

③ BIM 在施工进度控制中的功能应用。传统的施工进度控制是按照网络计划图的规划方式对项目进度进行规划管理，这也是项目进度控制最普遍的工具。然而，网络计划图存在一定的局限性，这种方式表达的进度计划比较抽象，难以实现对整个项目计划进度精确直观的表达，并且不能及时对工程的变更、环境变化等突发情况进行调整优化。基于 BIM 技术的施工进度管理，是在设计、采购信息模型的基础上添加时间轴建立四维模型，通过可视化功能直观、准确地反映施工现状，将实际项目实施进度与计划进度进行对比，分析出现差距的原因，并采取措施进行调整，确保按时完成项目。

▶▶ 9.3 基于 BIM 的工程总承包信息集成管理

在工程总承包项目中想要发挥对项目建设全过程协调管理的优势，需要对项目信息进行有效的集成管理。应用 BIM 进行工程总承包项目信息管理，需要满足工程总承包项目建设全过程涉及的所有专业及不同管理要素的信息集成需求，并应满足工程总承包项目建设过程中不同参与方的信息管理需求。

9.3.1 工程总承包项目建设全过程信息集成

在工程总承包项目建设过程中，设计、采购、施工并不是完全独立的，彼此之间需要通过信息的流通来协调保证项目的顺利运转。而在传统的信息管理模式下，工程总承包项目中设计方、采购方、施工方之间的信息是分离管理的，且信息以点对点的形式进行传递共享，容易导致信息不能被有效地集成和共享。基于 BIM 对项目全生命周期信息集成管理的理念，将传统工程总承包项目中各阶段信息分离管理的模式，转变为自总承包商与业主签订总承包合同开始到项目竣工交付的整个生命周期中信息统一集成管理的模式。这种模式可以满足工程总承包商对项目建设全过程信息充分掌控的需求。EPC 建设各阶段信息集成及模式如图 9-9 所示。

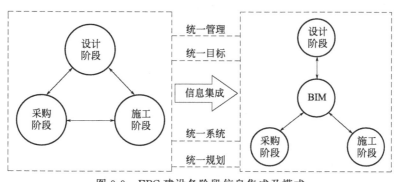

图 9-9 EPC 建设各阶段信息集成及模式

9.3.2 工程总承包项目建设各专业信息集成需求分析

工程总承包项目建设过程中，需要各个专业相互协作共同完成建设项目。项目建设过程中涉及建筑专业、结构专业、给水排水专业、供暖通风与空调专业、电气专业等。各个专业间的协同工作以信息的传递为基础，为了实现项目信息在不同专业间的流动，使不同专业可在第一时间获取工作所需信息，就需要将各专业工作信息进行有效集成管理。应用 BIM 技术可提高信息的准确性和完整性，达到信息一次录入、无限次利用的目的，减少下游专业对信息的重复输入工作。各专业协同工作场景如图 9-10 所示。

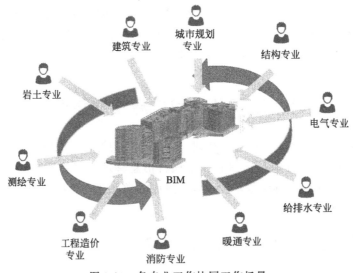

图 9-10　各专业工作协同工作场景

9.3.3 工程总承包项目管理多要素信息集成

在工程总承包项目管理过程中，对项目各个要素进行管理是项目管理的重要内容。因此，为了完成工程总承包项目建设的最终目标，对项目多要素进行集成管理十分必要。应用 BIM 针对项目建设过程的质量、进度、成本、环境、安全等项目管理要素实行统一管理，将工程建设管理多要素信息进行充分集成，可提高总承包商在工程总承包项目管理过程中对工程建设各要素的管理能力，从而提高项目管理总体实力。图 9-11 主要针对质量、进度、成本、环境、安全这五大要素的信息集成需求进行了分析。

9.3.4 工程总承包项目参与方信息管理

在工程总承包项目建设全过程中，每一个建设环节都会有不同的工作信息，随着项目的不断进展而产生和流转，随着项目信息的不断产生和传递，带动了建设项目资金和物流的不断产生和运作。对工程总承包项目信息进行合理管控是保障建设项目正常运转的基础，也是提高工程总承包项目建设效益的重要手段。基于 BIM 的工程总承包项目信息管理就是应用 BIM 对工程总承包项目建设周期内的所有信息进行有效管理，以保障工程总承包项目的正常运作，并为工程总承包项目参与方之间的协同合作提供必要的信息技术手段。工程总承包项目信息管理主要参与方，如图 9-12 所示。

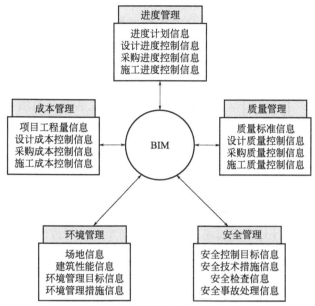

图 9-11　基于 BIM 的项目多要素信息集成管理

工程总承包项目信息管理主要参与方包括业主方、监理方、工程总承包商、设计方、采购方、施工方。其中，设计方、采购方、施工方中任一方在项目中以分包商的形式出现时，可作为分包单位。在应用 BIM 进行工程总承包项目信息管理的过程中，工程总承包商、设计方、采购方、施工方、监理方作为 BIM 的主要使用方和数据提供方，可将项目数据统一集成到 BIM 中，并根据工作需求提取和应用项目信

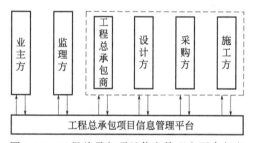

图 9-12　工程总承包项目信息管理主要参与方

息。在项目结束后，工程总承包商需将完整的 BIM 信息系统交付给业主，业主作为系统的投入方和最终获益方可利用已有的项目信息进行项目后续的运营工作。应用 BIM 对项目信息进行管理，应满足工程总承包项目各参与方在工程建设过程中的信息管理需求。各参与方信息管理需求如下。

（1）业主方信息管理内容

在工程总承包项目中，业主方与工程总承包商签订合同后，会给予总承包商充分的权利进行项目安排。业主基本不会对项目建设工作进行过多的干预，但会从宏观上对项目建设过程进行综合协调，并对项目的实施支持和推进，使工程建设达到预期目标。根据 FIDIC 条款中的"设计采购施工（EPC）/交钥匙工程合同条件"，业主或业主委派的业主代表对工程总承包项目的主要管理内容包括：按照合同及规定的内容对项目各项制度、设计内容进行审批，并对项目进度、质量、安全实施过程进行监督；协调项目内部和外部的关系，保证工程建设符合国家法律法规，使项目有序进行；充分调动资源支持总承包单位进行项目建设。业主方在工程总承包项目中的主要管理内容如图 9-13 所示。

由图 9-13 的内容分析，业主方信息管理主要包括以下内容。

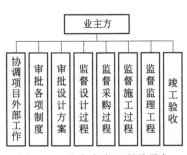

图 9-13 业主方在工程总承包
项目中的主要管理内容

① 对设计进度信息、设计质量信息等内容进行监管，并对设计方案等内容进行审批。

② 对采购过程中的采购进度信息、质量信息、成本信息等进行宏观把控。

③ 对施工过程的施工进度信息、投资信息、质量信息、安全信息、监理信息、竣工信息等情况进行监督。

在应用 BIM 进行工程总承包项目信息管理的过程中，应满足业主的信息管理需求。业主可通过 BIM 信息管理平台获取设计、采购、施工阶段所产生的相关信息，实时掌握项目进展。

（2）监理方信息管理需求

监理单位的主要职责就是通过发挥自身的管理能力和管理权力，对建设项目进行监督管理，使建设项目按照项目计划顺利实施，并满足合同要求。与传统的工程项目相比，在工程总承包项目中，监理方的管理对象不再仅是施工阶段，而是转变为对整个工程总承包项目进行监督管理。因此，在工程总承包模式中，监理单位不仅需要对承包商在施工阶段的施工质量、进度和建设费用等内容进行督察，还需要对设计阶段、采购阶段进行监控，并对参与工程总承包项目的多个单位和部门进行组织协调。在工程总承包模式中，监理单位的主要工作内容包括以下四个方面。

① 确定在工程总承包合同中所约定的承包商的负责范围和主要职责，以及工程建设需要达到的标准；梳理合同各参与方关系，协调工程总承包项目各参与方的工作。

② 在设计阶段，对项目合同中的设计范围进行界定，审查设计文件，对设计方案是否合理、设计进度是否符合要求等内容进行监控。

③ 在采购阶段，对采购工作的服务范围和深度进行界定，对设备材料采购部门进行监督，并按照材料采购合同对材料的供货时间和材料质量进行严格监控。

④ 在施工阶段，对施工方案、进度计划等内容进行审查，并对施工过程中的施工进度、施工质量、施工安全措施等事项进行监督检查，确保工程施工符合设计要求和技术标准。

通过对监理方工作内容的分析，得到监理方信息管理的主要内容，如图 9-14 所示。

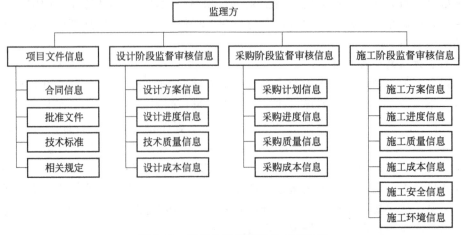

图 9-14 监理方信息管理的主要内容

在应用 BIM 进行工程总承包项目信息管理的过程中，监理方通过 BIM 信息管理平台查看项目实施过程中工程总承包商、设计方、采购方、施工方所反馈的工作信息，按照合同要求对项目进行监督管理，并将管理过程中发现的问题进行实时反馈。

（3）工程总承包商信息管理需求

在工程总承包项目中，总承包商拥有最高权限，对项目建设全过程进行统筹规划，并对工程总承包项目中的每一个实施环节进行管理。工程总承包商项目管理内容涵盖自签订总承包合同直至竣工交付全过程的所有工作，其信息管理需求，见表 9-1。

表 9-1　工程总承包项目总承包商信息管理

类别	内容
设计阶段	①项目勘察设计信息 ②设计方案、初步设计文件、施工图设计文件 ③设计文件审查要求、设计文件审查信息 ④设计方案交底，图纸会审信息、设计变更信息 ⑤设计进度、设计质量、设计成本等信息
采购阶段	①建立的采购质量管理体系，包括质量管理文件和质量管理组织等信息 ②供货商资格审查信息、招投标信息、合同等信息 ③采购计划、材料设备技术方案、资源供应计划等信息 ④采买、催交、运输、检验等信息 ⑤采购质量、进度、成本等信息
施工阶段	①施工准备工作信息、施工项目管理规划信息 ②施工方案信息、技术组织措施计划信息等； ③施工进度管理信息、安全管理信息、计划管理信息 ④项目变更信息、工程索赔信息 ⑤工程验收信息等
协调管理 信息	① 政府批准文件、相关法律法规、技术标准等信息 ② 业主指令信息、监理反馈等信息 ③ 招投标信息、合同信息等 ④ 项目总体质量、进度、成本、安全、环境等控制信息

工程总承包商需要对项目建设实施全过程进行规划和管理，其信息管理内容涉及项目建设的方方面面。通过应用 BIM 有效汇总各参与方所提供的信息，才能使总承包商对项目进行更好的协调管理，从而提升总体管理水平。

（4）设计方信息管理需求

在工程总承包项目中的招标环节，业主主要提供工程建设的预期目标信息、设计标准、设计内容及功能需求。因此，设计方主要是根据业主所提出的功能需求和建设目标进行方案设计，将业主的建设意图转化为建设项目可实施的模型。按照项目进度和设计深度的不同将设计阶段分为制订设计计划、设计方案、初步设计、扩初设计和施工图设计等阶段。在设计过程的每个环节都会产生相应的设计信息，各个专业通过对这些信息的共享交流实现各专业间的协同工作。设计方信息管理内容如图 9-15 所示。

设计方需严格按照总承包商所提供的公共信息进行设计，并将勘察设计信息及设计管理信息充分反馈到项目 BIM 信息管理平台中，使项目各参与方可根据需求即时获取相关信息。

（5）采购方信息管理需求

在工程总承包项目中，采购阶段是建设工程实体建造的开端，并在整个工程建设运行中

图 9-15 设计方信息管理内容

起到中间衔接的作用。能否对采购过程进行有效的监督管理，直接关系到项目后续的建设和施工能否顺利进行。因此，需要确保采购信息的准确完整，对采购过程信息进行动态把控，及时为施工阶段提供设备材料，为项目施工提供有效保障。采购阶段的主要工作内容包括编制设备材料采购清单、进行供应商招标、签订采购合同、生产交付计划的跟踪与落实、设备材料出厂检验、设备材料运输、进程检验、货款结算、合同收尾过程。采购方信息管理内容如图 9-16 所示。

采购方需按照总承包商提供的公共信息安排采购工作，并对采购过程中所产生的采购信息以及招投标信息进行更新汇总，使项目参与方可通过 BIM 信息管理平台提取和应用相关信息。

图 9-16 采购方信息管理内容

（6）施工方信息管理需求

施工阶段是工程总承包项目的核心组成部分，主要由施工准备阶段、实施阶段、竣工验收阶段组成。施工准备阶段主要是为项目施工作业的展开做好提前准备，这个阶段的主要内容包括编制施工组织设计、编制施工进度计划、编制施工质量管理体系、编制施工技术管控计划、材料物资供应计划、施工分包计划等。施工实施阶段的主要工作内容包括：根据施工准备阶段编制的计划，检查项目实际施工落实情况，将实际情况与实施方案进行对比分析，尽力保证项目实施按计划进行，对项目实施进度、质量、成本、安全等内容进行控制。施工竣工阶段的主要内容包括业主和监理方对工程进行验收、进行项目移交等。施工方主要信息管理内容如图 9-17 所示。

施工方需要从 BIM 信息管理平台中获取项目公共信息，按照项目公共信息进行工组织设计，并将施工过程中产生的施工信息及协调管理信息集成到 BIM 数据库中，使项目参与方可第一时间获取项目施工动态信息。

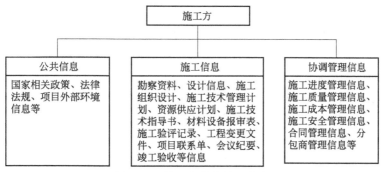

图 9-17　施工方信息管理内容

9.3.5　某工程总承包项目基于 BIM 技术管理实践

×××集团工程机械有限公司技术中心工程项目，总建筑面积为 1.14 万平方米，工程造价 4255 万元，涵盖办公楼、实验室、试验车间，其中办公楼采用装配式框架结构，地上 4 层，局部 2 层，预制率 30.8%，预制装配率 60.13%。

×××建设作为总承包方，委托机械工业第一设计研究院进行初步方案设计，2018 年 1 月参与项目投标并最终中标。中标后，×××建设全面筹划项目工作：深化施工图设计，设计过程中利用 BIM 技术对建筑、结构、安装等各设计专业进行设计优化，力求达到最佳的设计方案；委托×××建筑科技有限公司深化装配式建筑设计和构件供应；组建项目管理团队，安排设备、材料、队伍等资源进场。项目部按照合同要求制订施工计划，加强对施工安全、进度、质量、成本的全过程管控。2018 年 12 月×××项目全面竣工，作为首个使用 EPC 模式进行施工建设的项目，最终，得到了业主方的认可。

▶▶ 9.4　某项目工程总承包 BIM 技术平台管理案例及分析

9.4.1　项目概况

设计方案全长 6km，宽 140m，总建筑面积约 80 万平方米，总投资约 200 亿元。项目包含绿化景观、地铁配套、综合管廊、地下商业空间、亮化工程、市政道路六大业态。

该项目带开挖土方量为 1400 万立方米，规模庞大，相当于把整个西湖填满，土方精细化管控难度大。

混凝土双曲种植屋面施工条件极为复杂，标高变化多，场馆屋面层高最低点 10.66m，最高点 20.57m，最大坡度 1.2∶1，对屋面曲面找形、结构定位、模架立杆等工序要求高。

项目共 2 个消防水泵房，9 个制冷换热及冷冻机房。机房作为机电安装最为集中的区域，在施工过程中往往受到施工场地狭小、施工环境差、受土建结构施工进度制约等问题，施工复杂且难度大。为此，本项目机房将全面采用模块化装配技术，提升机房施工质量和运维品质。

项目全段共设开闭所（含变电所）4 处，末端变电所 11 处，用电负荷大，业态种类多，区域分布狭长，环网均为双重供电，环网高压电缆布设数量较多。电缆造价高，施工难度大，工程量统计困难。

基于其特点及需求，项目通过设计理念创新、管理模式创新，辅以全生命期 BIM 一体化应用解决项目存在的重难点。

在设计规划理念方面，项目以"水声潺潺，清流穿城，人映水中，水润城东"的亲水生活设计理念，将建起一个推窗即见绿景、林水交融共生的集商贸服务、军品研发、绿色观光、都市休闲等于一体的生态怡人之地。

在管理模式方面，该项目创新性地采用了"PPP＋EPC"的建设管理模式，由政府与社会资本合资成立公司，具体负责林带融投资、设计、建设和运营管理，而 BIM 工作模式的创新有效地促使"PPP＋EPC"模式效益最大化，降低了项目的建设难度。

在国家行政体制改革、"多规合一""十三五规划"以及国家关于推进工程总承包发展的多项政策等多重背景下，该项目以 BIM 信息化应用为手段，以协调管理为方法打通了设计阶段与施工阶段间中断的信息互通壁垒，实现了 EPC 项目下设计施工一体化应用，推动了建筑领域的可持续应用和可持续发展。

9.4.2 BIM 应用策划

2017 年 1 月 16 日，××集团成功中标该工程 PPP 项目，并采用 EPC 建设模式，包含 7 个设计单位、7 个工程局、3 个运营单位。基于此，该项目 BIM 应用从全生命期角度出发，结合"时效性"与"专人专事"要求，建立"PPP＋EPC"模式下 BIM 全生命期应用的树状架构体系，各子项、各阶段、各部门人员以不同的 BIM 深度在同一个 BIM 体系中分阶段、分步骤实施，模型信息逐步向后传递。通过将施工深化前移，使设计与施工深度结合，充分发挥设计源头控制作用，利用各阶段逐步完善 BIM 模型，最终提交一个真正的"数字项目"，为数字化城市打下基础。

① 统一思想：国家规划、国家及省市 BIM 政策、中建 BIM 政策。

② 定位 BIM 应用目标：企业管理层面、项目管理层面、技术应用层面。

③ 项目组织架构：组建该项目 BIM 团队，制定总体应用流程，模型将由设计、施工、运维各参与方共同完成（图 9-18 和图 9-19）。

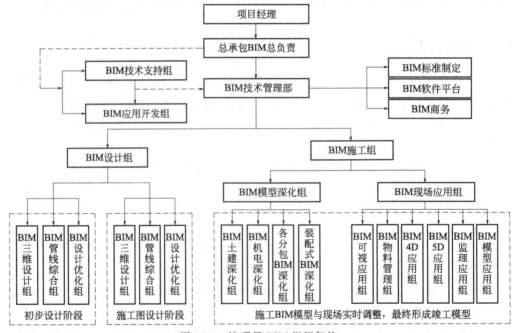

图 9-18　该项目 BIM 组织架构

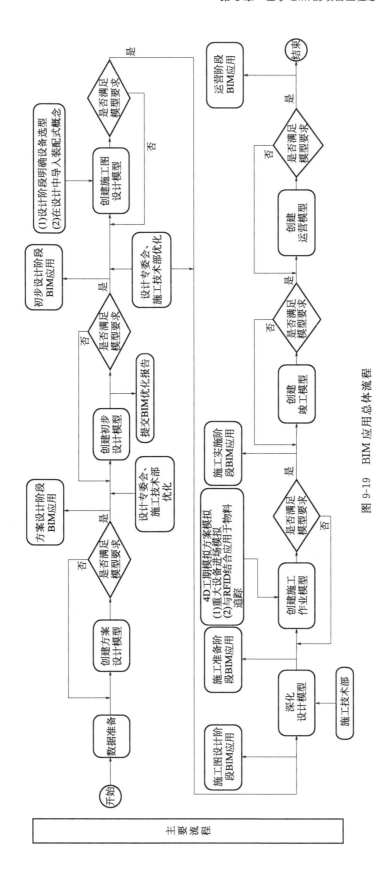

图 9-19　BIM 应用总体流程

预期成果：提升设计质量，促进设计施工一体化，为运维提供基础数据。

9.4.3　BIM 私有云信息化管理平台搭建

9.4.3.1　项目存在的问题

（1）资料传递问题

本项目包含绿化景观、地铁配套、综合管廊、地下商业空间、亮化工程、市政道路六大业态，项目规模大、阶段多、参与方多、资料种类繁多，导致资料管控困难，各参与方之间资料传递困难，信息交流不畅，包括信息内容的丢失、信息的延误、信息沟通成本过高。对于业主方而言，需要统一的平台进行资料传递和管理。

（2）基于模型的沟通交流问题

以往的设计流程为"土建一次设计→土建二次设计→幕墙二次深化设计"。而事实上，在项目建设全过程的各个阶段，每一个阶段的结束与下一个阶段的开始都存在工作上的交叉与协作，信息上的交换与复用。按照以往的流程，幕墙专业开始施工之前，各专业间无法做到交叉配合，即使参与设计的所有专业设计师都按流程，但是依旧没有办法避免与后续专业交叉施工时遇到的问题。

（3）项目建设方施工进度管控问题

建设方为了实现对项目进度的把控，及时、有效地发现和评估工程施工进展过程中出现的各种偏差，要求监理方每日都将相关数据上报给业主方，但是由于传统的施工进度主要是基于文字、横道图和网络图进行表达，导致业主方依旧不能直观地了解到完工区域和未完工区域的占比以及相应的工程量，无法对项目进度做到更好的管控。

（4）设计、施工问题的及时协调解决

以往在设计方与施工方之间发现设计、施工问题时的解决流程是：施工现场人员发现设计问题→反馈给施工方技术部→经由技术部汇总后反馈给业主方设计部→业主方设计部反馈给相应的专业工种→设计师解决问题并反馈给业主方设计部→业主方设计部反馈给施工方技术部→施工方技术部反馈至施工现场人员。按照这个流程，解决问题的效率将会大打折扣，进而影响项目的质量和进度。

（5）解决责权混乱问题

该项目体量大，组织结构形式复杂。若在工程建设过程中各参与方的主要责任和义务不明晰，将会造成项目管理混乱，影响工程质量和进度，间接性地增加成本投入。

9.4.3.2　解决方案

基于项目上述的需求及 BIM 技术目标，选用 EBIM 平台作为 BIM 私有云管理平台，建立一个工程项目内部及外部协同工作环境，使得项目过程中的信息能够快速无损、有效地传递。EBIM 是基于 BIM 的项目轻量化管理工具，EBIM 云平台采用云＋端的模式，所有数据（BIM 模型、现场采集的数据、协同的数据等）均存储于云平台，各应用端调用数据。

① 建立多层级资料管理模块，并设置对应的权限以此解决资料传递和保存的问题。自主研发多层级资料管理模块，项目各类工程资料（图纸、文档、表单、图片、视频等）上传同步于云平台，集中存储，统一管理。存储于项目 BIM 平台服务器中，供项目部成员分权限进行共享应用（图 9-20）。

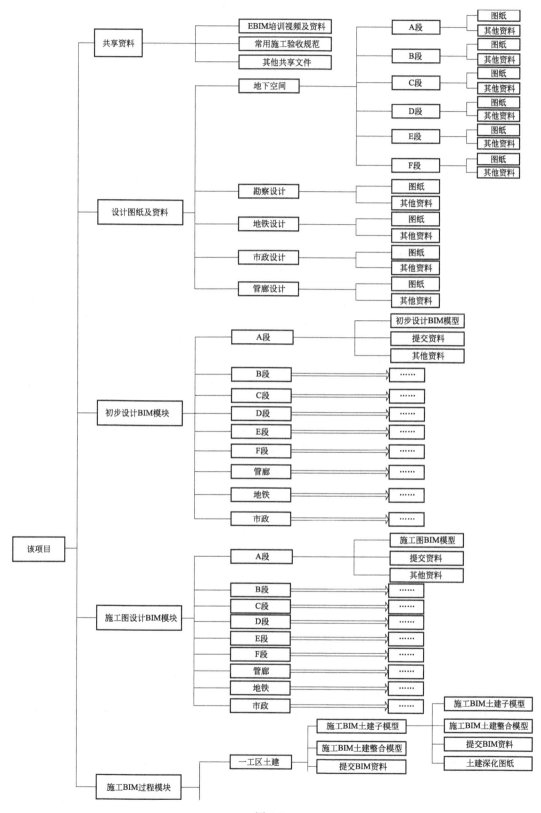

图 9-20

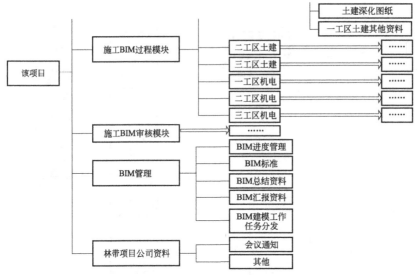

图 9-20 多层级资料管理文件夹设置

② 基于模型进行沟通交流，提高各参与方的沟通效率。对于上述提到的传统流程上无法避免的问题，以 BIM 模型为沟通载体，基于 EBIM 平台提出了改进的流程：土建一次设计→配合土建一次设计建立相关土建模型→土建二次设计→配合土建一次设计建立相关土建模型→提前根据幕墙二次深化设计图纸建立相关模型→发现幕墙二次深化图纸与土建二次深化图纸相冲突的问题→通过 EBIM 平台"协同"模块上传问题并涉及之间的一些设计问题，基于 EBIM 平台上的轻量化模型进行沟通交流，可以有效及时地解决实际问题。

以在项目中遇到的实际问题为例，消防管道留洞影响玻璃门安装的问题。按照以往的流程，等到幕墙二次深化完成之后，土建的预留洞已经留好了，即使已经发现与玻璃门的冲突问题，也没有办法得到很好的解决（图 9-21）。

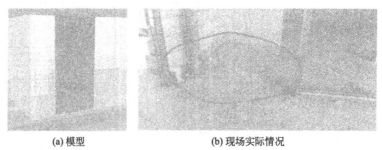

(a) 模型   (b) 现场实际情况

图 9-21 设计深化示意

③ 辅助项目建设方解决施工进度管控的问题。根据甲方的需求，首先分析工程进度计划。将工程进度分解，按月在 BIM 模型上进行标记。设置材料跟踪模板，并将 BIM 模型和实际进度相关联。跟踪平台有坐标点定位的功能及工程量统计功能，可方便建设单位随时进行工程监督，了解问题出现的具体位置、完成的工程量、计划完成工程量等，对工程动态实时把控。跟踪设备的 ID、设备名称、跟踪时间，以及跟踪人均有事实记录切不能更改，便于责权的划分及管理。

在进行施工前，根据施工方的人员和工程机械配置安排，提前根据项目的设计模型进行多参数的施工进度模拟，并按照工程进度进行工作分解，编制 BIM 施工进度计划。在编制计划的过程中，各参与方均可在 EBIM 平台上协同参与计划的制订，提前发现并解决施工过程中可能出现的问题，从而使进度计划的编制最合理，更好地指导具体施工过程，确保工程高质、准时完工。

在工程施工过程中，为了实现有效的进度控制，必须阶段性动态审核计划进度与实际进度之间是否存在差异、形象进度实物工程量与计划工作量指标完成情况是否保持一致。根据对现场进度实时数据进行的收集、整理、统计，比对 BIM 施工进度计划模型，将实际信息添加或者关联到 BIM 进度计划模型中。最后通过对比模型，按月在 BIM 协同管理平台上出具进度调整报告和项目进展报告。使业主方提前发现拟定的工程施工进度计划方案在时间和空间上存在的潜在冲突及缺陷，将被动管理转化为主动管理，实现项目进度的动态控制。

④ 基于 EBIM 平台优化工作流程：发现设计问题→通过 EBIM 平台"协同"模块上传问题并发送相关人→设计师解决问题，并在 EBIM 平台上回复。简化了设计协调流程，设计人员只要上线便能看到和自己有关的问题，一有时间就可快速回复，从而实现沟通的扁平化，提高沟通效率。

例如，在施工现场发现的"消防立管与石材外包冲突"的问题，随即就将现场照片及相关问题的详细描述利用语音消息的方式通过 EBIM 发送至对应的负责人进行及时解决。

⑤ 明确各参与方权限，促进业主方对项目建设的管控和各方的管理。项目 EBIM 平台正式使用前，进行项目部账号开设及账号权限设置。按业主、设计方、施工方等职责进行账号权限设置，不同职责对应不同的权限。便于后期项目 BIM 模型、工程数据、二维码应用等的权限管控。在项目运行过程中，项目各参与方能够根据自身权限随时对协同管理平台中的信息进行提取、编辑和储存。同时，建设方和 BIM 总协调方拥有对协同管理平台以及数据库的最高管理权限，能够随时对平台和数据库中的信息进行访问。

9.4.3.3　平台应用流程

EBIM 平台的主要目标是提供一个项目各参与方信息交流的外部环境，将 EBIM 应用流程和项目 BIM 的工作流程相结合，将工程模型、各类资料、流程步骤信息等集成到 EBIM 平台上。EBIM 平台应用流程如图 9-22 所示。

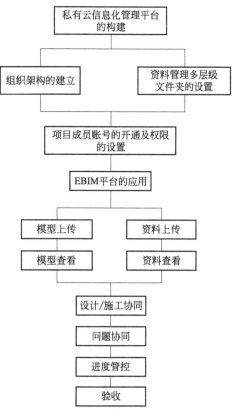

图 9-22　EBIM 平台应用流程

9.4.4　BIM 技术可视化应用

9.4.4.1　设计方案比选

项目由南到北共 6km，中间存在诸多迁改管线、东西管廊和林带雨污水管线，由此对整个林带各段产生大幅度降板影响（表 9-2）。

表 9-2 林带商业降板情况一览

降板深度/m	1.5	2.2	2.4	2.5	3.0	5.1
降板数量/处	4	1	1	2	1	1
降板总量/处	10					

其中，在某处存在电力管道、雨水管、东西向管廊，因雨水管道埋深较大，地下一层商业动线完全打断，以上三类管线集中设置，减少对商业动线的影响。由于影响较大，由 BIM 可视化模拟实际降板区域场景，辅助设计对建设方进行汇报。

9.4.4.2 地下商业空间标高优化

项目南北高差 29.4m，全段分为 A、B、C、D、E、F 六段，初步设计阶段，建立全段地下商业空间及市政道路模型，通过 BIM 模型的可视化分析发现，地下商业存在局部覆土过厚、与市政道路高差过大等衔接不顺等问题。因此，特组织市政道路及地下商业空间设计团队共同优化各段标高，最终将 A 段整体抬高 0.8m，B 段整体抬高 1.2m，仅土方就节约 50 万立方米，极大地节约了土方造价，并直接节约了项目工期（图 9-23～图 9-25）。

图 9-23 全段地下商业空间及道路扩初模型

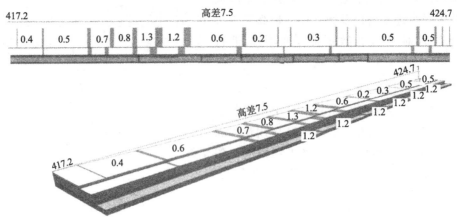

图 9-24 A2 段地形（单位：m）

9.4.4.3 助力项目决策

此项目位于城东核心区域，南北 6km 长的范围内，为了更好地将林带商业与周边融合，拟建立 25 个出入口，其中人行出入通道 18 处，综合通道 7 处，分别位于东西两侧的

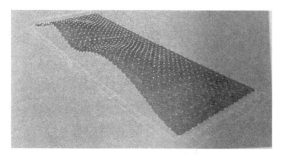

图 9-25　B 段扩初模型剖面

市政道路外，对现有建筑物造成影响，需要对其进行拆迁，需要向政府部门进行方案汇报。为此，BIM 应用组利用已有的全段 BIM 模型，结合现有地图辅助建设方进行可视化拆迁方案模拟。

9.4.5　双曲屋面施工应用

针对空间异形结构——双曲混凝土种植屋面，平面为不规则双向曲面，且坡度随高度不断变化。在混凝土双曲屋面模架搭设过程中，采用 BIM 技术辅助设计和施工，进行结构曲面找型、三维模型结构定位、划分分隔网、优化设计方案，并且精确每根支撑杆件定位和高程。

9.4.5.1　方案初步设计阶段

方案初步设计阶段，通过模型的综合应用，完成双曲屋面的曲面找形、结构定位、净高分析，形成文件后提交设计专业进行有限元分析，同时提交施工单位进行施工优化（图 9-26 和图 9-27）。

图 9-26　曲面找形

图 9-27　网格化处理

9.4.5.2　施工优化阶段

根据方案设计师的思想，双曲屋面为平滑线条的弧形梁板，造型优美，但在施工时，混凝土的平滑弧线需要在模板支设过程中，将模板分为梁（0.6m×梁宽）和板（0.6m×0.6m）的散块木模，切割与拼装工程量巨大。因此，总承包单位与设计部门共同协调，将整体的弧线梁根据井字梁的交点改为"逢梁必折"的折线梁，直接将梁模板的长度从原有的0.6m 提升至 1.83m，减少模板切割时间与组装拼接时间，减少模板损耗率，加快施工进度，缩短施工周期（图 9-28）。

根据设计计算结果调整及施工优化结果，重构屋面模型，验证屋面是否满足原方案效果。

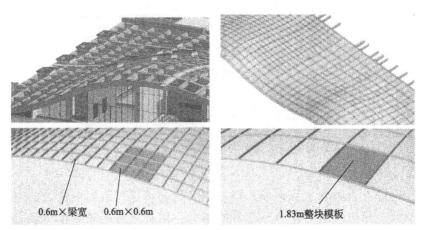

0.6m×梁宽　　0.6m×0.6m　　　　　　1.83m整块模板

图 9-28　根据设计优化结果重构屋面模型

9.4.5.3　现场施工阶段过程纠偏

通过模架安全专项计算，立杆的横纵向间距均不大于 900mm，步距不得大于 1500mm，顶部自由端长度不大于 650mm，部分大体积梁底需回顶 1～2 根立杆。根据验算结果，进行模架排布。排布完毕后，将模架排布图导入 Revit，利用 Revit 中的地形功能，建立双曲屋面地形拟合模型。拾取各个立杆位置相对应的板顶标高后，下翻出立杆标高，形成《模架立杆标高详图》，下发工程部辅助施工管理。

9.4.5.4　施工准备阶段

根据《模架排布图》与《模架立杆标高详图》的尺寸定位，对现场进行精细化放线，劳务工人严格按照放线进行立杆位置确认。但在施工过程中，因盘扣架插口位置的误差累积，整体模架在单向搭设 32m 时已累积多出原定立杆放线位置 300mm。工程部及时反应现场实际情况，技术部与 BIM 小组对模架进行极坐标踩点，与原图纸模型位置核对后，按照踩点数据复原现场实际模架排布，计算误差，并重新以约 908mm、605mm 的立杆间距进行模架排布，重新按照新版《模架排布图》提取高程，指导现场施工。

9.4.6　土方精细化管控

项目南北高差 29m，土方开挖量为 1068.6 万立方米，覆土回填量为 226.2 万立方米，土方开挖量及外运量巨大。

土方工程外运组织难度大，根据项目施工部署，将该项目分成 3 个工区，每个工区划分各施工段，分段组织、平行施工进行土方开挖，且要满足同时开工时大量物资、材料进场需要，考虑交通流量，交通组织是本工程所要面临的最大难点。

考虑本工区同时分段进行施工，土方作业机械数量需求较多，大量物资设备资源需满足现场施工进度要求。如何确保大量的施工机械和设备资源有效及时地组织到位是项目管理的难点。

基于本项目的特点及需求，BIM 团队致力于利用 BIM 技术在设计施工一体化过程中解决项目存在的重点和难点，具体应用土方精细化管控流程（图 9-29）。

（1）建立原始地貌模型

① 利用 BIM＋无人机＋三维激光扫描仪获得地表原始数据。

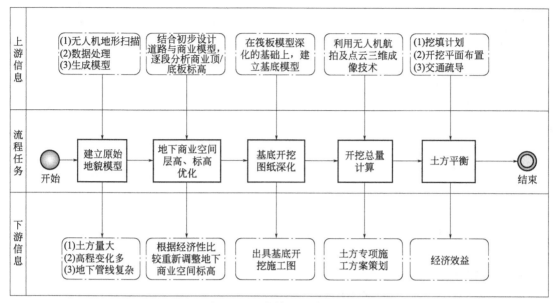

图 9-29　土方精细化管控流程

② 将影像资料通过 Context Capture Center 软件处理达到模型原材料数据。

③ 生成原始地貌模型。

（2）地下商业空间层高、标高优化

通过对模型分析，设计师对市政道路与地下商业空间的层高、标高进行优化分析，节约土方开挖工程量。

（3）基底开挖图纸深化

对设计基底形状及连接部位深化后得到的基底模型，出具基底开挖施工图，大大加快了基底开挖的施工速度。

（4）开挖总量计算

设计标高和基底模型确定后，选取土方量计算区域，输入基底开挖标高参数，即可得到土方工程量。

（5）土方平衡

根据计算出的土方开挖与回填量，做好现场土方施工阶段平面布置，通过挖填计划、土方开挖施工部署和出土交通疏导规划确定土方平衡方案。

9.4.7　电缆提量

9.4.7.1　电缆综合排布及电缆量提取

机电项目电气系统种类繁多、线路较长、空间紧张，同时电缆造价高，传统电缆敷设方式施工难度大，如何利用 BIM 技术进行电缆的精细化排布并快速完成电缆工程量的提取是本项目 BIM 机电应用的重难点。现阶段 BIM 软件对电缆支持力度较为薄弱，电缆建模难度大，目前使用最广泛的 Revit 软件没有电缆绘制功能，部分项目采用线管族替代电缆进行电缆模型的绘制，但绘制效率低。

项目通过在 BIM 电缆综合应用探索的基础上，二次开发 BIM 电缆建模及算量工具，利用该插件在 BIM 机电综合模型上完成电缆模型的建立。同时根据规范及具体施工要求进行电缆模型的综合优化，利用 Navisworks 进行电缆敷设工序的模拟，进一步验证电缆综合排布的合理性，最后绘制电缆施工图，并利用 BIM 电缆建模及算量工具一键导出电缆工程量用于电缆采购。

（1）设置视图样板

向厂家收集实际电缆外径信息，制定电缆样板，在 Revit 模型中添加过滤器，制定电缆视图样板。

（2）电缆模型的自动绘制

根据配电系统图梳理电缆回路。绘制所需的构件族，利用 BIM 电缆建模工具，完成电缆模型的创建。

（3）电缆及桥架模型的优化

完成电缆模型的创建之后，根据桥架填充率、路径等要求，进一步优化电缆的综合排布。

（4）电缆敷设工序模拟

利用 Navisworks 进行 4D 施工模拟，以实际施工角度。进一步优化电缆综合排布，确保每一个电缆都有足够的施工空间，且顺序合理。

（5）电缆施工图纸的绘制

在电缆综合排布优化及敷设工序模拟之后，进行电缆敷设施工图的绘制，首先完成桥架平面图的绘制，以及各断面桥架内电缆剖面图的绘制，并标注各桥架电缆敷设图纸索引。

（6）生成电缆清册

利用 BIM 电缆建模及算量工具，自动完成电缆工程量的统计，直接生成预分支电缆清册。

9.4.7.2　BIM 设计复核计算

在管线综合排布过程中由于碰撞、净空要求等因素，对管线路由进行了一定的调整。因此需要及时快速地对机电专业进行设计复核，才能保证建筑使用要求。

针对此问题，通过 BIM 精细化设计计算工具的开发并结合 AirPak 气流组织模拟软件，完成空调系统计算机三维仿真模拟，从而确保建筑内速度场、温度场符合实际使用要求。

具体实施步骤如下。

（1）空调系统气流组织模拟

根据精装修点位完成机电模型的调整，将建筑、风口、灯具等模型导入 AirPak 气流组织模拟软件中，在 AirPak 软件中进行模型的设置、修改及添加，例如风口的定义及风口风速的设置，环境及计算的相关设置，最后生成网格并完成迭代计算。

（2）基于 Revit 二次开发的 BIM 精细化设计计算

经过 AirPak 气流组织模拟，不断迭代，最终确定合适的风口风速及风口尺寸，并修改 BIM 机电模型，在模型中添加风口流量、局部阻力损失等参数。利用我方开发的 BIM 精细化设计计算工具，快速提取 BIM 模型计算参数，自动迭代计算风管管件局部阻力系数，最终生成相应系统设计计算书。

本项目地下一层为商业，吊顶空间较高，给机电管线预留空间较小，风管翻弯量较大，通过气流组织模拟，确认机电管线深化对建筑内速度场、温度场的影响，及时调整方案，避免后期调试出现返工现象。

9.4.8 BIM 助力预制装配式智慧化机房

9.4.8.1 项目机房概况

本项目设备机房众多，仅制冷机房有 10 个，商业业态冷热源动力站共 6 处，特殊业态冷热源动力站共 4 处。为了提高所有机房的施工质量和效率，提高整体项目的智慧化运维，提高项目整体的品质，本项目中采用智慧化预制装配式机房施工技术，一次性达到了创优要求。

9.4.8.2 预制装配式智慧化机房设计

（1）设计院机房设计流程

针对本项目的特性，机房设计流程如图 9-30 所示。

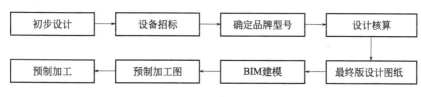

图 9-30　机房设计流程

（2）设计院机房设计工作

首先由设计院根据现有资料和业态需求完成初步设计图纸，主要有大体机房布置平面图，系统原理图，所有设备、管件、阀门等的参数，设备用房内天棚、墙面、地面等部位的建筑做法，设备吊装口位置及相关材料要求等，尤其要注意变配电房的系统出线方式采用上出线形式，不允许在变配电房内出现电缆沟。

在建设单位和各施工单位拿到初步图纸以后，组织算量和核算，同时进行设备材料的询价工作。然后由建设单位组织进行设备材料招标，确定所有设备、阀门、仪器仪表的品牌和参数，将所有设备数据返回报给设计院。由设计单位组织进行设计审核及设计协同工作，施工单位配合，出具最终版的机房设计图纸，确定好机房预制模块的位置、形式、系统原理等内容。

设计院下发最终版的机房设计图纸后，由各施工单位在此版图纸的基础上组织 BIM 人员，利用 BIM 技术完成机房模块化深化设计，出具深化设计图纸，报送至建设单位和设计单位审核确定，深化图纸确认后由施工单位直接在各自加工厂开展预制加工工作。

9.4.8.3 施工单位深化设计的原则和内容

① 设备机房施工深化设计通常包括建筑专业的地面、墙面、顶面等部位，以及机电、弱电等各专业设备管线的综合排布及末端排布。

② 其中土建施工单位主要负责进行建筑专业的地面、墙面、顶面的深化设计；机房内各专业设备管线综合排布和末端排布遵循"谁施工谁深化"的原则由各专业进行深化。所有施工深化设计工作都由土建施工单位负责整合和统一协调管理。

③ 设备机房内施工深化设计的主要内容，见表 9-3。

表 9-3　设备机房内施工深化设计的主要内容

功能区（一）	功能区（二）	项次	深化要点	深化设计	专业设计
设备机房	墙面	1	门洞口微调(适应主要设备通道及设备房间吸声材料排版)	土建	土建、机电安装
		2	穿墙管道定位(预留洞口精准定位)	机电安装	机电安装、弱电
		3	设备房间吸声材料整体排版及各专业末端点位定位	土建	土建、安装、弱电及吸声板等专业分包
		4	踢脚线深化(材质、高度、与墙面整体排版相协调)	土建	土建
	顶面	1	顶部管线综合排布(优化空间)	机电安装	机电安装、弱电
		2	管线支吊架深化	机电安装	机电安装、弱电
		3	设备房间吸声材料整体及末端排版(墙顶贯通、成排成线)	土建	土建、安装、弱电及吸声板等专业分包
	地面	1	设备基础(大小形状及定位)	土建	土建、机电安装
		2	排水沟、导流槽(平面布置位置、节点做法)	土建	土建、机电安装
		3	管道支架及护墩(受力分析)	土建	土建、机电安装

9.4.8.4　机电安装施工深化设计

（1）安装施工深化设计工艺流程（图 9-31）

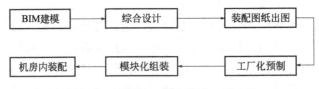

图 9-31　安装施工深化设计工艺流程

（2）机房综合设计

① 设计过程中，充分考虑人体工程学、节能降耗等因素，使机房安装具备美观、效率、人性化、绿色节能、工艺先进等特点。为了让设计产品更贴合用户需求，机房设计人员开展技术攻关研究，深入已运行机房内部走访调研。针对客户反映较多共性问题，如消声减震、设备保温、湿热环境、智能控制、运营维护等，进行数据分析，在此基础上制定了机房实施标准。

② 减震设计。设计小组成员通过计算设计出集减震器、惰性块、管道减震、限位器于一体的减震泵组单元。采用"模数化惰性块基础＋定制减震弹簧"，实现了水泵惰性块产品化。通过计算得出惰性块整体重量，并充分考虑节省材料，杜绝材料（图 9-32 和图 9-33）。

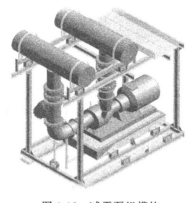

图 9-32　减震泵组模块

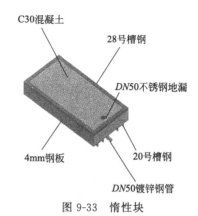

图 9-33　惰性块

管道减震：干管下方设置减震器，有效减少由管道传递的震动；横担两侧设置滑轨，允许上下震动而限制前后移动。

限位器：设计可通过螺栓调节孔调节，牢固可靠，美观实用（图 9-34 和图 9-35）。

图 9-34　管道减震

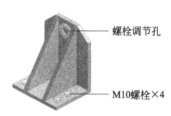

图 9-35　限位器

（3）拖拽式设计

根据项目制冷机组和泵组，按照 10 个机房的具体情况划分模块。可考虑每个水泵单元模块为一个独立的单元，每个单元模块包括水泵惰性块、水泵、阀门、管道及其他附件。

设计小组需将机房划分为若干个模块，在加工厂进行模块化预制加工，这样可以改变传统"量一段，做一段"的施工模式，安装人员根据模块的装配图，以"搭积木"的方式完成机房的安装。

（4）系统节能

对模块管线优化、研制阻力较小的管件，避免水流突变减小局部阻力。与高校合作，通过对水质的处理，减小水的黏度系数，提高运行效率。

（5）智能控制

研究智慧机房，与自动控制厂家联合研究智慧机房高效运行，使机房能够达到无人值守、远程操控、能耗分析及节能降耗。

9.4.8.5　工厂化预制

制冷机房预制加工的核心就是在场外独立设置预制加工厂，采用工厂化的管理模式，对制冷机房管线进行预制加工，加工场内各工种分工明确，充分利用先进的施工机械设备，实现流水化作业；管线、设备的加工采用模块化加工组装，整个制冷机房分为循环水泵单元模块、制冷机组进出口管道单元模块、管道模块等，在场外即实现模块化加工组装。各安装单位必须提前联系各自加工厂的租赁，并提前完成加工厂布设工作，所有安装用的支架、风管、管道等必须全部在工厂内加工制作完，严禁在施工现场加工制作。

9.4.9 解析

此项目充分发挥 EPC 总承包项目 BIM 技术的层层控制和高效共享功能及 BIM 技术应用的优势，项目前期"以问题为导向，以产生价值为目的"进行全面的 BIM 策划，确定项目 BIM 应用的目标、系列标准和实施方案，项目过程采用 BIM 设计施工一体化的全新理念贯穿于项目全生命周期，并通过 IPD 模式的应用实践，辅以 BIM 私有云信息管理平台的轻量化办公和一体化信息管理，实现基于 BIM 的数字化、信息化的设计施工一体化应用和管理，大大提高了工作效率和建设质量。

通过项目 BIM 技术的实际应用证明，BIM 技术的全生命周期应用和全过程项目管理服务确保了设计理念的超前性和合理性、建设模式的高效性、技术手段的先进性，并创造了极大的效益。

附　　录

北京首都国际机场扩建工程管理与解析

▶▶ 1　工程概况

北京首都国际机场扩建工程是 2008 年北京奥运会最大的建设项目。该工程主要由 3 号航站楼主楼（T3A）和国际候机指廊以及停车楼（GTC）等组成。其中，3 号航站楼主楼是整个扩建工程的核心，地上五层，地下两层，其主要功能：四层为值机大厅，三层为旅客出发候机区，二层为国内旅客到达层和国际国内旅客行李提取大厅。经过公开招标投标，北京城建集团获 3 号航站楼主楼 58 万平方米、国际候机指廊 5.1 万平方米及捷运通道 3.22 万平方米的施工总承包权。该工程由英国福斯特公司、荷兰纳科欧、英国奥雅那公司以及北京建筑设计研究院共同设计。本次扩建的目标为：到 2015 年，年旅客吞吐量达到 7600 万人次，年货运吞吐量 180 万吨，年飞机起降 58 万架次。通过本期扩建，首都机场将实现三大目标：一是实现枢纽机场功能；二是满足北京奥运需求；三是创造国门新形象。

3 号航站楼主楼工程于 2004 年 3 月 28 日开工奠基，2007 年 9 月 28 日竣工，总工期 1186 天。自开工以来，北京城建集团全体参施员工时刻把"节俭、科技、人文、绿色、阳光"理念贯穿于施工生产管理全过程，发扬只争朝夕的精神，确保了安全、优质、按期完成扩建指挥部下达的阶段目标任务，累计完成混凝土浇筑 150 万立方米，绑扎钢筋 25 万吨，土方挖运 230 万立方米，钢结构施工 4 万吨，敷设主干缆线 1300km，完成工作量位居首都机场扩建工程各参施单位榜首。2006 年获得了北京市结构长城杯金质奖工程、全国奥运工程建设劳动竞赛"优胜集体奖"和"优秀科技成果奖"、2006 年度北京市安全文明工地以及北京市优秀青年突击队标杆称号。

▶▶ 2　工程特点

（1）工程建设意义重大，影响范围广

北京首都国际机场新航站区是中国的门户，面对世界的窗口。3 号航站楼被尊为"国门工程"，其政治地位显赫，它的建设必将成为中央及北京市领导关切的焦点之一；同时，作为我国 2008 年举办奥运盛会重要配套项目，国人关注，世人瞩目，影响广大，意义深远。承担该工程的建设施工，任务光荣而艰巨，责任重于泰山。

（2）工程规模大，体量大

建筑宏伟，占地面积大，平面超长超宽，结构体量大，规模空前（仅三角区中心点距结构外边缘约 100m）。施工部署时，仅采用常规垂直及平面运输手段难以满足要求，科学合理地选择施工方案和布置施工机械显得十分重要；结构单元超长超大，在采取多作业面流水施工组织的同时，还需一次投入大量机械设备和周转材料。只有充分发挥集团公司各方面优势，提前做好大型施工机械配置和模架体系设计，按计划加工制作、及时组织进场，才能确保工程施工的顺利进行。

（3）场区地下水位高，降水面积大

根据水文地质勘察报告和现场实际考察，地下水位在自然地面下 2.0m 左右，需降水高度达 15m，降水区域达 18 万平方米。另外，基础埋深变化大，需采取有效的降水方法，才能确保基坑土方的正常开挖和地下结构施工的顺利进行。

（4）基桩数量大，施工复杂

基桩设计规格多、数量大、群桩密度高、桩体长、桩顶标高差异大，因此必须选用先进、精密、高效的成桩机械和技术，合理安排基桩的施工顺序和作业面，科学调配各项资源，保证成桩质量和施工进度，实现总工期目标。

（5）建筑结构复杂，施工技术要求高

建筑造型独特，结构形式新颖，设计理念表现先进、前卫，结构体系复杂，科技含量高。工程中大量使用高性能自防水混凝土、纤维混凝土；地下室外墙及首层楼板采用预应力混凝土技术；地上结构大范围采用国内不多见的高等级清水混凝土结构；大体积混凝土、超长结构整体浇筑等。专业技术性强，质量要求高，施工难度大，施工中必须建立技术质量保证组织，配备高素质的且具有同类工程施工经验的专业技术人员，应用成熟可靠的施工经验和先进可行的工艺措施，有针对性地制定专项方案。

（6）钢结构应用范围广，吊装难度大

本工程屋面钢网架作为专业分包项目，针对其特点，需要按部位分别采用楼面散拼提升和原位散装架子滑移的方法。对于总承包自行完成的支撑钢网架的竖向钢管柱，由于其柱身形体长，质量要求高，斜向定位及结构内吊装施工有一定难度，需要按钢管柱类型和位置差异情况，灵活采用可移动"人字扒杆"与大吨位吊机配合吊装的方法，并制定出详细的措施。

（7）安全、文明、环保要求高

T3A 航站楼地处繁忙的首都机场空港区，由于紧邻正常运营的飞机东跑道东侧，施工中不允许出现任何影响飞机飞行安全的行为，不能发生施工扬尘、环境污染、影响交通、超高施工及空中出现漂浮物等现象。因此施工过程中需要建立专职安全防护管理部门，实行专人负责同机场空管方面取得紧密联系，制定专项防护管理措施，保证飞行安全和滑行区内正常运营。

（8）专业项目分包多，总承包管理协调任务重

作为 3 号航站楼 T3A 主楼工程的总承包人，除承包主体结构、预留预埋等项目自行组织施工外，还将负责隔热金属屋面、通用机电设备安装、贵宾区公共区精装修、外装修工程等多达 14 项的专业项目分包施工管理，并与其他承包人（如旅客捷运系统制作安装、轻轨工程等 6 项指定分包项目）进行配合。涉及专业技术强，配合单位众多，协调工作量大面广，总承包管理任务重，施工统筹组织困难。为此，总承包部建立健全总承包管理工作程序和各项规章制度，以良好的工作作风和高尚的职业道德水准与雇主、设计、监理等相关单位予以充分

的合作，建立起融洽和谐的工作关系，承担起雇主赋予总承包人的总承包管理使命。

▶▶ 3　工程施工管控

（1）建立健全组织机构，明确各级管理职责，确定"战区负责制"组织原则

面对如此巨大的施工项目，要在如此紧迫的时间内完成，只凭一己之力是不可能实现的。集团领导充分认识到工程的难度，在开工伊始，组建了首都机场工程经理部（下称总部），由集团领导担任正、副指挥长，并发挥大兵团集中作战的优势，调兵遣将，组建了各分公司和事业部（组建了五个土建分部和四个机电分部），在完成了各级组织机构建设后，集团领导高瞻远瞩地提出了"战区负责制"的组织原则，即由各土建分部负责其各自辖区内的施工管理、协调和服务工作，总部负责对下属各分部进行监督管理，同时负责对业主、设计单位的服务、沟通，以及和外部兄弟单位间的协调工作。各级管理部门在"战区负责制"的组织原则下，制定各自的部门职责，从而形成以总部为核心，分部为基础的放射状管理模式，确保部门职能横向到边，纵向到底，逐级落实，责任到人。

（2）兼顾工期目标与成本控制，制定"大平行，小流水"施工原则

首都机场因其功能的特殊性，建筑高度有严格的限制，本工程最高建筑檐高44m，而最大单层建筑面积超过10万平方米。从施工组织的角度来说，有人将之形象地比喻为将一座塔楼放平了进行施工，在施工工期方面，经与国外类似工程比较，我们要在3年半的时间里，完成别人需要5年才能完成的施工任务，所面临的重重困难是超乎想象的。既要完成工期目标，又要千方百计地降低成本，为此，我们制定了"大平行，小流水"的施工原则。本工程划分为7个施工区域，96个流水段，各个施工区域平行施工，以期达到最短施工周期，而各施工区域又划分为若干个小流水段，按工序进行流水施工，以期将劳动力投入和周转材料调配到最合理状态。

（3）加强员工培训，提高生产计划编制水平

网络计划技术是一种科学的计划管理方法，它的使用能降低成本，缩短施工时间。但目前，网络计划的作用并未在施工中发挥作用。分析原因，主要有两点。一是计划员素质良莠不齐，老计划员根据经验能较为合理地编排单项工程计划，但多项工序编排容易出现逻辑关系错误。而年轻计划员善于使用计算机软件，但施工经验不足，常出现对问题考虑不全面、施工工期估算不足等问题。二是编制计划容易出现本位主义，为使自己留有足够的施工时间，不得不挤占其他单位施工的时间。因此会导致生产计划编制不够合理，甚至没有可行性。针对这一现象，总部采取了加强培训、统一规定、目标控制等措施。

①进场伊始，由总部牵头，对所有施工单位的计划员进行了统一的培训和指导。提供应用软件，详细介绍双代号网络计划和甘特图的编制技巧，认真讲解逻辑关系表示方法。同时，组织经验交流会，互帮互学，交流心得，以提高各施工单位的计划编制水平。

②总部制定了一系列计划管理规定，从报表格式、编制内容、上报时间、审批流程等各方面严格加以约束，取得了良好的效果，同时也为开展四级计划管理奠定了坚实的基础。

③总部依据业主要求和投标文件承诺工期，编制并下发工程总控计划，确定"底板施工战役""混凝土结构施工战役""屋面钢网架施工战役""封顶封围施工战役""精装修施工战役"五大战役里程碑目标，加强对各施工单位生产计划编制的指导性。同时，总部在每个阶段开始前，牵头组织各相关单位负责人召开生产计划协调会，确定每个单位、每道工序穿

插顺序及施工时间，一经讨论确认，无重大事件不得擅自调整，以确保各阶段里程碑目标的实现以及各施工单位的利益。

▶▶ 4 实施有效的措施，推动管理目标按期实现

生产计划反映的是管理者的施工部署和决策思路，为确保生产计划和整体部署按期有序进行，提高计划的严肃性，减少网络计划破网的风险性，主要采取了以下措施。

（1）加大检查和监控力度，充分做到有安排就有落实

以关键线路为依据，网络计划起止里程碑为控制点，从宏观的施工部署到微观的工序穿插，每一个环节都不容错过。在工程桩施工阶段，从区域划分、生产部署、计划安排、成孔顺序、资料归档、钻机布设、道路设置、钢筋笼后台加工等，逐一派人落实。要求各战区负责单位每日对现场150余台钻机认真进行巡视，询问机手工作情况，检查钻机工作效率，每晚总部将各战区检查结果进行汇总，并提供给领导和相关部门进行分析，对钻机布设不合理的马上进行调整，对成桩率低的钻机要求马上更换或退出工作面，最终不但按期完成了阶段性工期目标，还创造了百日成桩7221颗的北京市桩基施工新纪录。

（2）建立生产例会制度，解决问题不过夜

总部每月牵头组织召开由业主、监理、设计及各施工单位参加的月度工程调度会，进行工程进度分析，其主要内容包括：月度计划指标完成情况，是否影响总体工期目标；劳动力和机械设备投入是否按计划进行，能否满足施工进度需要；材料及设备供应是否按计划进行，有无停工待料现象；试验和检验是否及时进行，检测资料是否及时签认；施工进度款是否按期支付，建设资金是否落实；施工图纸是否按时发放等。通过工程进度分析，总结经验，找出原因，制定措施，协调各生产要素，及时解决各种生产障碍，落实施工准备，创造施工条件，确保施工进度的顺利进行。同时，总部每周组织召开由所有施工单位的项目经理、生产经理、总工等相关负责人参加的生产例会，检查、交流二、三级进度计划完成情况、相应措施和计划安排。在结构施工阶段，总部将各战区施工进度完成情况整理汇总，在生产例会上利用笔记本电脑、投影仪、数码照相机等先进器材，采用多媒体形式，将现场拍摄的各部位照片镶嵌在CAD制作的流水段示意图上，逐一播放演示，把现场情况实时生动地反映出来。然后对比分析每一施工区域、每一流水段、每一道工序、每一支外施队的施工部位完成情况，指出拖期部位，拖期原因，预测重点、难点部位，提出赶工措施，降低了网络计划破网的风险性。因工期紧迫，需频繁进行施工协调时，每周生产例会改为每日现场协调会，直至施工进入平稳期。在装修施工阶段，为不影响正常工作安排，总部组织所有分包单位每晚8点进行施工部位检查，随后在现场会议室召开协调会，重点解决落实各工序穿插顺序及施工时间，布置次日工作安排，做到解决问题不过夜。

（3）开展劳动竞赛，营造竞争氛围，签订风险责任状，目标逐级分解落实

本工程功能多，系统多，参战单位多，适时地推行包括进度、质量、安全文明施工、总包配合等各方面的劳动竞赛，在施工过程中形成一种竞赛精神，营造积极向上、相互攀比的竞争氛围，有利于施工进度的推进。根据工程总控计划里程碑要求，可划分成五个阶段性目标，并形成了"底板施工战役""混凝土结构施工战役""屋面钢网架施工战役""封顶封围施工战役""精装修施工战役"五大战役里程碑目标，通过各战役目标的实现，为最终完成竣工目标奠定了坚实的基础。在开展劳动竞赛的同时，辅以涵盖项目全员、全方位和全过程

的风险承包责任制是强化施工管理的有效方法。首先，将对项目管理综合风险进行逐步分析和层层分解，使之细化成一个个子风险和阶段性风险。根据风险项目分解，将建立健全相应的风险管理机构和制度，签订风险承包责任状，使各土建、机电分部和各专业分包单位以及各类施工人员明确努力方向，工作有重点性。同时，在风险项目实施中的每一个点和面的结果又能追踪到具体的单位或者个人，充分做到有奖有罚，确保风险目标的实现。

（4）加强劳务管理，选择信誉好、素质高的劳务队伍

劳务队伍的选择和管理由各分部负责，但总部做出了详细的劳务管理规定，并持续进行监督检查。在劳务队伍的选择上，总部规定必须在集团合格分供方名录范围内，优先选取长期配合并具有长城杯、鲁班奖工程施工经验的、整建制管理的劳务施工队伍，以保证对工程的所有要求得到及时、迅速的执行。在底板混凝土施工阶段，在短时间内甄选了13支优秀外施队，现场高峰施工人数超过万人。这有赖于各分部的劳务管理部门，他们提前做了大量的工作，总部对于各分部的劳务管理从招标投标、合同备案到日常工作中的各项劳务管理工作全过程进行监督，确保劳动力来源的同时，监督其执行程序和办理手续的合法性及完备性。2005年春节，正值结构施工阶段，在细致分析建筑市场行情后，经过集团和总部领导认真权衡，对各施工单位提出了春节不休息继续抢工，并给予适当补贴的要求，一方面确保了施工生产进度；另一方面有效地保证了节后劳动力的稳定。事后证明，2005年适逢奥运工程全面开工，劳动力市场供应十分紧张，劳务费用也是水涨船高，同时，各外施队在盲目扩张的同时，其队伍素质迅速下滑。总部的决策不仅降低了劳务成本，同时也确保了现场劳动力的整体素质，在成本和工期方面取得了双赢。

（5）正确选择材料供应商，为现场施工保驾护航

材料、设备能否按期供应，是决定施工生产能否按期进行的重要条件。在这个多家大型建筑企业同台竞争的工程中，后勤保障能力也在后台进行着紧张的较量。了解市场动态，掌握市场信息，正确选择有实力、有信誉的材料供应商，是确保材料按期到场的首要条件。在钢结构施工阶段，用于支撑屋面钢网架的梭形钢管柱共计8000余吨，是结构受力体系的重要部分，其根部嵌固在不同部位的混凝土结构中，与混凝土结构穿插进行施工。总部在对各厂家实地考察后，凭借多年经验，顶着巨大的压力，选择确定了上海沪宁钢机公司为最终中标单位。该公司在投标报价中并不是最低价，但企业综合实力较强。T3B工程对钢管柱材质及加工要求极高，钢材最大壁厚达到5cm，重要部位有z向抗层间撕裂要求，钢材采购周期很长。上海沪宁公司找到有长期战略合作关系的钢厂，在最短时间内采购到原材，同时为本工程购置了新型加工设备，在提高加工质量的同时，缩短了构件加工时间，确保构件按计划时间进场。而兄弟单位选用的加工厂，原材采购周期长，厂内现有卷板机达不到加工要求，只能委托其他厂家配合卷板，然后再回厂焊接加工。加工周期延长，构件不能按期进场，直接导致施工现场停工待料，同时与钢结构穿插施工的混凝土工程也被迫停止。供应商的正确选择，使我们在比兄弟单位晚开工4个月的情况下，在钢结构战役中一举超越了对手，所有参战单位士气大振。

▶▶ 5　对分包单位深入服务，将管理渗透到细枝末节

对于专业分包单位特别是业主直接指定分包单位的管理，不仅关系到工程能否顺利开展，也关系到总工期目标能否按期实现。我们立足于总承包的地位，以合约为控制手段，以

总控计划为准绳，调动各专业分包单位的积极性，发挥综合协调管理的优势，确保各合同段目标的全部实现。

（1）积极为专业分包单位服务，赢得认可，获取信任

在本工程的管理中，我们认真履行总承包单位的职责、权利和义务，坚持在严格监督、检查和控制所有分包单位的前提下，积极主动地提供必要的技术支持和服务，尽量减少总承包单位职能部门对同一问题处理的歧义，提高效率，减少人为因素对正常工作的干扰。对每一个施工合同段，指派专人负责与专业分包单位之间的配合，积极深入现场，对现场进度实施动态跟踪，提供施工便利条件（诸如现场照明、现场办公、用水用电、垂直运输、材料设备进出场、材料设备堆放场地、消防安全保卫等）。及时通报整体施工安排，及时协调施工中与其他专业分包单位之间的各种问题，做好各分包单位的工序计划安排及相互之间的工序衔接和交接，为各分包单位创造良好的工作环境和作业条件，从而提高整个工程的施工效率和工程质量水平。

（2）明确施工界面划分，对深化设计进行统一协调

在各阶段施工前，由总部牵头组织相关专业分包单位召开施工界面划分协调会，研究各自的边界条件，确定各自的责任划分，减少日后相互推诿扯皮现象，并确保不出现真空部位。特别是在精装修阶段，分包单位多，施工工序多，易造成施工部位不交圈，施工工艺不一致，交接部位无人施工，建筑饰面标高出现错台等现象，这就需要我们提前熟悉各专业分包的施工范围、施工工艺、合同要求等，同时要对各专业分包单位图纸深化设计进行统一协调，引导和协助其与设计单位的协调配合，使其设计进度和设计深度满足工程的需要。努力消除各专业设计上的错、漏、缺，严格明确各分包单位的承包范围和界面，避免承包范围重叠、遗漏，造成工程损失。另外，还要注重不同专业分包单位对同施工项目的图纸深化，施工工艺和节点设计可以不同，但装饰效果必须百分之百一样，确保整体装饰风格协调统一。

（3）推行施工会签制度，减少窝工、返工发生

本工程是集多系统为一体的高度智能化建筑，机电、弱电、通信、安防、航显、标识等各种系统多达40余家，这对于施工总承包的协调工作是个巨大的挑战，协调解决各系统之间的交叉影响问题，避免发生系统的点位遗漏和偏差等问题成为协调管理的重要课题。总部在精装修开始前就制定了详细而严格的施工会签制度，从施工会签的组织原则、实施内容、各项表格的填报须知以及整个会签活动流程一一进行了规定，使之标准化、制度化，并大力在各专业分包单位中推广实施。该制度主要要求下道工序施工单位在施工前，对上道各工序的完成情况进行书面会签，其内容包括机电、弱电、装修等23个系统功能和40家专业分包单位，其目的是通过下道工序督促上道工序快速推进，并核查各系统有无遗漏，其模式类似于质量隐检、预检，但其涵盖面更广更大。施工会签由总部工程部和机电部联合牵头，定期组织所有专业分包单位共同参加，通过组织施工会签，有利于施工进度的快速推进，在施工会签的过程中能够发现影响施工进度的关键工序，在施工管理上进行有的放矢的重点协调。

（4）加强对分包单位的掌控，开展全方位的施工管理

总部以总体施工进度控制计划为依据，在编制分阶段施工进度计划时，充分结合施工技术方案和各专业分包单位的进度要求，高度重视设备安装、调试以及专业设备安装与装修施工的相互协调关系，合理利用进度计划中的自由时差，抓住关键线路和重点工序，确保施工的最佳均衡流水和连续作业。同时，制定出施工过程中的控制节点，持续地对各分包单位施工进度执行情况进行检查，加强现场信息的传递与反馈，加大对各分包单位的现场管理力

度，确保施工现场各专业分包单位在统一指挥、统一调度下，有条不紊地工作，确保里程碑工期目标按期实现。在对专业分包单位物资进场管理方面，总部设专人负责，并根据设备、材料进场计划，严格按照物资进场管理流程对分包单位进场物资持续进行动态管理。当分包单位材料不能按计划进场时，总部将督促分包单位采取指派专人到材料加工厂驻场督办、增加材料加工厂家等措施，缓解材料供应矛盾，确保施工生产需要。在对专业分包单位劳动力管理方面，专业分包单位的主要管理人员必须按投标文件的承诺，立即组织就位，擅自更换主要负责人导致分包工程不能顺利开展的，将进行严厉处罚，并通报业主和监理。专业分包单位使用的劳务人员须提供"三证"复印件及特殊工种的相应操作证及上岗证，完成入场教育后，由总部安保部负责办理施工现场出入证。当分包单位劳动力不足或不能满足施工进度要求时，总部将督促分包单位采取增加劳动力、延长工作时间等措施直至施工进度满足计划要求。对不履行合同承诺，又不采取积极有效措施的分包单位，总部将正式去函给分包单位上级主管部门要求协助解决，如果问题仍不能有效解决，将按照合同分割条款，对其施工任务和工程量进行分割处理。如涉及业主指定分包单位的，会与业主和监理积极进行沟通，获取业主和监理的支持，在确保工程顺利推进的同时，进一步巩固总承包管理的威信。在对专业分包单位成品保护管理方面，由总部安保部统一牵头组织实施现场的成品保护工作，投入充足人员专门监督和看管施工作业面，并在重点部位安装监视设备，设置中控室并派专人24h进行监控，确保施工成品和半成品不受破坏、材料设备不丢失，以保证工程顺利交付使用。在对专业分包单位文件档案、施工技术资料的协调管理方面，总部技术部安排专职档案资料员，建立健全资料收集、管理的组织管理网络，对资料的分类采用计算机编号系统进行统一编码，便于查询和调阅。总部技术部和质量部每月组织检查考核，监督指导分包单位建立自己的图纸接收、发放、变更等管理程序，确保施工图纸的有效管理、正确使用，保证工程资料的真实性、完整性和有效性。

6 制定合理的施工方案，采用先进的施工工艺，保障工程顺利开展

（1）方案先行，样板引路

总部在制订好工程总控计划后，总部技术部根据工程总控计划要求，拟定好各阶段设计出图计划和施工方案编制计划。一方面牵头组织设计单位及相关单位召开设计进度协调会，在发放总控计划的同时，对出图计划和各专业图纸配套工作进行讲解及说明，确保各相关单位按期获得施工图纸；另一方面督促各施工单位按期编制有针对性的、具有现场指导意义的施工组织设计、施工方案和技术交底。同时，在主体结构工程、装饰装修工程等施工阶段开始前，在现场合适的位置进行样板和样板间的施工，提前解决设计、工艺及施工配合中存在的问题，并与业主积极沟通，提前做好材料设备选型工作，为全面展开施工做好充分的准备。

（2）以严谨合理的施工方案为基础，正确确定关键线路

一份好的施工计划必须具有可行性，而正是严谨合理的施工方案为计划的可行性提供了充足的论据。在编制南指廊区域结构施工计划时，面临着两种施工选择：一是使用400t履带吊在结构外围吊装钢管柱，然后施工与钢管柱相连接的混凝土结构，优点是结构中部混凝土结构可同步施工，缺点是钢管柱分节多，安装速度慢，混凝土结构施工间隔时间长；二是

在结构中部设置 MC-480 型行走式塔吊，优点是钢管柱分节少，安装速度快，与钢管柱相连的混凝土结构等待时间短，缺点是结构中部混凝土结构需等到钢管柱吊装完成塔吊拆除后方可施工。因钢管柱为屋面钢网架的主要承重结构，通过逻辑关系分析，是屋面钢网架的紧前工序，因此作为关键线路优先安排施工。由此可见，第二种施工方法在逻辑关系安排上更为合理，但是在结构中部设置行走式塔吊，意味着在地下一层楼板上铺设塔吊轨道。经过技术人员仔细研究，发明出工具式支撑系统，塔吊轮压传力方向为钢轨、钢枕、工具式支撑系统、钢筋混凝土结构梁。经过反复计算，荷载值在允许范围内，既解决了塔吊立设问题，又解决了地下室结构加固问题。有了施工方案做基础，施工计划亦科学可行。结果证明，使用该项施工工艺比兄弟单位使用 400t 履带吊进行施工，工期缩短 1.5 个月，成本降低 500 万元，该项施工技术在 2008 年 2 月《建筑技术》杂志发表。

（3）科学先进的施工工艺，为施工管理推波助澜

本工程获得国家级工法 2 项，北京市级工法 3 项，获集团科技进步一等奖 1 项、二等奖 11 项、三等奖 6 项。先进的施工工艺，为施工管理奠定了坚实的基础，使许多不可能的工作成为现实。本工程在巨型双曲面金属格栅吊顶施工阶段，核心区部位使用了安德固脚手架支撑体系，该技术采用法国专利技术并已获得国内模块式脚手架专利认证。核心区部位因其建筑功能的特殊，局部从地下二层到屋顶全部挑空，最大悬挑高度达到 50m，最大悬挑跨度达到 21m。安德固脚手架不同于普通脚手架，其杆件材料为 Q345B 焊接钢管，且经过热镀锌处理，承载能力较普通脚手管高，架体格构为 3m×2m，大于普通脚手架搭设格构，使用 C 形自锁扣件和竖向 U 形卡钩搭接，连接方式安全牢固、整体性强。在采用该项施工工艺时，进行了专家论证，并在脚手架正式使用前，进行了堆载试验，确认无安全隐患后才准许进行装修施工。采用了新型脚手架悬挑支撑体系，与使用满堂红脚手架支撑体系相比，施工周期缩短了 1 个月，降低成本 180 万元。

▶▶ 7　解析

北京首都国际机场 3 号航站楼 T3A2 工程，是 2008 年北京奥运会的重点配套工程，是国家的重点工程，自 2004 年 3 月 28 日开工，历时 3 年零 9 个月，于 2007 年 12 月 28 日通过竣工验收，经过 7 个月的运行调试，各项功能运行正常，用户满意，按时保质完成，满足了奥运会各国运动员进场的需要。本工程先后获得了"北京市结构长城杯金质奖""全国施工安全文明工地""全国建筑业新技术应用示范工程""竣工长城杯""鲁班奖""詹天佑奖"。为社会带来荣誉，为企业创造了效益，同时也为企业培养了一大批管理人才。

参考文献

［1］ 王桂虹，李勇.浅谈国际水电 EPC 总承包工程项目管理要素［J］.山东工业技术，2019（05）：134.

［2］ 付兆丰.EPC 模式下 HX 储油库工程施工进度管理研究［D］.北京：北京交通大学，2018.

［3］ 赵连江.电力工程总承包供应链协同管理模型［J］.工程建设与设计，2019（06）：242-243.

［4］ 孙铁瑞.S 设计院 MMA 总承包项目质量管理研究［D］.大连：大连理工大学，2018.

［5］ 秦焱.BT＋EPC 模式下的光伏发电项目全过程管理研究［D］.天津：天津大学，2016.

［6］ 宋创，田维维，胡强，等.水利水电施工项目收尾控制管建［J］.云南水力发电，2017，33（S2）：152-154.

［7］ 建设项目工程总承包管理规范实施指南编委会.建设项目工程总承包管理规范实施指南［M］.北京：中国建筑工业出版社，2018.

［8］ 范云龙，朱星字.EPC 工程总承包项目管理手册及实践［M］.北京：清华大学出版社，2016.

［9］ 住房城乡建设部办公厅.关于实施《危险性较大的分部分项工程安全管理规定》有关问题的通知（建办质〔2018〕31 号）.2018.

［10］ 中华人民共和国住房和城乡建设部令第 37 号.危险性较大的分部分项工程安全管理规定.2018.

［11］ 孙晖.基于装配式建筑项目的 EPC 总承包——深圳裕璟家园项目 EPC 工程总承包管理实践［J］.建筑，2018（10）：59-61.

［12］ 孙晖，米京国，陈伟，等.EPC 工程总承包模式在装配式项目中的应用研究［J］.建筑，2019（11）：33-35.

［13］ 福建省住房和城乡建设厅.福建省房屋建筑和市政设施工程总承包招标投标管理办法（试行）（征求意见稿）.2018.

［14］ 赵丽.装配式建筑工程总承包管理了实施指南［M］.北京：中国建筑工业出版社，2019.

［15］ 叶浩文.一体化建造——新型建造方式的探索和实践［M］.北京：中国建筑工业出版社，2019.

［16］ 彭志伟.国际公路工程总承包项目设计风险管理策略研究［D］.北京：中国科学院大学（中国科学院工程管理与信息技术学院），2017.

［17］ 李皓燃.面向设计过程的装配式建筑施工安全风险控制研究［D］.南京：东南大学，2018.

［18］ 李琰琰.基于商业地产项目案例的设计变更管理研究［D］.北京：清华大学，2017.

［19］ 郑培信.BIM 环境下设计——施工总承包项目施工阶段协同管理研究［D］.长沙：长沙理工大学，2017.

［20］ 耿博文.中亚天然气管道 EPC 项目设计阶段成本控制研究［D］.北京：北京建筑大学，2019.

［21］ 应骅.工程总承包进程中矩阵型项目管理模式的运用探讨［J］.中外建筑，2019（02）：170-172.

［22］ 刘凯.GH 公司 EPC 项目竣工文件管理优化研究［D］.济南：山东大学.2018.

［23］ 王艳华，熊平，庞向锦，等.工程总承包项目全过程管理流程解析［J］.项目管理技术，2019，17（06）：110-114.

［24］ 张旭林.建筑工程总承包项目管理中存在的问题及对策研究［D］.重庆：重庆大学.2016.